Windows 11 实用教程

孔志勇 编著

人民邮电出版社
北京

图书在版编目（CIP）数据

Windows 11实用教程 / 孔志勇编著. -- 北京 : 人民邮电出版社, 2023.7
ISBN 978-7-115-60838-3

Ⅰ. ①W… Ⅱ. ①孔… Ⅲ. ①Windows操作系统－教材
Ⅳ. ①TP316.7

中国国家版本馆CIP数据核字(2023)第011061号

内 容 提 要

本书由浅入深、循序渐进地讲解 Windows 11 的使用方法，以及一些高级的管理和应用技巧，以便读者能够更加深入地使用 Windows 11。

本书以 Windows 11 的相关管理任务为主线，内容由浅入深，包括体验全新的 Windows 11，拥有属于自己的 Windows 11，Windows 11 的基本设置，打造属于自己的 Windows 11，文件与文件夹的高效设置，精通 Windows 11 文件系统，Windows 11 软硬件管理，Windows 11 多媒体管理与应用，Windows 11 共享与远程操作，认识 Microsoft Edge 浏览器，体验精彩的 Windows 11 云，Hyper-V 虚拟化，让 Windows 11“飞”起来，Windows 11 的系统重置、备份与还原，Windows 11 故障解决方案等。

本书适合计算机初学者、计算机办公人员学习参考，对计算机管理员来说也有一定的参考价值。

◆ 编　　著　孔志勇
　责任编辑　李永涛
　责任印制　王　郁　胡　南
◆ 人民邮电出版社出版发行　　北京市丰台区成寿寺路 11 号
　邮编　100164　　电子邮件　315@ptpress.com.cn
　网址　https://www.ptpress.com.cn
　北京九州迅驰传媒文化有限公司印刷
◆ 开本：787×1092　1/16
　印张：16.25　　　　2023 年 7 月第 1 版
　字数：413 千字　　　2024 年 11 月北京第 4 次印刷

定价：79.90 元

读者服务热线：(010)81055410　印装质量热线：(010)81055316
反盗版热线：(010)81055315
广告经营许可证：京东市监广登字 20170147 号

前言

如果说 Windows 10 是微软公司（简称微软）在 Windows 8 饱受诟病之后的涅槃重生之作，那从 2021 年开始正式报上属于自己名号的 Windows 11 则可以视作微软稳扎稳打的一步，以继续巩固 Windows 操作系统在计算机领域内的地位，同时向更多方向进军。

Windows 11 虽然在不断更新、发布的过程中争议不断，但不可否认的是 Windows 11 是微软跟随时代进步的一种尝试，而且市场中 Windows 11 的占比也一直在不断上升。不同于 Windows 10 努力耕耘台式计算机和笔记本电脑的“土壤”，Windows 11 将目光转向了手机和平板电脑，在兼顾计算机的同时，微软也让自己的操作系统更适用于如今已经更加常见、便捷的手机和平板电脑。Windows 11 的重任便是令 Windows 操作系统在移动端占据更大的市场。为了达到这一目的，微软的应用商店也开放了 Android 系统中各种应用的下载和安装权限，为其更多的用户提供支持。

距 Windows 11 的发布已经有一段时间了，越来越多的人开始使用 Windows 11 来工作、学习、娱乐，掌握 Windows 11 的相关知识越来越有必要。并且，微软也早已改变了曾经封闭式的 Windows 操作系统开发，转而听取用户的反馈。早在 Windows 10 开始发售时，使用 Windows 10 的用户便可以加入 Windows Insider 计划，和全球数百万的 Windows Insiders 一起帮助微软改进操作系统，Windows 11 也是如此。

Windows 11 在易用性和安全性方面较之前的操作系统有了很大的提升。在开发 Windows 11 的过程中，微软广泛听取了用户的意见和建议，并采纳了部分呼声很高的建议。Windows 11 除了针对云服务、智能移动设备、自然人机交互等新技术进行融合外，还对新兴的硬件兼容性进行了优化和完善，如固态硬盘、生物识别、高分辨率屏幕等硬件可以轻松地在 Windows 11 上使用。

Windows 11 作为微软最新一代的产品，备受各界关注。很多人想知道 Windows 11 究竟有哪些大的变革、它和目前占据最大份额的 Windows 10 有何区别、它添加的新特性如何使用，这些都是本书要讲解的内容。

本书旨在通过深入挖掘 Windows 11 的内置功能和技术，为读者提供使用 Windows 11 的新方式，并提供一些常规的操作方法，帮助广大读者熟悉 Windows 11 的操作。

尽管编者尽了最大的努力，但鉴于水平所限，书中难免存在不足之处，恳请广大读者批评指正（联系邮箱：liyongtao@ptpress.com.cn）。

编者

2023 年 3 月

目录

第 1 章 体验全新的 Windows 11

Windows 11 作为微软推出的力作，一上市就受到广大用户的追捧，其市场占有率持续增加。下面就让我们一起开始精彩的 Windows 11 之旅吧！

1.1 Windows 11 概述

Windows 操作系统作为当前市场占有率最高的操作系统系列，一直以来深受全球各地用户的喜爱。从最初的 Windows XP，再到后来的 Windows 7、Windows 8、Windows 10，Windows 操作系统一直在更新换代，积累了大量用户。而随着互联网浪潮的推进，移动端市场发展迅猛，扁平化风格成了当今市场的主流。

在 2021 年 6 月 24 日，微软正式推出了 Windows 11；2021 年 8 月 31 日，微软宣布 Windows 11 正式版于 10 月 5 日开始为符合条件的 Windows 10 设备推送升级安装包；2021 年 10 月 5 日，微软宣布 Windows 11 全面上市，适用于预装 Windows 11 的新设备和符合条件的 13 亿台 Windows 10 设备升级（分阶段推出，时间因设备而异）。

Windows 11 的宣传图标比 Windows 10 的更加平整，如图 1-1 所示。

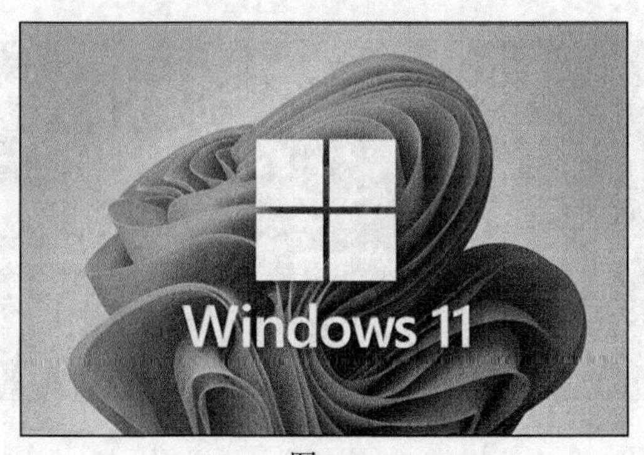

图 1-1

1.2 全新的界面

1.2.1 全新的“开始”菜单

Windows 11 的“开始”菜单在 Windows 10 的基础上更加创新、更加扁平化，功能面面俱到，操作也更加人性化、更加专属化，让每个人都能体验专属的系统服务。

Windows 11 的“开始”菜单在继承了前代系统圆角、毛玻璃这些外观属性的基础上，增加了搜索栏。动态磁贴被彻底删除，取而代之是简化后的“图标”以及由算法驱动的推荐列表。任务栏采用居中式，但会提供一个开关用于调整，单击“开始”图标会弹出“开始”菜单，如图 1-2 所示。Windows 11 的整个“开始”菜单分为 3 个部分，其中：顶部是搜索栏，如图 1-3 所示，可进行联网搜索和本地搜索；中部为计算机中已固定的应用，如图 1-4 所示，也可以在所用应用中将常用的应用固定在该部分，方便快捷；底部为推荐的项目，如图 1-5 所示，此部分会为你展示最近打开的文档等，实现快速办公、快速阅览，更加人性化。

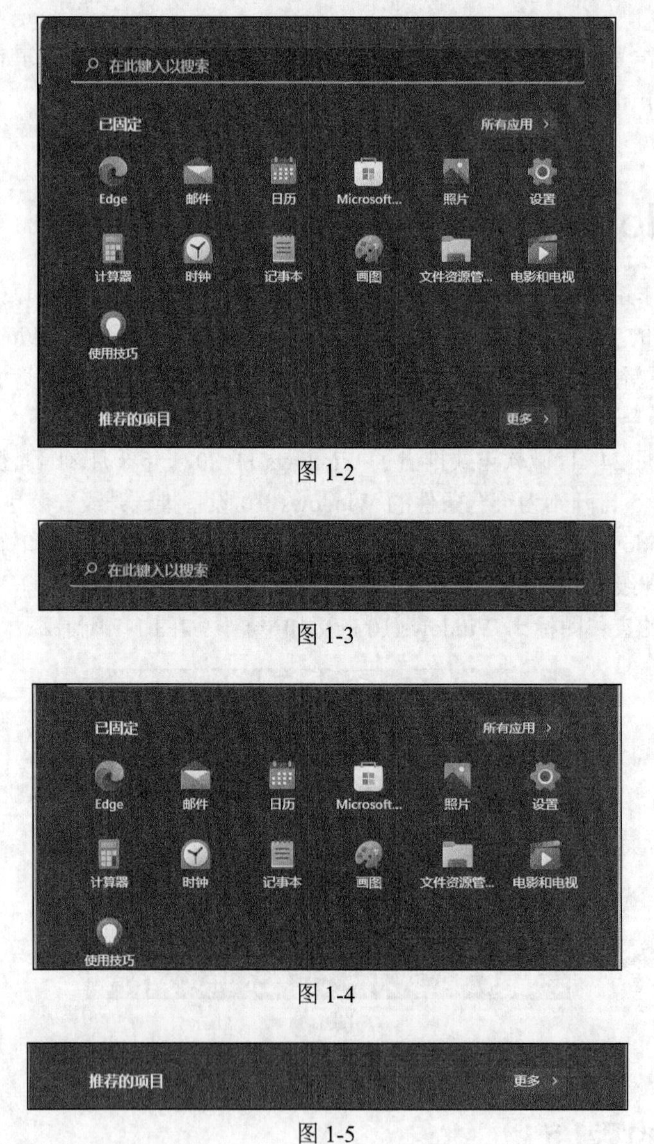

图 1-2

图 1-3

图 1-4

图 1-5

1.2.2 更便捷的设置面板

Windows 11 重新设计了设置面板，分栏式布局取代了之前的菜单选项，如图 1-6 所示。新的设置面板可以保证用户在任何时候都能跳转到所需的模块，且添加了左侧导航栏、面包屑导航，以便用户深入导航到“设置”，帮助用户了解当前所处的路径。设置面板顶部有新的控件，突出显示关键信息和常用设置，供用户根据需要进行调整。

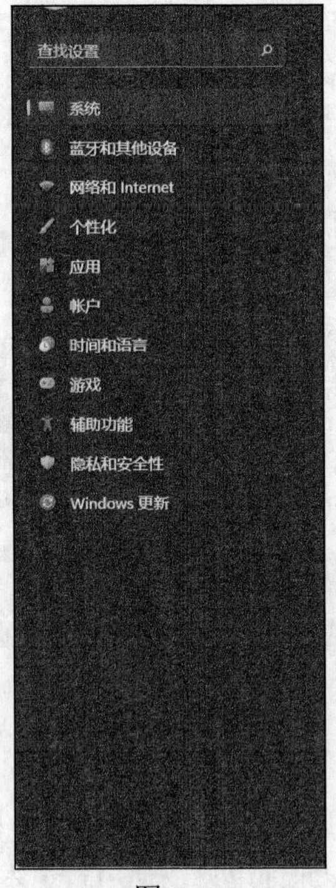

图 1-6

1.2.3　贴近移动端的日夜主题

Windows 11 加入了日夜主题，采用圆角+悬浮毛玻璃的设计，如图 1-7 所示。

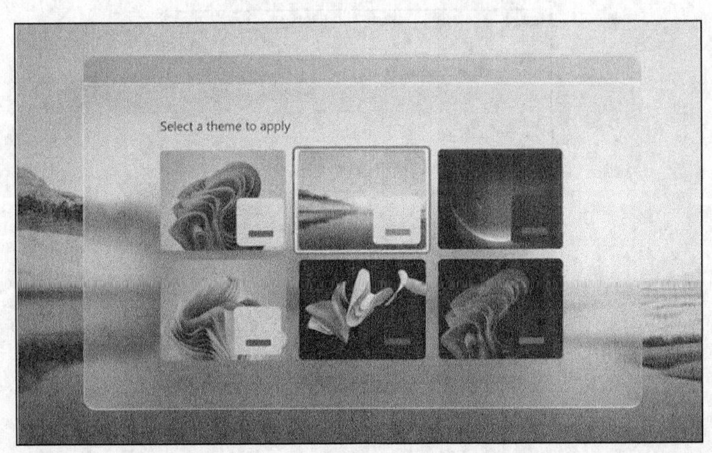

图 1-7

1.2.4　小组件

Windows 11 的小组件取代了之前的动态磁贴，除了资讯与天气外，还新增了日历、行程、照片等功能，如图 1-8 所示。作为动态磁贴的延伸，小组件的可扩展性与可交互性比动态磁贴更强。Windows 11 除了可以让用户自由地编辑小组件外，还增加了更多的互动按钮。Windows 10 里的“资讯和兴趣”也被小组件取代，所有任务统一归纳入小组件面板。

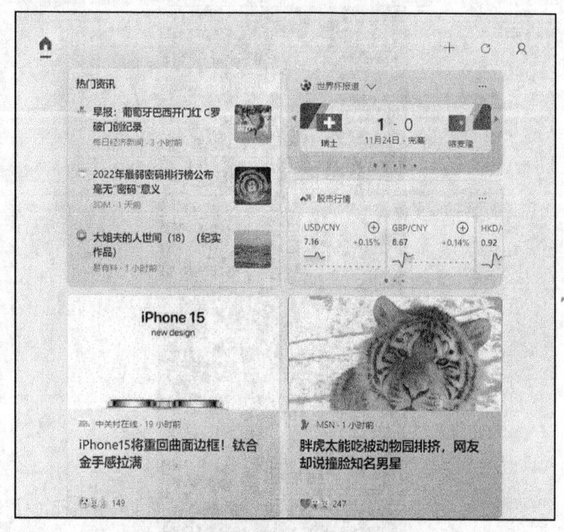

图 1-8

1.2.5 显示的改进

Windows 11 的动态刷新率功能允许用户在使用笔记本电脑时自动提高刷新率，可在待机状态下降低刷新率，以节省笔记本电脑的电量损耗。用户可以通过“设置”/“系统”/“屏幕”/“高级显示器设置”，在笔记本电脑上使用数字影像重建（Digital Reconstructed Radiograph，DRR）功能，然后在“选择刷新率”下拉列表中选择刷新频率，频率越高，给人的视觉感受越好，如图 1-9 所示。只有具有正确显示硬件和图形驱动程序的笔记本电脑才能使用该功能。

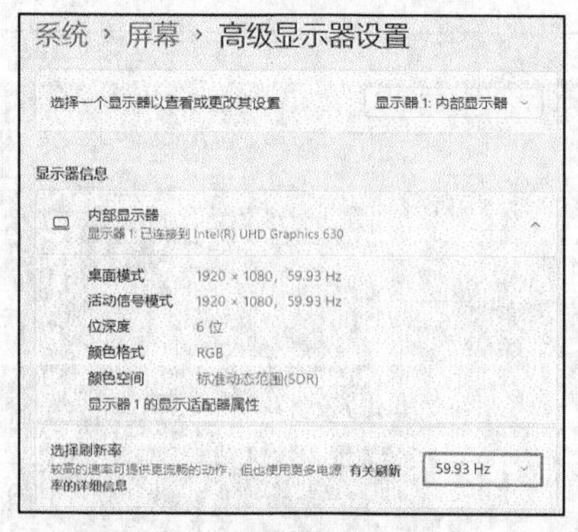

图 1-9

1.2.6 外接显示器

当用户断开外接显示器的连接时，外接显示器上的窗口将最小化。当用户将外接显示器重新连接到计算机时，Windows 11 会将所有内容恢复到之前的位置。用户可以通过“设置”/“系统”/“屏幕”/“多显示器”进行设置，如图 1-10 所示。

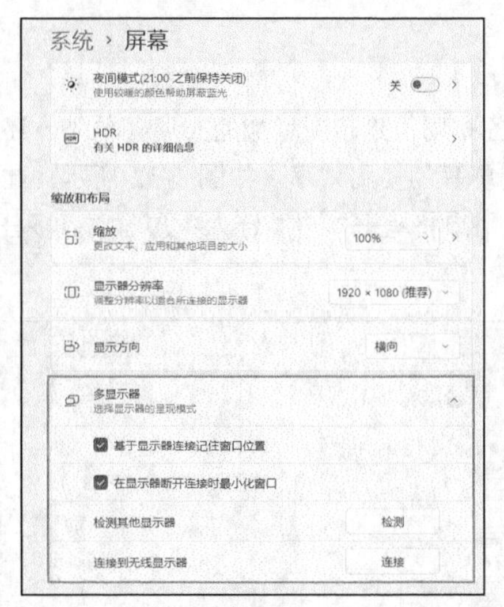

图 1-10

1.2.7 全新的快捷菜单

Windows 11 的桌面快捷菜单启用新用户界面（User Interface，UI），位置间距更大，如图 1-11 所示。

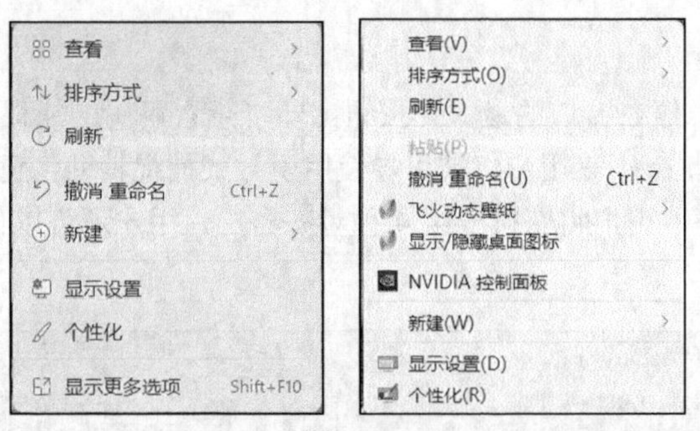

图 1-11

1.2.8 更贴近手机的锁屏界面

Windows 11 的新版锁屏界面类似手机的锁屏界面，时间、日期居中显示，不再像 Windows 10 那样位于界面的左下角。字体没有采用微软雅黑，而是换了一种全新的圆弧文字。日程、闹钟仍在锁屏界面上显示，但不能像手机那样直接点击打开。

1.3 全新的任务处理

你有没有遇到过这样的纠结场景？当我们工作内容繁多，打开的软件窗口过多时，由于任务栏容量有限，会有一部分图标被压缩、隐藏起来。每次调出软件窗口时，都需要手动去隐藏列表中查找，很麻烦，效率也低。那么，有没有一种不被隐藏、能随时调出软件窗口的方法呢？答案是有的，那就是微软推出的神奇的分屏功能。

1.3.1 多任务布局

Windows 11 支持多任务布局，除了新增加的布局菜单外，还增加了根据设备自适应的屏幕显示功能，用以提高超宽屏幕的使用效率，如图 1-12 所示。此外，多任务布局也能根据所连接设备实时调节，比如当用户将笔记本电脑连入大屏幕时，多任务布局都会自动调整，以保证演示效果。

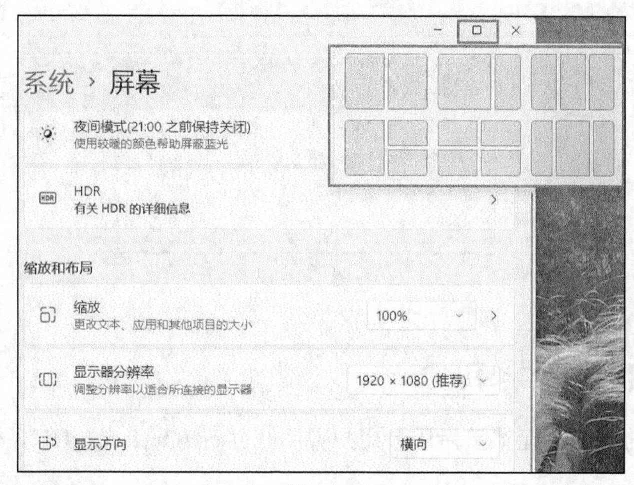

图 1-12

一、捕捉布局

只需将鼠标指针悬停在窗口的最大化按钮上即可查看可用的捕捉布局，单击区域以捕捉窗口，如图 1-13 所示。接下来用户将被引导使用引导式捕捉辅助将窗口捕捉到布局内的其余区域。对于较小的屏幕，用户将获得一组 4 种对齐布局。用户还可以使用 Win+Z 快捷键调用捕捉布局功能。

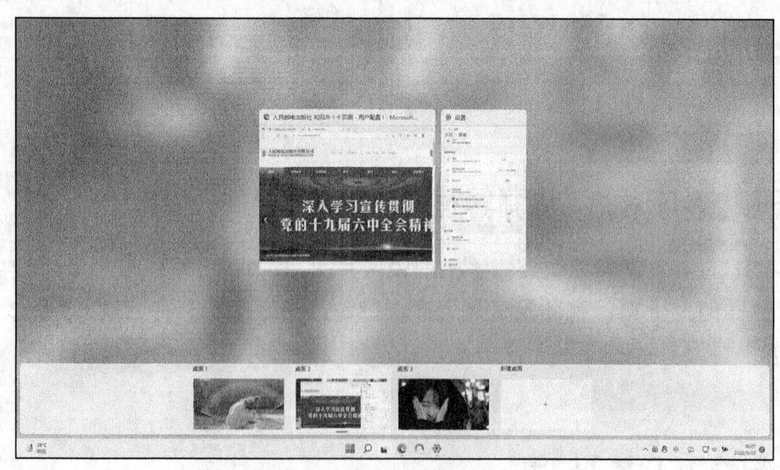

图 1-13

二、捕捉组

捕捉组是一种轻松切换回捕捉窗口的操作。要尝试此操作，请将屏幕上的至少两个应用程序窗口对齐。将鼠标指针悬停在任务栏上其中一个打开的应用程序上以找到捕捉组，然后单击快速切换回来，如图 1-14 所示。

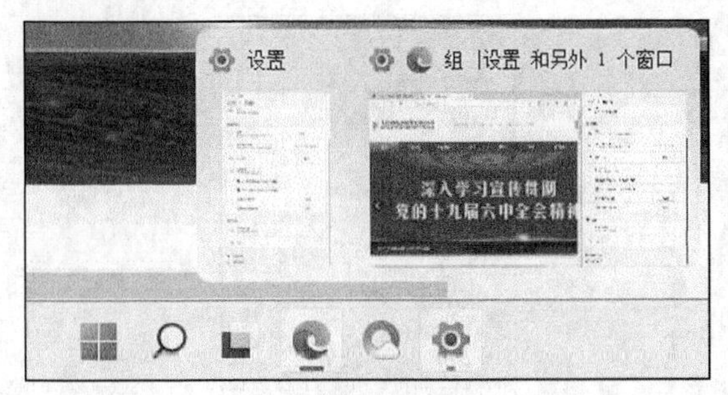

图 1-14

三、桌面

通过任务栏上的任务视图（按 Win+Tab 快捷键）访问用户的桌面。用户可以为每个桌面重新排序和自定义背景。用户还可以将鼠标指针悬停在任务栏的任务视图上，以快速访问现有桌面或创建新桌面。

1.3.2 文件资源管理器

Windows 11 的文件资源管理器启用全新设计，取消了置顶的 Ribbon 面板，常用命令以图标形式固定在工具栏上，如图 1-15 所示。当选择不同对象时，对应的图标会高亮显示，以提示用户哪些操作有效。新版文件资源管理器用图标代替了之前的所有功能，不常用的功能被隐藏在⋯里，如图 1-16 所示。文件资源管理器支持宽松、紧凑两种风格，分别对应于平板电脑用户和个人计算机（Personal Computer，PC）用户。

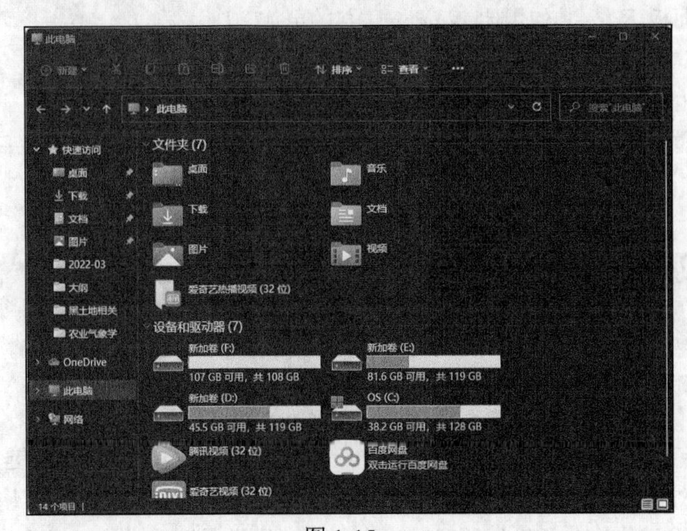

图 1-15

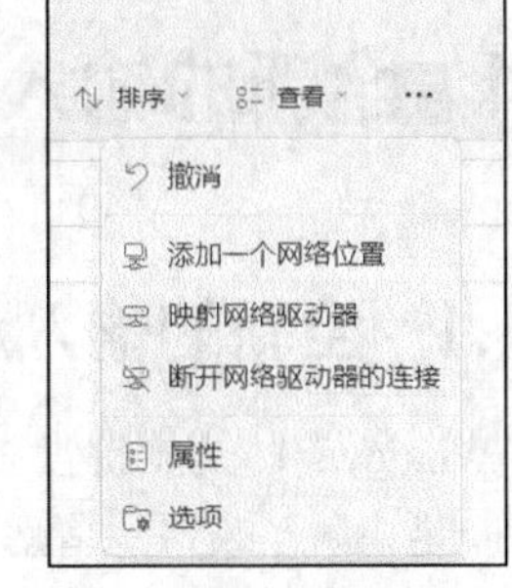

图 1-16

1.3.3 通知中心

Windows 11 的通知中心采用分离式 UI，不再与操作中心绑在一起。日历面板提供了折叠功能，可以为通知区域预留更多空间。除了外观上的变化，新版通知中心还为部分面板添加了可操作按钮，如图 1-17 所示。比如刚刚更新好的应用，就能直接打开或是固定到“开始”菜单中。

图 1-17

1.3.4 操作中心

Windows 11 的操作中心独立出现，网络按钮、音量按钮被归属到同一个区域。无论单击哪个按钮，都能调出完整的操作中心来。音量滑动条和亮度滑动条被固定在面板下方，其使用比 Windows 10 的更加方便，如图 1-18 所示。如果有影音软件开启〔仅限 Windows 通用应用平台（Universal Windows Platform，UWP）软件〕，操作中心顶端还会弹出一个迷你面板，以方便实现播放、暂停、前进、后退等操作。

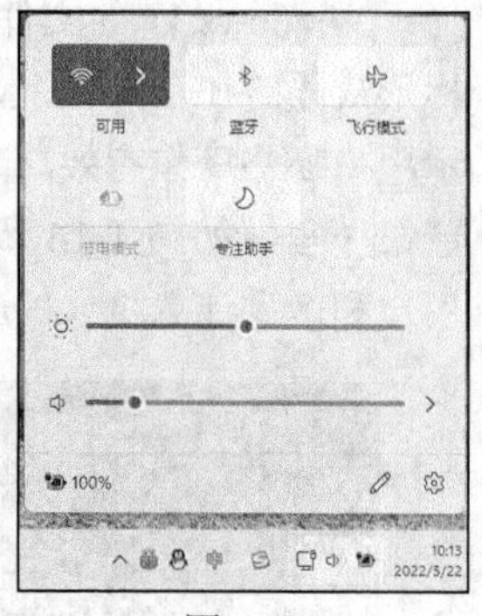

图 1-18

1.4 全新的输入改进

1.4.1 全新的输入逻辑

Windows 11 的软键盘在 Windows 10 的基础上进一步升级，全新的外观设计令整个软键盘质感十足。除了表情与剪贴板外，软键盘也支持手写模式和听写模式。与 Windows 10 相比，新版软键盘在触摸目标与视觉提示上都有所优化，同时还增加了“触觉反馈”（针对触控笔）。此外，Windows 11 的语音识别能力也有所增强，除了支持自动添加标点符号外，还可以用语音直接执行某些指令。

一、语音输入启动器

Windows 11 支持新的语音输入启动器，用户可在选定的文本字段中进行语音输入。默认情况下它是关闭的，但用户可以在语音输入设置中将其打开（按 Win+H 快捷键开启语音输入），然后将其放置在屏幕上的任何位置，如图 1-19 所示。

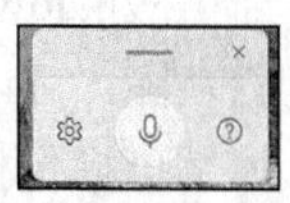

图 1-19

二、改进的触摸手势

Windows 11 支持新的屏幕触摸手势，用户可以通过平滑过渡轻松地在应用程序和桌面之间切换。手势类似于触摸板手势，但有专为触摸设计的改进。

- 三指手势：向左或向右滑动——快速切换到上次使用的应用程序窗口；向下滑动——返回桌面（如果用户跟随它向上滑动，可以恢复应用程序窗口）；向上滑动——打开任务视图以浏览所有应用程序窗口和桌面。
- 四指手势：向左或向右滑动——切换到上一个或下一个桌面；向上或向下滑动——与三指手势功能相同。

三、手写笔菜单

如果用户使用的是触控笔，则可以通过单击任务栏右下方的笔图标来打开手写笔菜单（如果笔图标不存在，用户可以通过右击任务栏并转到任务栏设置来启用它，如图 1-20 所示）。默认情况下，手写笔菜单包含两个应用程序，可以通过单击齿轮按钮并选择“编辑笔”命令自定义菜单。在弹出的对话框中，用户可以在手写笔菜单中添加最多 4 个绘图或书写应用程序，以便在使用笔时快速打开它们。

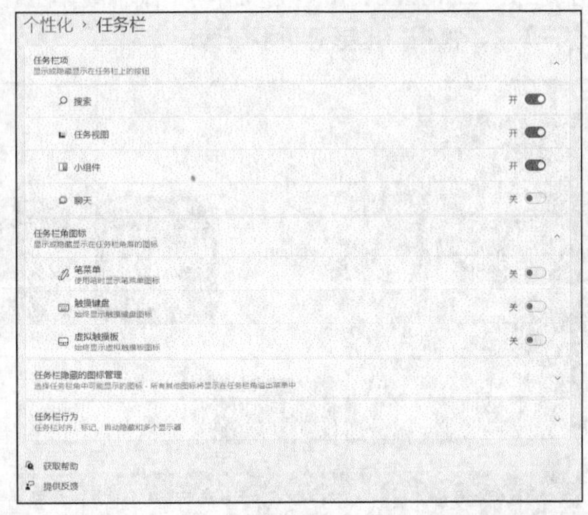

图 1-20

四、语言/输入切换器

用户可以通过切换器在其他语言和键盘之间快速切换，切换器显示在任务栏右下方的快速设置旁边。用户还可以按 Win+Space 快捷键在输入法之间切换，如图 1-21 所示。要添加其他语言和键盘，可通过“设置”/“时间与语言”/“语言与地区”进行设置。

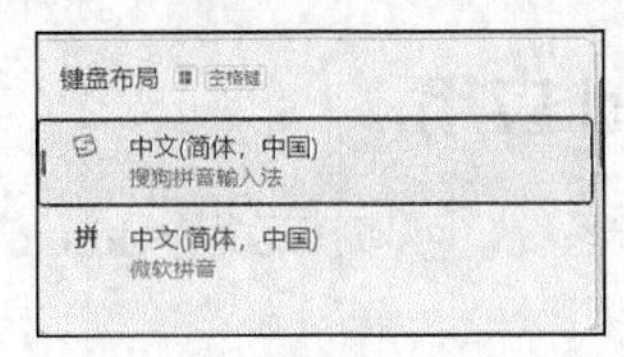

图 1-21

1.4.2 触摸改进

除了传统的键盘和鼠标操作，Windows 11 也对平板电脑进行了优化。不过与 Windows 10

中需要手动调整不同，Windows 11 能够实现很多自动化调整。比如任务栏会随着平板电脑/PC 模式自动调整图标间隔，窗口大小也会变得更加随意。当检测到设备旋转时，Windows 11 可以自动切换窗口布局，来适配新的桌面比例。当然小组件也是其一，在触控设备上，能够带给用户更好的操作感受。新的动态刷新率设置允许设备在旋转或进行墨迹书写时自动提高屏幕的刷新率。

1.5 其他新特性

1.5.1 全新的应用商店

Windows 11 的应用商店也进行了重整，给人最直观的感受就是图标更大、界面更漂亮了，如图 1-22 所示。新应用商店给开发人员提供更多机会，以帮助他们在这个全新的平台上获利。除了 UWP 外，新应用商店提供 PWA、APK 等更多应用格式下载，还有很多支持 Win32 程序的应用格式；并且扩充了音乐、视频、电影等更多资源。

图 1-22

1.5.2 可运行 Android 应用

Windows 11 内置 Android 子系统，可直接运行 Android 应用，用户可以在应用商店或通过其他来源搜索和下载 Android 应用。

1.5.3 更快的系统更新

Windows 11 的更新包体积比 Windows 10 小了近 40%。这带来更快的响应速度，同时也会让系统更省电。与此同时，一些组件的运转速度也更快，包括现有的 Edge 浏览器。

1.5.4 全新的引导

Windows 11 的引导（通常称为开箱即用体验（Out Of Box Experience，OOBE））已重新设计，采用全新的彩色动画图标和更具现代感的浅色主题。此外，根据用户的反馈，微软添加了在安装过程中为用户的 PC 命名的功能。

1.5.5 声音

Windows 11 的声音设计得更大气。根据用户的 Windows 操作系统主题的不同，声音也略有不同。Windows 操作系统的经典启动声音在 Windows 10 中被移除了，在 Windows 11 中再度回归，当用户的计算机启动到锁定屏幕并进行登录时，就会发出这种声音。

1.5.6 虚拟桌面

Windows 11 完善了虚拟桌面功能，在原有基础上允许各个桌面拥有自己的主题、壁纸、名称。新设计调整了桌面工具栏位置，方便触屏用户快速取用。

第2章

拥有属于自己的 Windows 11

如今一部分用户新购买的计算机已经预装了 Windows 11，而早早购买了计算机的用户想要体验 Windows 11 就需要自己安装。不过不用觉得麻烦，让我们轻轻松松地搞定 Windows 11 的安装吧！

2.1 Windows 11 的版本和安装要求

在安装 Windows 11 之前，先要了解一些关于 Windows 11 的版本信息以及检查一下计算机是否满足 Windows 11 的安装要求。

2.1.1 Windows 11 的各个版本

Windows 11 到现在为止共发布了 4 个版本，相比 Windows 10 少了 3 个版本，但也对不同的用户提出的不同需求进行了区分，下面介绍一下各个版本。

- Windows 11 家庭版（Windows 11 Home）。家庭版主要面向大部分的普通用户，我们在商场里购买的计算机基本上预装的都是家庭版。家庭版不能加入 Active Directory 和 Azure AD，不支持远程连接。中文版和单语版是原厂委托制造（Original Equipment Manufacture，OEM）设备家庭版的两个分支。
- Windows 11 专业版（Windows 11 Professional）。专业版主要面向中小型企业用户。在家庭版的基础上，专业版增加了域账号加入、BitLocker 驱动器加密、远程连接、企业存储等功能，也推荐普通用户使用。
- Windows 11 企业版（Windows 11 Enterprise）。企业版主要面向大中型企业用户。企业版以专业版为基础，增添了防范针对设备、身份、应用和敏感企业信息的现代安全威胁的先进功能，供微软的批量许可用户使用。企业版增加了 DirectAccess、AppLocker 等高级企业功能。
- Windows 11 教育版（Windows 11 Education）。教育版主要面向学校或教育机构供行政人员、教师和学生使用。其功能与企业版的功能几乎相同，但仅授权给学校或教育机构。

2.1.2 安装 Windows 11 的硬件要求

Windows 11 对计算机的要求相较于 Windows 10 有所提升，能否安装 Windows 11 还需要仔细检查计算机是否满足微软给出的如下最低配置要求。

- 处理器：1 GHz 或更大的支持 64 位的处理器（双核或多核）或单片系统（System on a Chip，SoC）。

- 内存：4 GB RAM。
- 存储：64 GB 或更大的存储空间。
- 系统固件：支持 UEFI（Unified Extensible Firmware Interface，统一的可扩展固件接口）安全启动。
- TPM：受信任的平台模块（Trusted Platform Module，TPM），版本为 2.0。
- 显卡：支持 DirectX 12 或更高版本，支持 WDDM 2.0 驱动程序。
- 显示屏：对角线长度大于 9 英寸（1 英寸≈25.4mm）的高清显示屏，每个颜色通道为 8 位。

满足以上要求的计算机基本上都可以安装 Windows 11。

相应的特殊功能要求如下。

- 5G：需要支持 5G 的调制解调器。
- 自动 HDR 模式：需要高动态范围（High Dynamic Range，HDR）监视器。
- Cortana：需要麦克风和扬声器。
- 贴靠：三列布局需要具备宽度有 1920 像素或更高有效像素的屏幕。

2.2 Windows 11 安装前必读

现在，安装操作系统其实非常简单，只需要动一动手指，点几个按钮，选几个选项就可以完成，这对计算机初学者和只是简单使用计算机办公的人自然是好事。但如果在安装之前了解一些关于安装的基础知识，哪怕在安装过程中出现问题，想必也能更轻松地解决，所以就让我们先来简单地了解一下相关内容吧！

2.2.1 BIOS 和硬件间的桥梁

BIOS（Basic Input/Output System，基本输入输出系统），是计算机最基础、最重要的部分。请不要觉得接下来的讲解会过于专业、难懂。BIOS 只是一个“小”程序，是被存储在计算机主板上一个名为 NOR Flash（或非型闪存）芯片上的程序，它负责保存计算机的基本输入输出程序、开机后自检程序和系统自启动程序，同时管理着计算机的硬件，可以从互补金属氧化物半导体（Complementary Metal-Oxide-Semiconductor，CMOS）芯片中读写系统设置的具体信息，是系统和计算机硬件之间的重要桥梁。要想让刚安装的系统和计算机配合起来，BIOS 是我们最需要了解的。通过 BIOS 还可以排除系统故障或者诊断系统问题，及时解决硬件方面的问题。

其实 BIOS 原先是“住”在 ROM（Read-Only Memory，只读存储器）、EPROM（Erasable Programmable Read-Only Memory，可擦可编程只读存储器）、EEPROM（Electrically-Erasable Programmable Read-Only Memory，电擦除可编程只读存储器）等芯片中的。但随着人们对要求和技术的同步增长，现在 BIOS 存储在 NOR Flash 芯片中。这个“新房子”的容量不仅比之前的更大，而且自带一个“大门”，具有写入功能的它可以通过计算机更新软件的方式对 BIOS 进行更新，不再需要其他的硬件支持，降低了更新的门槛。

2.2.2 BIOS 的 3 个主要功能

- 中断服务程序。中断服务程序是计算机系统软件、硬件之间的一个可编程接口，用于软件与硬件的衔接。操作系统对外部设备的管理建立在中断服务程序的基础上。程序员也可以通过对 INT 5、INT 13 等中断的访问直接调用 BIOS。

- 系统设置程序。计算机部件配置情况是放在一块可读写的 CMOS 芯片中的，它保存着系统中央处理器（Central Processing Unit，CPU）、硬盘驱动器、显示器、键盘等部件的信息。关机后，系统通过一块后备电池向 CMOS 芯片供电以保存其中的信息。如果 CMOS 芯片中关于计算机的配置信息不正确，会导致系统性能降低、硬件不能被识别，并由此引发一系列的软件、硬件故障。在 CMOS 芯片中装有一个称为“系统设置程序”的程序，它就是用来设置 CMOS 芯片中的参数的。一般在开机时按一个或一组键即可进入这个程序，它提供了良好的界面供用户使用。设置 CMOS 芯片参数的过程，习惯上也称为“BIOS 设置”。新购的计算机或新增部件的系统，都需要进行 BIOS 设置。
- 上电自检。计算机接通电源后，系统将有一个对内部各个设备进行检查的过程，这个过程通常是由一个称为 POST（Power On Self Test，上电自检）的程序来完成的。这也是 BIOS 的一个功能。上电自检程序通过读取存储在 CMOS 芯片中的硬件信息识别硬件配置，同时对其进行检测和初始化。自检中若发现问题，系统将给出提示信息或鸣笛警告。

关于 BIOS 的基本介绍已经讲得差不多了，现在让我们了解一下如何在自己的计算机中进入 BIOS 吧！在计算机启动后，在显示屏出现主板或者计算机品牌标志时，按键盘上特定的功能键（不同主板或不同品牌计算机的功能键各不相同）就可以直接进入 BIOS 界面。

不同主板或不同品牌计算机的功能键在说明书或帮助文档中都会介绍，下面也为大家简单列举了几种，方便大家使用。

（1）DIY（Do It Yourself，自己动手制作）组装机主板类。

- 华硕主板：F8。
- 技嘉主板：F12。
- 微星主板：F11。
- 映泰主板：F9。
- 梅捷主板：Esc 或 F12。
- 七彩虹主板：Esc 或 F11。
- 华擎主板：F11。
- 斯巴达卡主板：Esc。
- 昂达主板：F11。
- 双敏主板：Esc。
- 翔升主板：F10。
- 精英主板：Esc 或 F11。

（2）品牌笔记本电脑。

- 联想笔记本电脑：F12。
- 宏碁笔记本电脑：F12。
- 华硕笔记本电脑：Esc。
- 惠普笔记本电脑：F9。
- 戴尔笔记本电脑：F12。
- 神舟笔记本电脑：F12。
- 东芝笔记本电脑：F12。
- 三星笔记本电脑：F12。

（3）品牌台式机。

- 联想台式机：F12。
- 惠普台式机：F12。
- 宏碁台式机：F12。
- 戴尔台式机：Esc。
- 神舟台式机：F12。
- 华硕台式机：F8。
- 方正台式机：F12。
- 清华同方台式机：F12。
- 海尔台式机：F12。
- 明基台式机：F8。

在 BIOS 界面中，大部分内容都是英文的。虽然不同计算机的界面会略有不同，但很多设置大同小异，让我们一起来看一看吧！

- Main 标签：主要用来设置时间和日期，还可以显示计算机的硬件相关信息，如序列号、CPU 型号、CPU 速度、内存大小等，如图 2-1 所示。
- Advanced 标签：主要用来进行 BIOS 的高级设置，如启动方式、开机显示、通用串行总线（Universal Serial Bus，USB）选项，以及硬盘工作模式等，如图 2-2 所示。

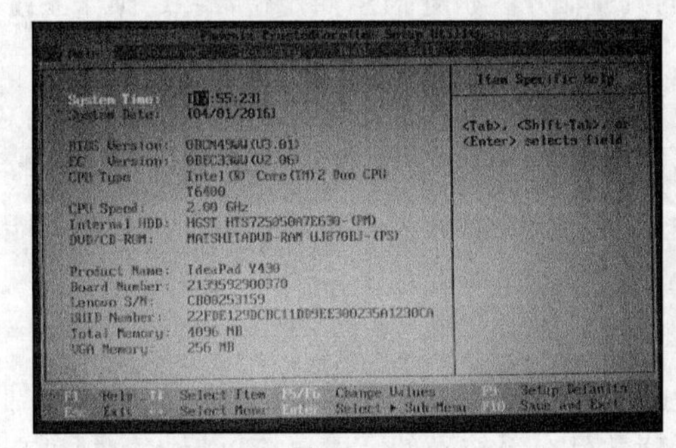

图 2-1

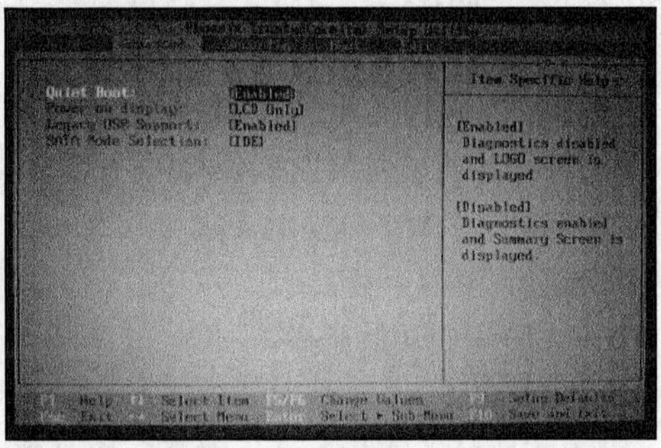

图 2-2

- Security 标签：主要用来进行安全相关的设置，可以设置 BIOS 管理员密码、开机密码、硬盘密码，如图 2-3 所示。
- Boot 标签：主要用来设置计算机使用启动设备的顺序，如图 2-4 所示。

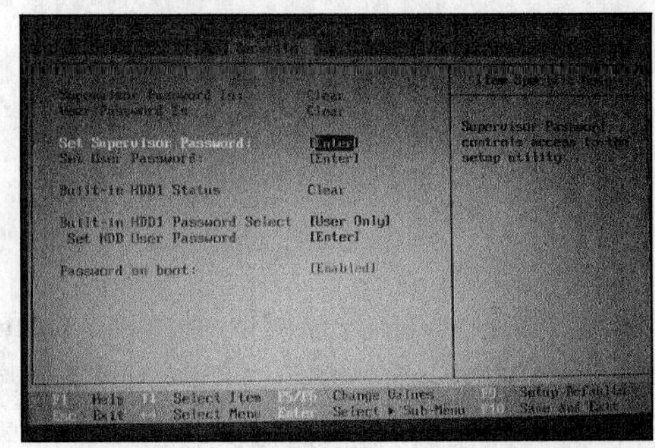

图 2-3

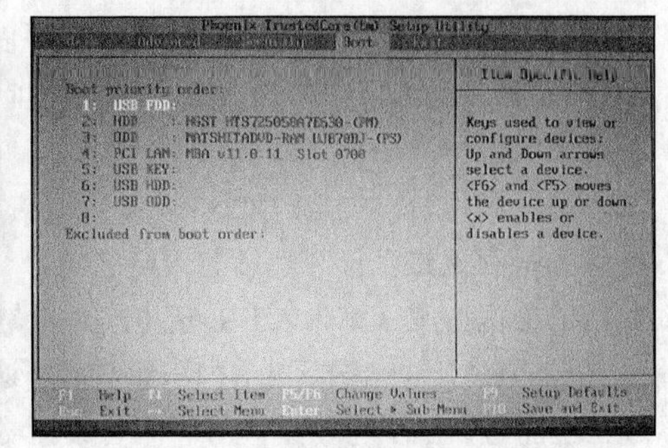

图 2-4

- Exit 标签：主要用来退出 BIOS 设置，在这里可以选择保存修改，或者放弃修改直接退出，如果 BIOS 设置出现问题，还可以在这里载入初始设置，如图 2-5 所示。

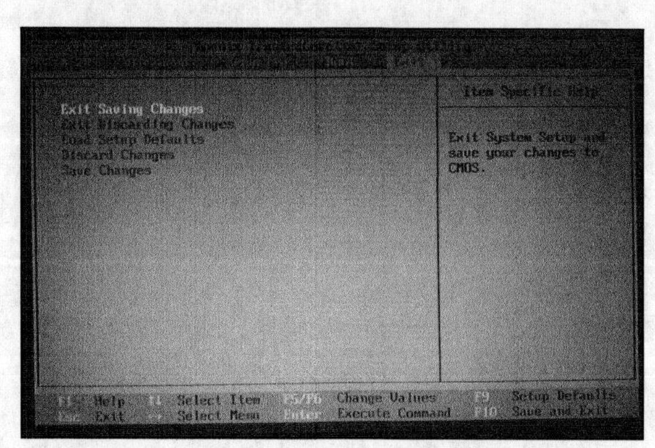

图 2-5

2.2.3 主引导记录和分区表

一、主引导记录

计算机开机后，BIOS 首先进行自检和初始化，然后开始准备操作系统数据，这时候就需要访问硬盘上的主引导记录（Main Boot Record，MBR）了。

主引导记录是位于硬盘最前边的一段引导代码，相当于一个“导游”和小小的管理者。它负责操作系统对硬盘进行读写时分区合法性的判别、分区引导信息的定位，它是操作系统在对硬盘进行初始化时产生的。

通常，我们将包含主引导记录的扇区称为主引导扇区。因这一扇区中，主引导记录占有绝大部分的空间，故而习惯将该扇区称为 MBR 扇区（简称 MBR）。由于这一扇区是管理整个硬盘空间的一个特殊空间，它不属于硬盘上的任何分区，因而分区空间内的格式化命令不能清除主引导记录的任何信息。

二、主引导记录的组成

- 启动代码。主引导记录的最开头是第一阶段引导代码，也叫启动代码。其中的硬盘引导程序的主要作用是检查分区表是否正确并且在系统硬件完成自检以后将控制权交给硬盘上的引导程序（如 GNU GRUB）。它不依赖任何操作系统，而且启动代码是可以改变的，从而能够实现多系统引导。
- 硬盘分区表（Disk Partition Table，DPT）。硬盘分区表占据主引导扇区的 64 个字节（偏移地址 01BEH～01FDH），可以对 4 个分区的信息进行描述，其中每个分区的信息占据 16 个字节。每个字节的具体定义可以参见硬盘分区结构信息。
- 结束标志。结束标志 55 AA（偏移地址 1FEH～1FFH）最后两个字节，是检验主引导记录是否有效的标志。

三、分区表

分区表是存储磁盘分区信息的一段区域。

传统的分区方案（称为 MBR 分区方案）是将分区信息保存到硬盘的第一个扇区（MBR）中的 64 个字节中，每个分区占用 16 个字节，这 16 个字节中存有活动状态标志、文件系统标识、起止柱面号、磁头号、扇区号、隐含扇区数目（4 个字节）、分区总扇区数目（4 个字节）等内容。由于 MBR 只有 64 个字节用于存储分区表，因此只能记录 4 个分区的信息，这就是硬盘主分区数目不能超过 4 的原因。后来为了支持更多的分区，引入了扩展分区及逻辑分区的概念，但每个分区仍用 16 个字节存储。

2.2.4 磁盘分区

计算机中可以存储很多信息，这些信息主要存储在硬盘之中，但是硬盘是不能直接使用的，在使用前需要对硬盘中的空间进行划分，划分空间的方式便是进行磁盘分区。在传统的磁盘管理中，将一个硬盘分为两大类分区：主分区和扩展分区。

- 主分区。主分区通常位于硬盘的最前面一块区域中，构成逻辑 C 磁盘。其中的硬盘引导程序主要用于检测硬盘分区的正确性，并确定活动分区，负责把引导权移交给活动分区的操作系统。如果活动分区的数据损坏将无法从硬盘启动操作系统。
- 扩展分区。除主分区外的其他用于存储的磁盘区域叫扩展分区。扩展分区不可以直接进行数据存储，它需要分成逻辑磁盘才可以被用来读写数据。如图 2-6 所示，左侧深蓝色的区域就是主分区，右侧浅蓝色部分是扩展分区。D 和 E 是两个逻辑磁盘。

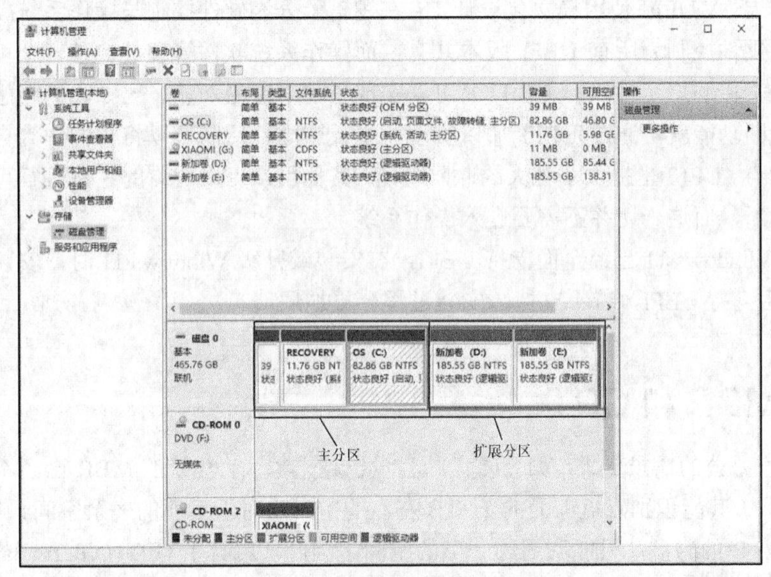

图 2-6

2.2.5 UEFI——新的计算机硬件接口

UEFI 是一种详细描述接口类型的标准。这种接口用于操作系统自动从预启动的操作环境，加载到一种操作系统上。在这里，我们可以将其简单理解为 BIOS 的新时代替代品。

UEFI 是以 EFI 1.10 为基础发展起来的。EFI（Extensible Firmware Interface，可扩展固件接口），是 Intel 为 PC 固件的体系结构、接口和服务提出的建议标准。其主要目的是提供一组在操作系统加载之前（启动前）在所有平台上一致的、正确指定的启动服务，被看作有近 20 年历史的 BIOS 的继任者。

与传统的 BIOS 相比，UEFI 有以下优点。

- 纠错特性。与 BIOS 显著不同的是，UEFI 是用模块化、C 语言风格的参数堆栈传递方式、动态链接的形式构建系统，它比 BIOS 更易于实现，容错和纠错特性也更强，从而缩短了系统研发的时间。更加重要的是，它运行于 32 位或 64 位模式，突破了传统 16 位代码的寻址能力，达到处理器的最大寻址，此举克服了 BIOS 代码运行缓慢的弊端。

- 兼容性。与 BIOS 不同的是，UEFI 体系的驱动并不是由直接运行在 CPU 上的代码组成的，而是用 EFI Byte Code（EFI 字节代码）编写而成的。Java 是以“Byte Code”形式存在的，正是这种没有一步到位的中间性机制，使 Java 可以在多种平台上运行。UEFI 也采用了类似的做法。EFI Byte Code 是一组用于 UEFI 驱动的虚拟机器指令，必须在 UEFI 驱动运行环境下被解释、运行，由此保证了充分的向下兼容性。一个带有 UEFI 驱动的扩展设备既可以安装在 Android 系统中，也可以安装在支持 UEFI 的新 PC 系统中，它的 UEFI 驱动不必重新编写，这样就无须考虑系统升级后的兼容性问题。基于解释引擎的执行机制，还大大降低了 UEFI 驱动编写的复杂门槛，所有的 PC 部件厂商都可以参与。
- 鼠标操作。UEFI 内置图形驱动功能可以提供一个高分辨率的彩色图形环境，用户进入后能通过鼠标调整配置，一切就像操作 Windows 操作系统下的应用软件一样简单。
- 可扩展性。UEFI 使用模块化设计，它在逻辑上分为硬件控制与操作系统软件管理两部分。硬件控制为所有 UEFI 版本共有，而操作系统软件管理其实是一个可编程的开放接口。借助这个接口，主板厂商可以实现各种丰富的功能。比如我们熟悉的各种备份及诊断功能就可通过 UEFI 加以实现，主板或固件厂商可以将它们作为自身产品的一大卖点。UEFI 也提供了强大的联网功能，其他用户可以对你的主机进行可靠的远程故障诊断，而这一切并不需要进入操作系统。

如今的 Windows 11 已经全面支持 UEFI，在安装或升级 Windows 11 时，安装程序还会检查计算机是否支持 UEFI，若不支持，安装过程会更加烦琐。

2.2.6 MBR 和 GPT

随着大家办公的需求变大，如今磁盘的容量也越来越大，传统的 MBR 已经不能满足大容量磁盘的需求。其能识别磁盘前面的 2.2TB 左右的空间，对于后面的多余空间只能浪费掉了，而对于单盘 4TB 的磁盘，只能利用约一半的空间。因此，就有了 GPT（GUID Partition Table，全局唯一标识分区表）。

除此以外，MBR 只能支持 4 个主分区或者 3 个主分区+1 个扩展分区（包含任意数目的逻辑分区），而 GPT 在 Windows 操作系统下可以支持多达 128 个主分区。

下面介绍下 MBR 和 GPT 的详细区别。

一、MBR

在传统硬盘分区模式中，引导扇区是每个分区（Partition）的第一扇区，而主引导扇区是硬盘的第一扇区。主引导扇区由 3 个部分组成，MBR、硬盘分区表和硬盘有效标志。在总共 512 字节的主引导扇区里，MBR 占 446 个字节；硬盘分区表占 64 个字节，硬盘中分区有多少以及每一个分区的大小都记录在其中；硬盘有效标志占 2 个字节，固定为 55AA。

二、GPT

GPT 的分区信息是在分区中，而不像 MBR 一样在主引导扇区中，为保护 GPT 不受 MBR 类磁盘管理软件的危害，GPT 在主引导扇区建立了一个保护分区（Protective MBR），这种分区的类型标识为 0xEE，其大小在 Windows 操作系统下为 128MB，在 macOS 下为 200MB。该分区在 Windows 磁盘管理器里名为 GPT 保护分区。可让 MBR 类磁盘管理软件把 GPT 看成一个未知格式的分区，而不是错误地当成一个未分区的磁盘。

另外，为了保护分区表，GPT 的分区信息在每个分区的头部和尾部各保存了一份，以便分区表丢失以后进行恢复。

对于基于 x86/x64 的 Windows 操作系统想要从 GPT 磁盘启动，主板的芯片组必须支持 UEFI（这是强制性的，但是如果仅把 GPT 用作数据盘则无此限制），例如 Windows 8/Windows 8.1 原生支持从 UEFI 引导的 GPT 上启动，大多数预装 Windows 8 的计算机也逐渐采用了 GPT。至于如何判断主板芯片组是否支持 UEFI，一般可以查阅主板说明书或者主板生产厂商的网址，也可以通过查看 BIOS 里面是否有 UEFI 字样。

2.2.7 配置基于 UEFI/GPT 的硬盘分区

当我们在基于 UEFI 的计算机中安装 Windows 操作系统时，必须使用 GPT 文件系统对包括 Windows 分区的硬盘驱动器进行格式化。其他驱动器可以使用 GPT 或 MBR 文件系统进行格式化。

一、Windows RE 工具分区

- 该分区必须至少为 300 MB。
- 该分区必须为 Windows RE 工具映像（winre.wim，至少为 250 MB）分配空间，此外，还要有足够的可用空间以便将用以备份的实用程序捕获到该分区。
- 如果该分区小于 500 MB，则必须至少具有 50 MB 的可用空间。
- 如果该分区大于或等于 500 MB，则必须至少具有 320 MB 的可用空间。
- 如果该分区大于 1 GB，建议应至少具有 1 GB 的可用空间。
- 该分区必须使用 Type ID 为 DE94BBA4-06D1-4D40-A16A-BFD50179D6AC。
- Windows RE 工具应处于独立分区（而非 Windows 分区），以便为自动故障转移和启动 Windows BitLocker 驱动器加密的分区提供支持。

二、系统分区

- 计算机应含有一个系统分区。在 EFI 和 UEFI 系统上，系统区分也可称为 EFI 系统分区。该分区通常存储在主硬盘驱动器上。
- 该分区的最小规格为 100 MB，必须使用 FAT32 文件系统进行格式化。
- 该分区由操作系统加以管理，不应含有任何其他文件，包括 Windows RE 工具。
- Advanced Format 512e 驱动器不受 FAT32 文件系统限制的影响，因为其模拟扇区大小为 512B。512B×65527≈32 MB，比系统分区的最小规格 100 MB 要小。

下面介绍默认配置和建议配置。

Windows 安装程序默认配置包含 Windows 恢复环境（Windows RE）工具分区、系统分区、MSR（Microsoft Reserved Partiton，微软保留分区）和 Windows 分区，如图 2-7 所示。该配置可让 BitLocker 驱动器加密投入使用，并将 Windows RE 存储在隐藏的系统分区中。

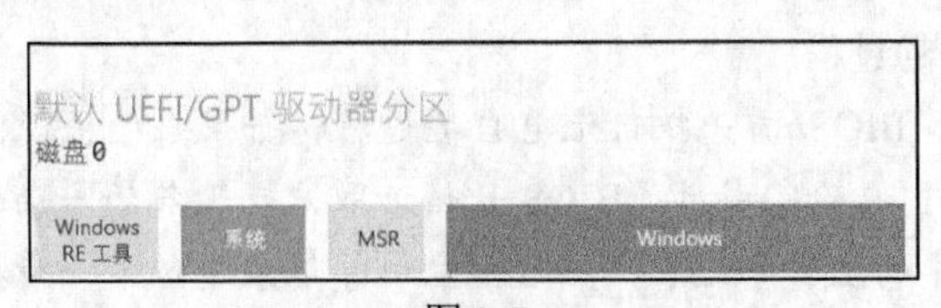

图 2-7

建议配置包括 Windows RE 工具分区、系统分区、MSR、Windows 分区和恢复映像分区，如图 2-8 所示。

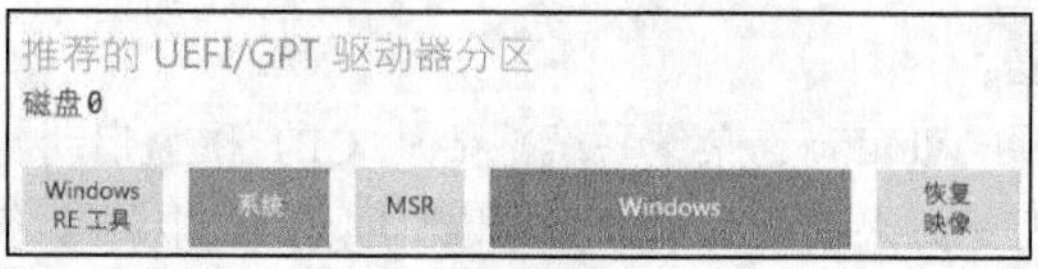

推荐的 UEFI/GPT 驱动器分区
磁盘 0
Windows RE 工具 | 系统 | MSR | Windows | 恢复映像

图 2-8

在添加 Windows 分区之前添加 Windows RE 工具分区和系统分区，最后添加恢复映像分区。在诸如删除恢复映像分区或更改 Windows 分区大小的此类操作期间，这种分区顺序有助于维护系统分区和 Windows RE 工具分区的安全。

2.2.8 检测计算机使用的是 UEFI 还是传统 BIOS 固件

要查看计算机固件的设置，在开机设置界面查看是最好的办法。如果进入操作系统后，还想查看固件信息，那要怎么做呢？

1. 按 Win+R 快捷键，可以快速打开“运行”对话框，输入“msinfo32”，如图 2-9 所示，并按 Enter 键。

2. 在弹出的“系统信息”窗口中，可以看到“BIOS 模式”，如果其值为“传统”，则计算机使用的是 BIOS 固件；如果其值是“UEFI”，则计算机使用的是 UEFI 固件，如图 2-10 所示。

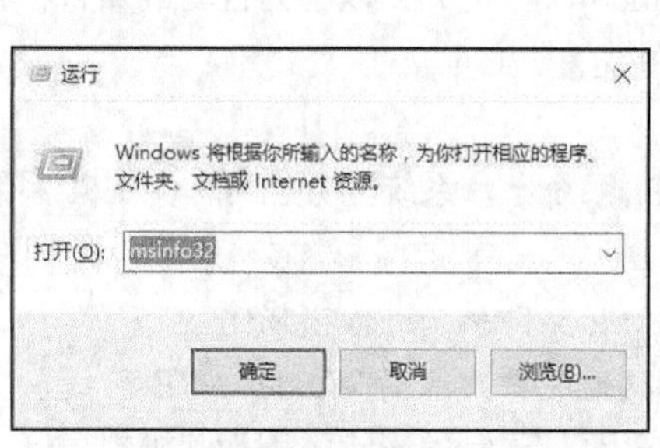

图 2-9

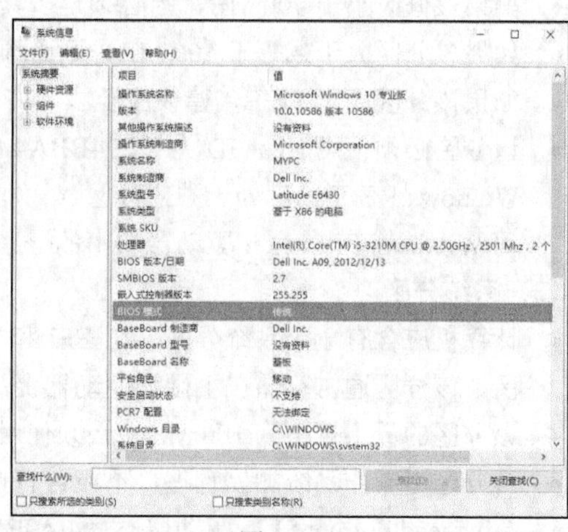

图 2-10

2.2.9 Windows 操作系统的启动过程

掌握 Windows 操作系统的启动过程对进行计算机问题分析有很大的帮助，下面简要介绍 Windows 操作系统的启动过程。

一、从 BIOS 启动的过程

1. 当打开电源后，BIOS 首先执行上电自检过程，如果自检出现问题，此时无法启动计算机，并且系统会报警。自检完成后，BIOS 开始读取启动设备的启动数据。如果是从硬盘启动，BIOS 会读取硬盘中的主引导记录，然后由主引导记录进行下一步操作。

2. 主引导记录搜索分区表并找到活动分区，然后读取活动分区的启动管理器（bootmgr），把它写入内存并执行。主引导记录的操作完成，由启动管理器进行以后的步骤。

3. 启动管理器执行活动分区 boot 目录下的启动配置数据（Boot Configuration Data,

BCD)。启动配置数据中存储了操作系统启动时需要的各种配置。如果有多个操作系统，则启动管理器会让用户选择要启动的操作系统。如果只有一个操作系统，启动管理器直接启动这个操作系统。

4. 启动管理器运行 Windows\system32 目录下的 winload.exe 程序，启动管理器的任务结束，winload.exe 程序会完成后续的启动过程。

二、从 UEFI 启动的过程

1. 打开电源后，UEFI 模块会读取启动分区内的 bootmgfw.efi 并执行它，然后由 bootmgfw.efi 执行后续的操作。

2. bootmgfw.efi 读取分区内的启动配置数据。此时和 BIOS 启动一样，如果有多个操作系统，会让用户选择要启动的操作系统，如果只有一个操作系统，则默认启动当前操作系统。

3. bootmgfw.efi 程序读取 winload.efi 并启动 winload.exe 程序，由 winload.exe 程序完成后续的启动过程。

2.3 升级安装 Windows 11

如今我们已经拥有或将要拥有的大都是已经预装了 Windows 10 的计算机，所以要是想要体验 Windows 11，最快、最好的方式就是直接将现有计算机的系统进行升级。如果你的计算机安装的是正版 Windows 10，那就快来升级一下吧！

现在，微软免费开放 Windows 11 的升级。

1. 在网站中查询并进入 Windows 11 下载官网，如图 2-11 所示。

图 2-11

2. 单击“立即下载”按钮下载 Windows 11 安装助手，如图 2-12 所示。

图 2-12

3. 双击打开安装助手，它会检查计算机是否满足升级为 Windows 11 的要求，检查完成后若满足，则显示的界面如图 2-13 所示。

4. 单击“接受并安装”按钮，进入图 2-14 和图 2-15 所示的界面。

5. 升级完成后，需要重启才能安装 Windows 11，如图 2-16 所示。

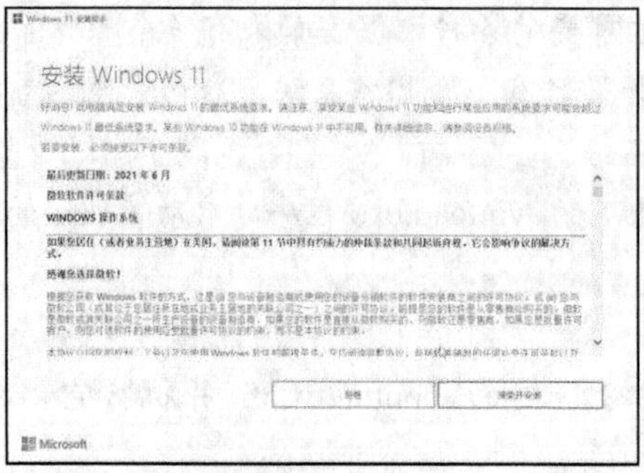

图 2-13

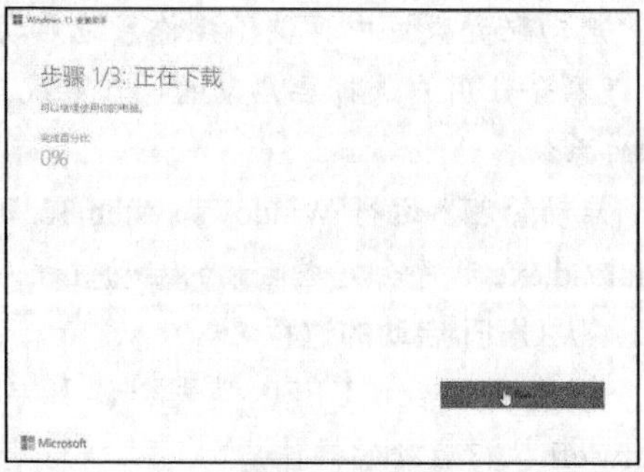

图 2-14

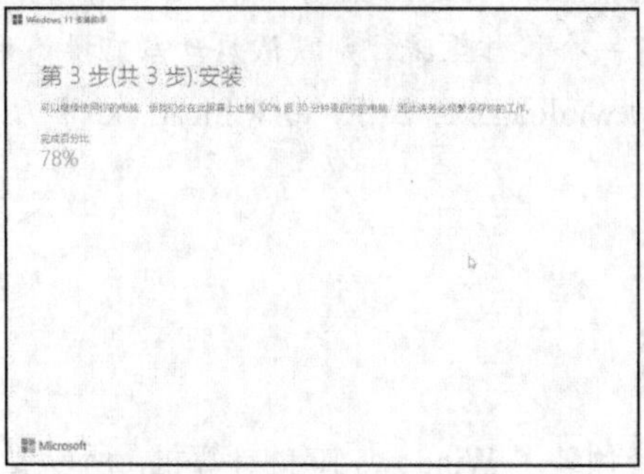

图 2-15

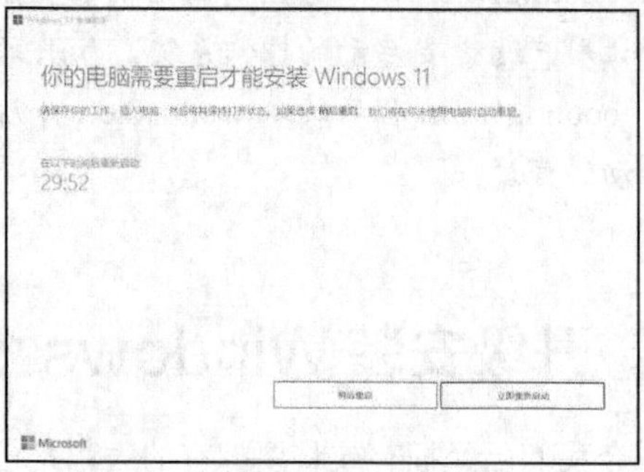

图 2-16

重启后，Windows 11 就正式安装完成了，快去体验一下吧！

2.4 安装全新的 Windows 11

如果在升级的过程中出现报错的情况，或者购买计算机时没有预装任何操作系统，这时候就需要通过其他方式安装 Windows 11。本节将详细介绍 Windows 11 安装的准备工作及安装步骤。

2.4.1 安装前的准备工作

在进行 Windows 11 的安装前，为了安装的顺利进行，我们要做一些准备工作。

- 检查计算机的硬件设置是否满足 Windows 11 的安装需求。Windows 11 的安装需求，可以参见 2.1.2 节的说明。
- 准备好 Windows 11 的安装文件。如果从 U 盘安装，我们需要从官网下载镜像文件并制作装机 U 盘。
- 如果计算机是正在使用的计算机，在安装 Windows 11 之前，需要先对计算机的数据进行备份。

2.4.2 安装 Windows 11

做好了相关的准备工作后，我们就可以正式开始安装 Windows 11 了。下面以通过 U 盘安装为例来进行说明。

1. 设置计算机从 U 盘启动。由于大部分计算机默认都是从硬盘启动的，因此安装操作系统前，需要先将计算机的启动方式修改为从 U 盘启动。设置好之后我们就可以打开计算机电源，将U盘插入计算机接口。

2. 启动计算机后，计算机会读取U盘内容运行 Windows 11 的安装程序。首先进入安装环境设置阶段，设置好要安装的语言、时间和货币格式、键盘和输入方法后，单击“下一步”按钮，如图 2-17 所示。

3. 在弹出的窗口中单击“现在安装”按钮，如图 2-18 所示。

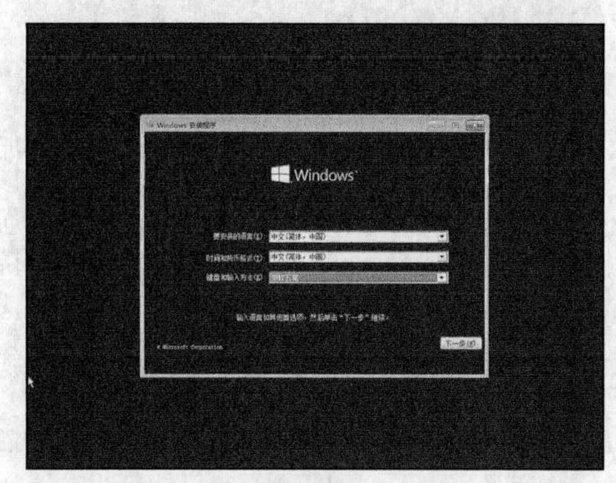

图 2-17

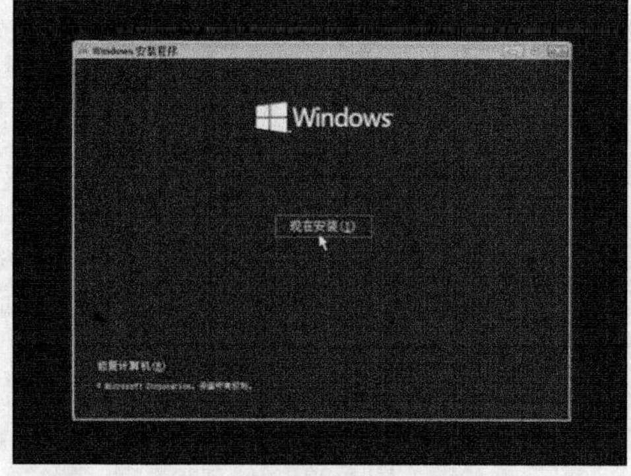

图 2-18

4. 如果安装的 Windows 11 是零售版的，则需要输入序列号进行验证，如图 2-19 所示。输入完成后单击“下一页”按钮，系统开始准备安装，如图 2-20 所示。

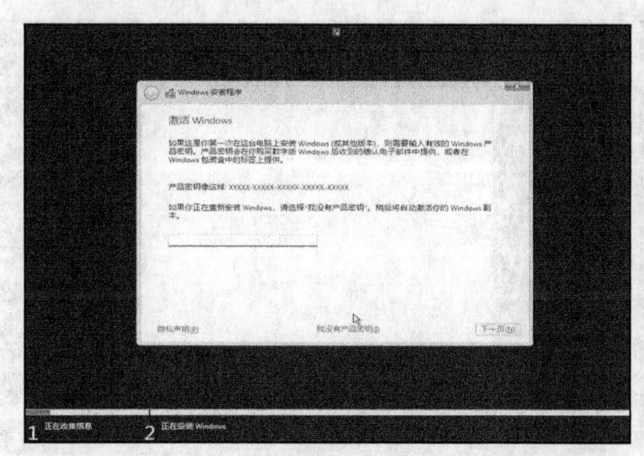

图 2-19

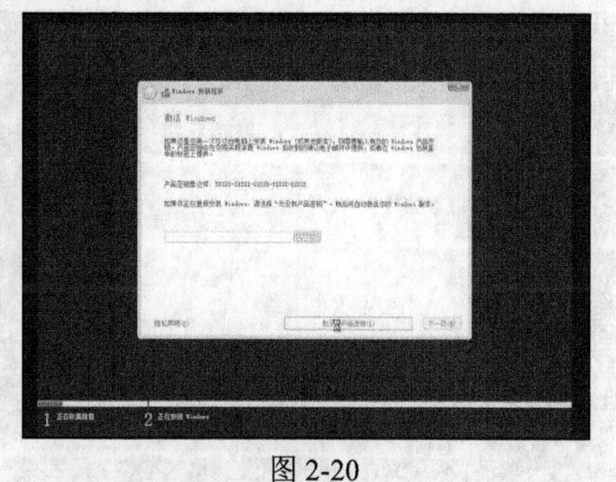

图 2-20

5. 勾选接受许可条款复选框，单击“下一页”按钮，如图 2-21 所示。

图 2-21

6. 在“你想执行哪种类型的安装？”界面中，选择“自定义：仅安装 Windows（高级）”选项，如图 2-22 所示。

7. 在“你想将 Windows 安装在哪里？”界面中，单击右下方的“新建”按钮，然后设置空间的大小，单击“应用”按钮完成设置，如图 2-23 所示。

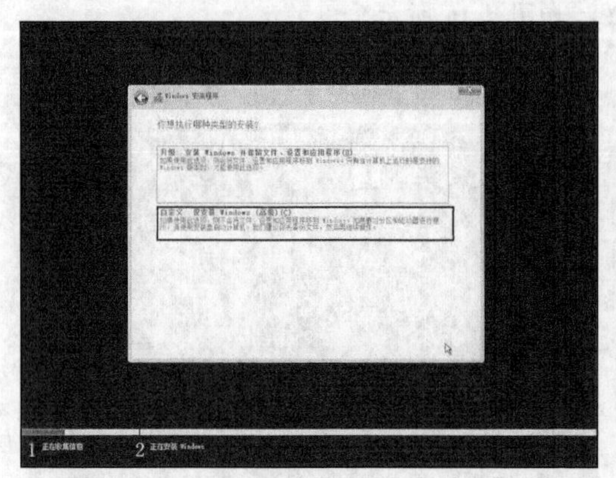

图 2-22

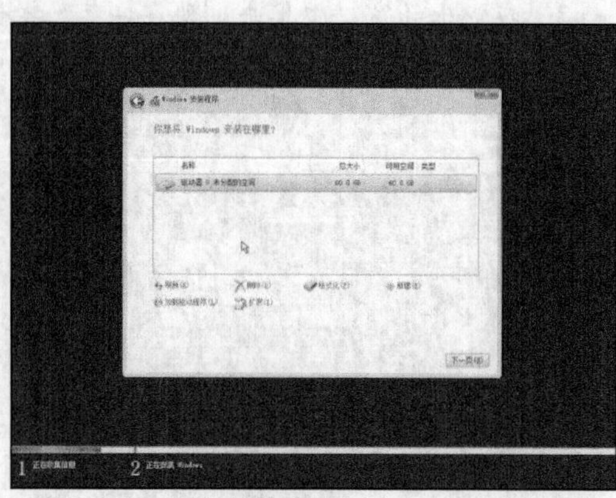

图 2-23

8. 接下来就进入安装过程了，期间可能要重启几次，耐心等待即可，如图 2-24～图 2-26 所示。

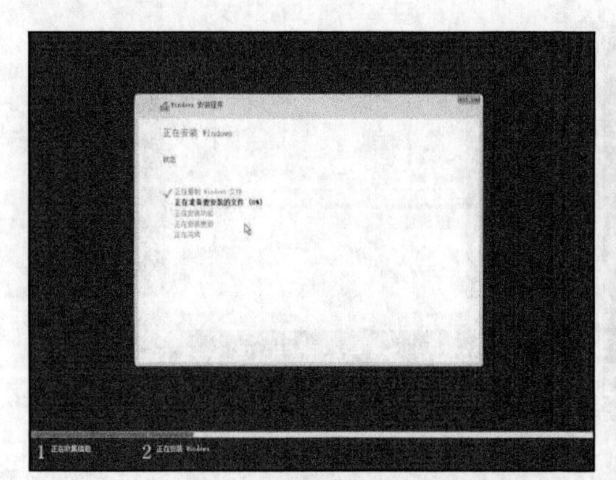

图 2-24

图 2-25

图 2-26

9. 计算机重启后，Windows 11 会让我们选择国家（地区）、键盘布局，如图 2-27～图 2-29 所示。

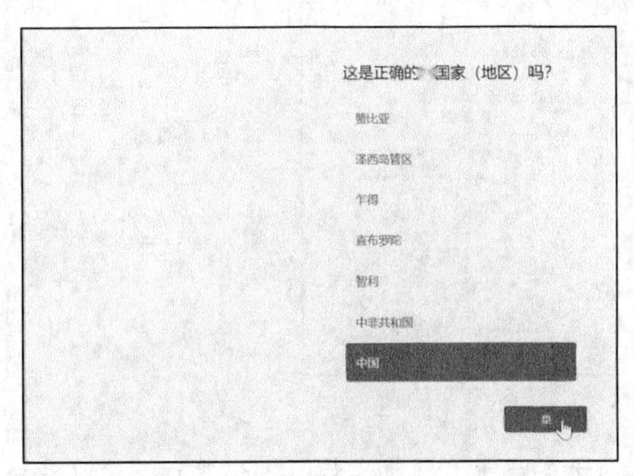

图 2-27

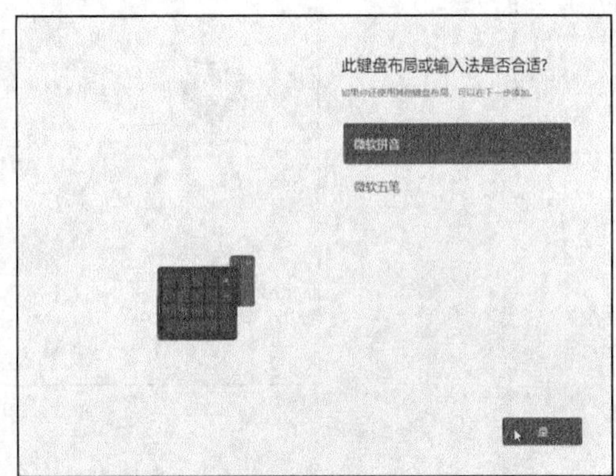

图 2-28

10. 选择计算机的归属，如图 2-30 所示，选择好后就可以进入下一步了。

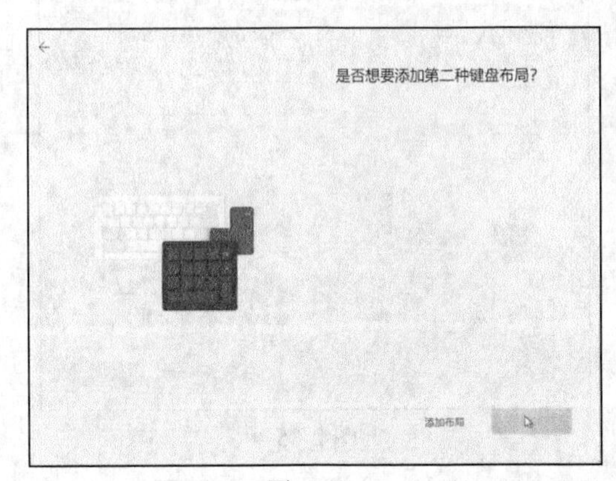

图 2-29

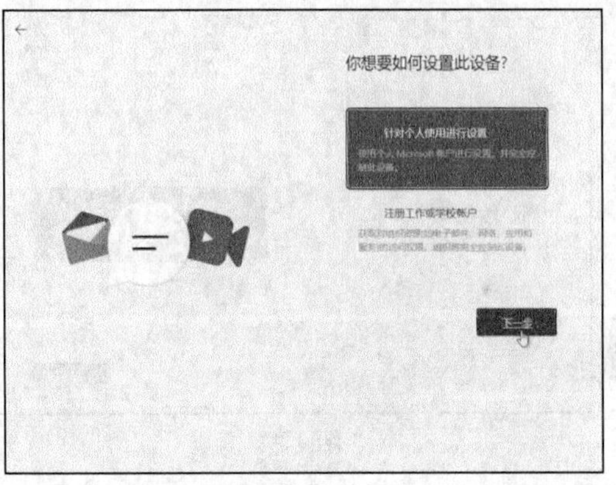

图 2-30

11. 登录或注册一个微软账（图中为“帐”，后同）号，如图 2-31 所示。如果你不想注册，可以断开网络回到上一步，再单击“下一步”按钮跳过这个步骤。

12. 创建一个 PIN（Personal Identification Number，个人身份识别码），如图 2-32 和图 2-33 所示。这个 PIN 指的是解锁屏幕时的密码，要设计一个自己能够记住的密码。

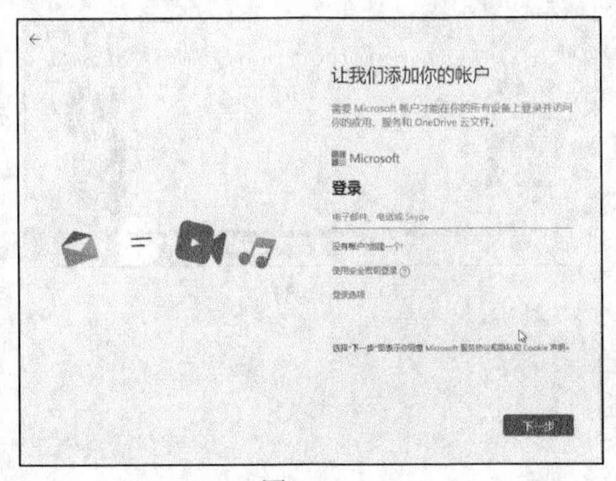

图 2-31

图 2-32

图 2-33

13. PIN 创建好后可以同步到之前 Windows 云的设置和信息，如图 2-34 所示；更改隐私设置，如图 2-35 所示；自定义设备体验方式，如图 2-36 所示。

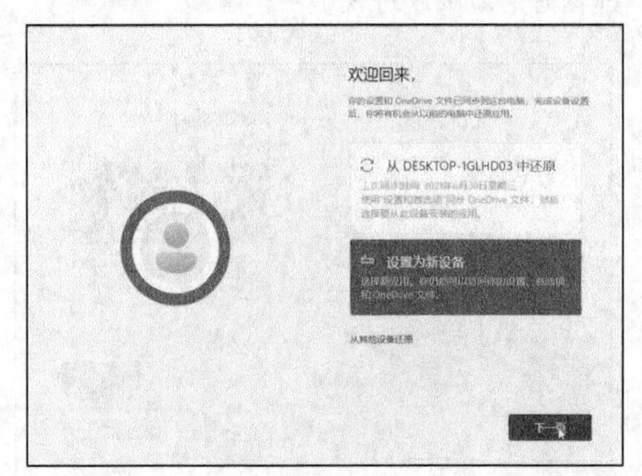

图 2-34

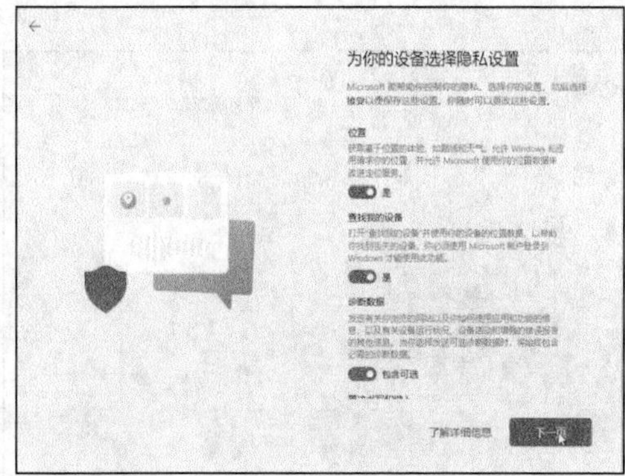

图 2-35

至此，我们便拥有了属于我们自己的 Windows 11，崭新的 Windows 11 如图 2-37 所示。

图 2-36

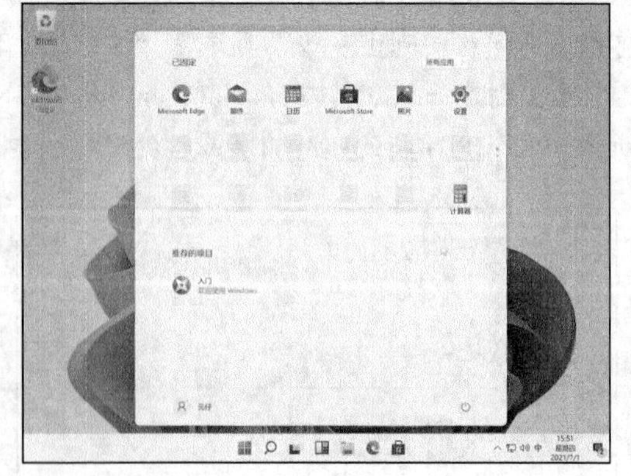

图 2-37

2.5 双系统的安装和管理

虽然 Windows 11 有很多的优点和新的特性，但是有些旧的程序没有为新的系统做优化。这些程序有时候无法在 Windows 11 中运行，但是我们又需要运行它们，或者由于某些特殊需求我们要在不同的系统上进行操作或验证。那么怎么可以既兼顾 Windows 11 的优点又可以使用旧的程序呢，我们可以在计算机上安装两个系统，这样在需要的时候，切换不同的系统即可。

下面以 Windows 10 为例，向大家介绍如何安装 Windows 10 和 Windows 11 双系统。双系统的安装一般需要先安装低版本的系统，所以我们需要先安装 Windows 10，其安装过程和 Windows 11 的类似，这里就不做介绍了，而主要介绍一下安装 Windows 10 之前的准备工作。

对于 Windows 10 的安装介质，以从光盘安装为例，用户可以自行从微软官方网站上下载光盘镜像文件，然后刻录到光盘上。

需要在安装了 Windows 10 的计算机中准备一个空白的主分区，具体操作步骤如下。

1. 按 Win+R 快捷键，在弹出的“运行”对话框中输入“diskmgmt.msc”，单击“确定”按钮，如图 2-38 所示。

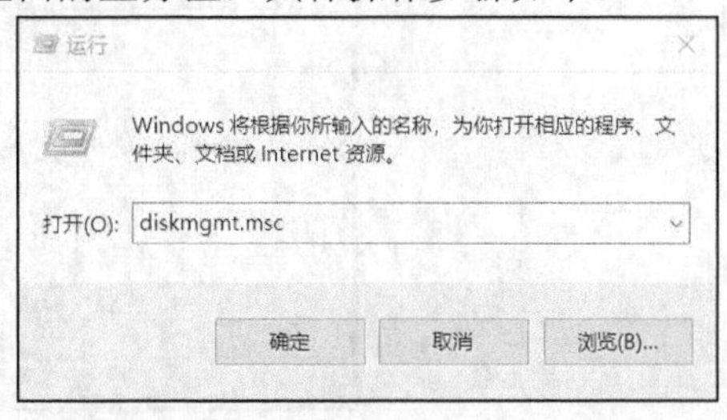

图 2-38

2. 在弹出的窗口中，创建需要安装的分区。以未分配的空间为例，在其上单击鼠标右键，在弹出的快捷菜单中选择“新建简单卷”命令，如图 2-39 所示。然后一直单击“下一步”按钮确认即可。

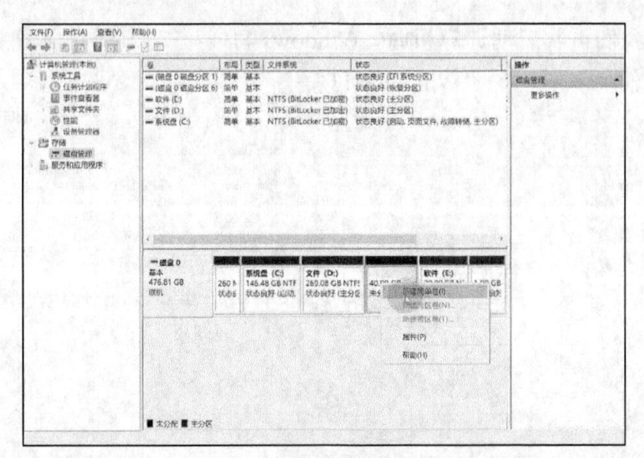

图 2-39

创建完成的分区如图 2-40 所示。

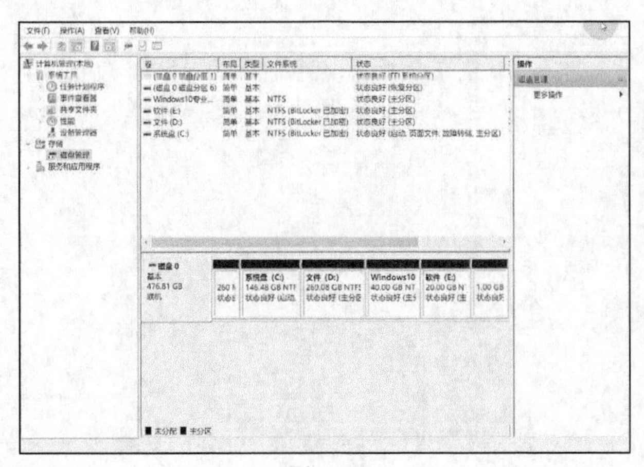

图 2-40

3. 做好准备工作后，将光盘放入光驱，然后重启计算机，进行 Windows 11 的安装。安装过程和全新安装的一样，只是在选择安装位置的时候，选择第 2 步设置好的分区即可，如图 2-41 所示。

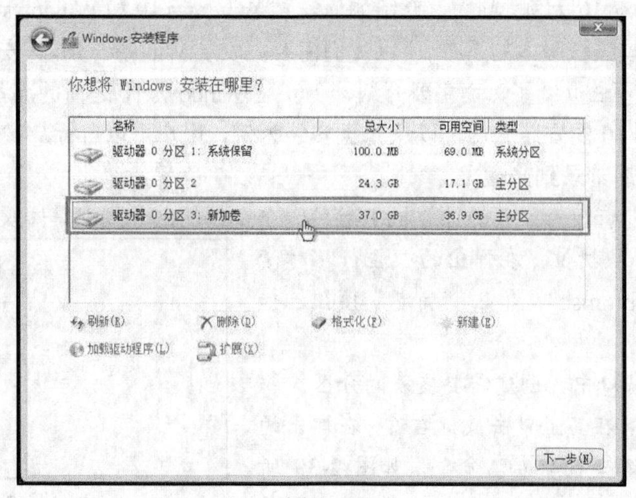

图 2-41

安装完成后，我们再次启动计算机时，Windows 11 会自动识别并保留 Windows 10 的启动项，这时候启动项就会多出一个“Windows 11”。

第 3 章

Windows 11 的基本设置

Windows 11 作为微软新推出的操作系统，在外观与操作体验上都做了很多重要的变革。本章就来重点讲解 Windows 11 各核心配置的基本设置，为读者后续更加深入地了解 Windows 11 打下基础。

3.1 与主题相关的基本设置

Windows 11 整体更倾向于当下主流的扁平化风格，包括窗口设计、按钮图样、颜色搭配等方面，且支持用户自主设置主题风格和颜色搭配方案。下面我们就来看看有关主题的几个方面的设置方式。

首先打开“个性化”设置页面，方法为：单击桌面左下角的“开始”图标，弹出“开始”菜单，选择“设置”选项，弹出“设置”窗口，如图 3-1 所示。选择“个性化”选项，进入“个性化”设置页面，如图 3-2 所示。

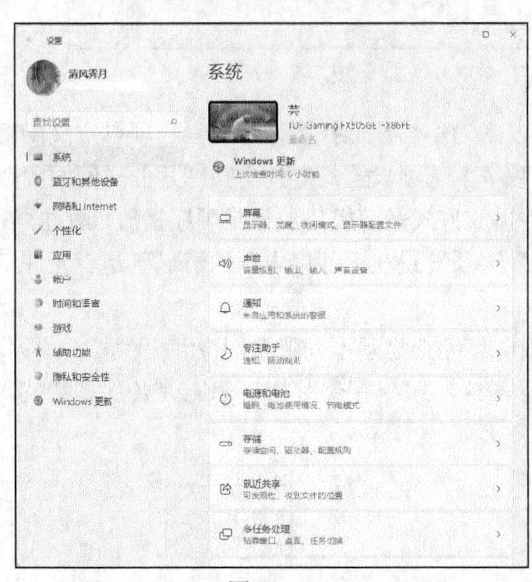

图 3-1

图 3-2

一、背景设置

用户可以自定义 Windows 桌面背景图片的主要样式，具体操作步骤如下。

1. 在图 3-2 所示的“个性化”设置页面中，选择“背景”选项，窗口右侧为设置区域，如图 3-3 所示。

2. 单击“个性化设置背景”下拉列表框，选择背景的展现方式，如图 3-4 所示。

图 3-3

图 3-4

- 如果选择“图片”，则其下方显示“最近使用的图像”“选择一张照片”等选项，允许用户自定义背景图片，如图 3-5 所示。
- 如果选择“纯色”，则其下方显示相应的背景色选项，允许用户自定义背景色，如图 3-6 所示。

图 3-5

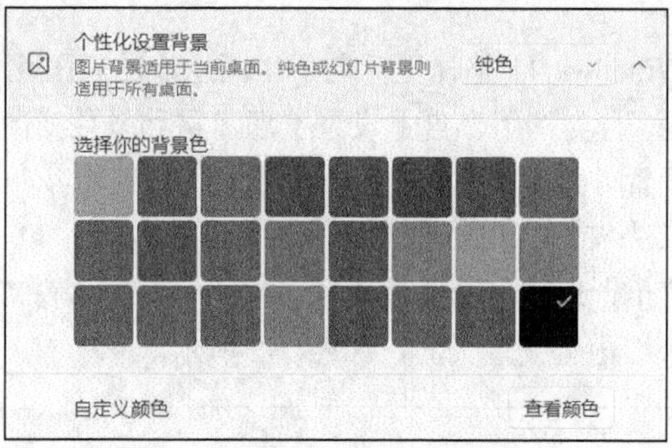

图 3-6

- 如果选择“幻灯片放映”，则用户可通过“为幻灯片选择图像相册”选项自定义幻灯片循环播放的图片集，通过“图片切换频率”选项设置幻灯片更换图片的时间间隔，通过“扰乱图片顺序”选项设置幻灯片的播放方式是随机播放还是顺序播放，通过“在使用电池供电时仍允许运行幻灯片放映”选项设置在无外接电源的情况下是否允许幻灯片放映，如图 3-7 所示。
- 如果选择“Windows 聚焦”，则可以在锁屏界面上显示不同背景图像并提供相关建议。

3. 单击“选择适合你的桌面图像”下拉列表框，选择背景图片的填充方式，如图 3-8 所示。

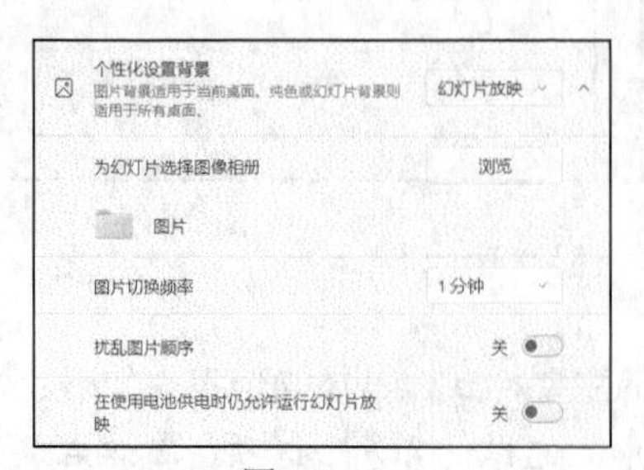

图 3-7

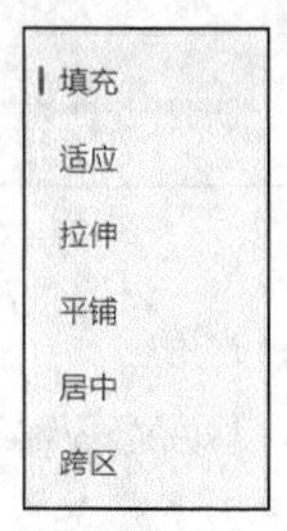

图 3-8

二、颜色设置

用户可以自定义 Windows 主题的整体色调，具体操作步骤如下。

1. 在图 3-2 所示的“个性化”设置页面中，选择“颜色”选项，如图 3-9 所示。

2. 在“主题色”栏可通过“最近使用的颜色”和“Windows 颜色”选择一种自己喜欢的颜色作为主题背景色，例如，这里选择“蓝色”，在“预览”显示区域可以看到效果，如图 3-10 所示。

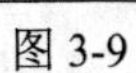

图 3-9

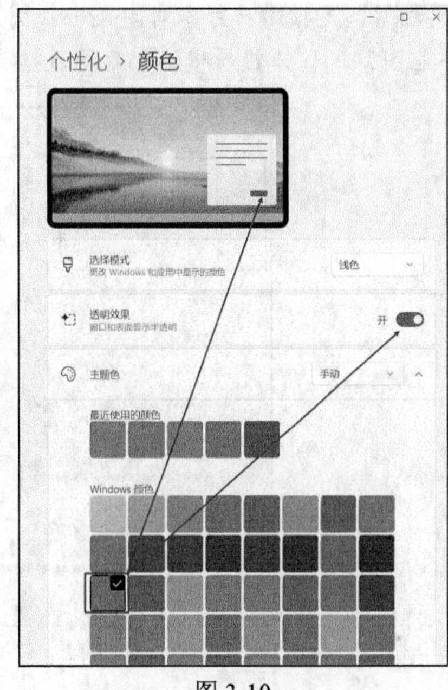

图 3-10

3. “透明效果”选项如果设置为关，则“开始”菜单、任务栏和操作中心为不透明显示，如图 3-11 所示；如果设置为开，则“开始”菜单、任务栏和操作中心为透明显示，如图 3-12 所示。

图 3-11

图 3-12

三、锁屏界面设置

用户可以自定义锁屏界面的样式、时间等内容，具体操作步骤如下。

1. 在图 3-2 所示的“个性化”设置页面中，选择“锁屏界面”选项，窗口右侧为设置区域，如图 3-13 所示。

2. 单击“个性化锁屏界面”下拉列表框，设置锁屏背景展现内容的方式，如图 3-14 所示。其中，“Windows 聚焦”是指微软根据用户日常使用习惯自动联网下载精美壁纸，并进行自动切换；“图片”是指用户可以自定义一张图片，作为锁屏壁纸；“幻灯片放映”是指用户可以自定义一组图片，作为锁屏壁纸循环播放。

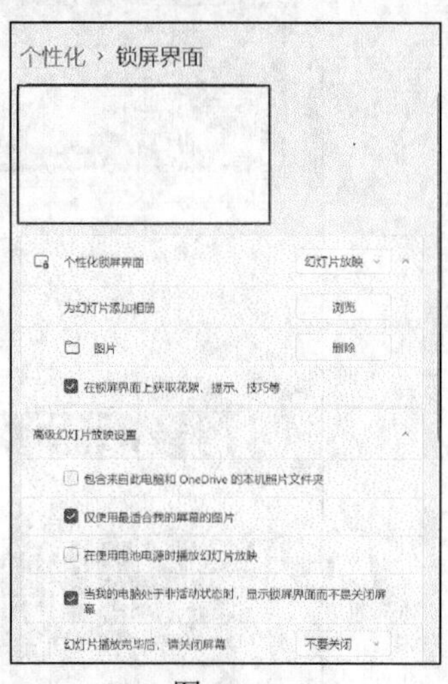

图 3-13

图 3-14

- 当选择“图片”选项时，下方会出现“选择照片”选项，用于用户设置背景图片，如图 3-15 所示。
- 当选择“幻灯片放映”选项，下方会出现“为幻灯片添加相册”选项和“高级幻灯片放映设置”选项，如图 3-16 所示。

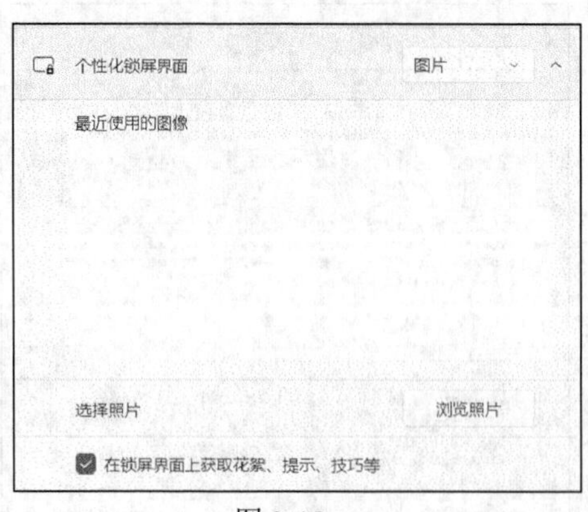

图 3-15

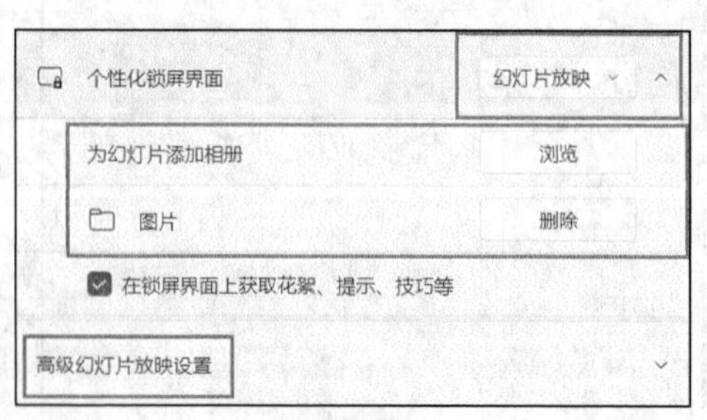

图 3-16

在图 3-16 中，可选择想要作为幻灯片放映的图片；单击“浏览”按钮，选择包含图片集的文件夹，则该文件夹中的所有图片，都会被用作幻灯片播放的源图片。

单击“高级幻灯片放映设置”选项，打开“高级幻灯片放映设置”界面，如图 3-17 所示，可进行幻灯片放映的详细设置。

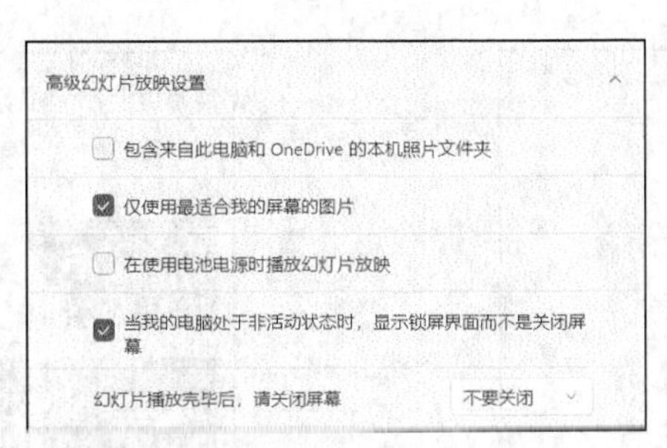

图 3-17

3. “在登录屏幕上显示 Windows 背景图片”选项为“开”表示在登录 Windows 操作系统时，会显示背景图片，否则不会显示背景图片。

四、主题设置

用户可以自定义 Windows 主题，具体操作步骤如下。

1. 在图 3-2 所示的“个性化”设置页面中，选择“主题”选项，窗口右侧为设置区域，如图 3-18 所示。

2. 在“当前主题”中可以选择系统为我们提供的各种主题，如图 3-19 所示。

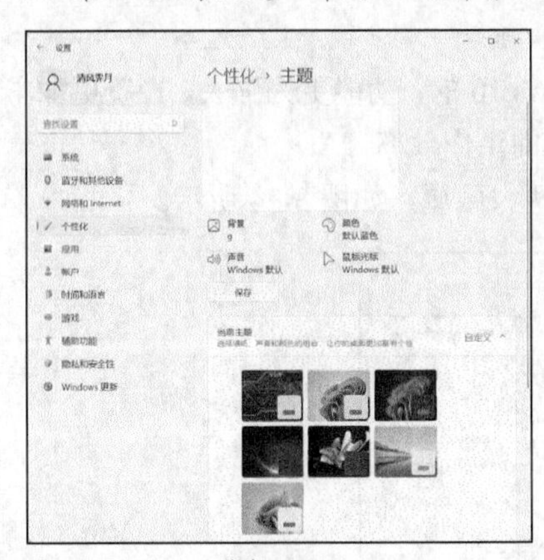

图 3-18

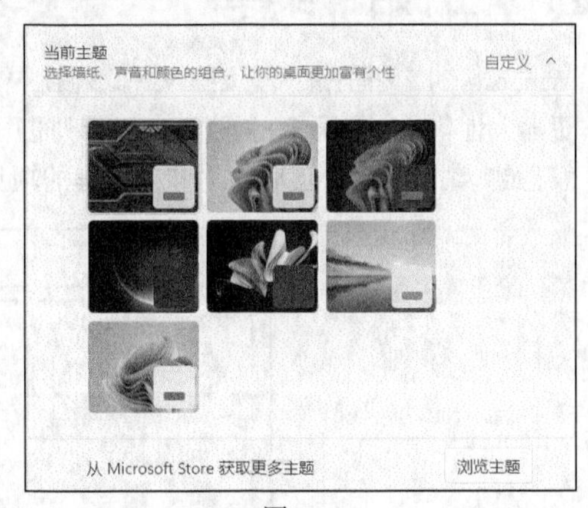

图 3-19

在此页面可以进行主题的更改。Windows 11 不像 Windows 10 提供了“我的主题”“Windows 默认主题”“高对比度主题”三大类主题，而是提供了一些简单的主题风格供大家选择。不过可以通过下方的“浏览主题”从网络中下载更多丰富多彩的主题，如图 3-20 和图 3-21 所示。当我们需要更高对比度时，也可以在下方的“相关设置”中选择“对比度主题”选项，如图 3-22 所示，进入“对比度主题”页面中。选择对比度不同的主题，这里提供了 4 种模式供选择，如图 3-23 所示。

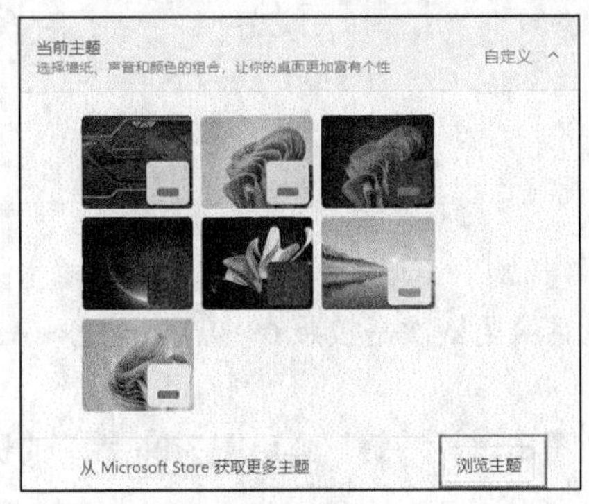

图 3-20

图 3-21

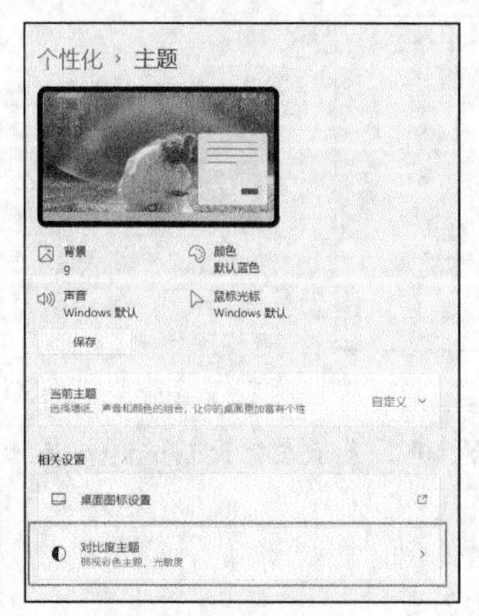

图 3-22

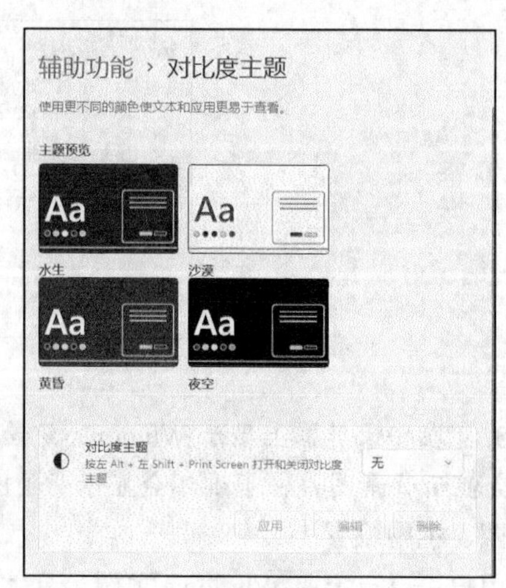

图 3-23

3.2 “开始”菜单

Windows 11 新推出的“开始”菜单，相比 Windows 10 的，功能更为强大，设置更加丰富，操作更加人性化，通过合理的设置，可有效提升我们的工作效率。

“开始”菜单分为“已固定”和“推荐的项目”两大区域，如图 3-24 所示。

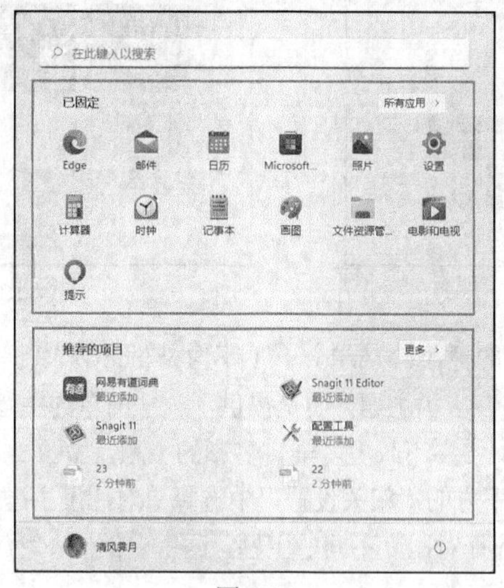

图 3-24

一、“已固定”区域

下面来详细介绍“已固定”区域各部分的功能。

（1）所有应用。

单击桌面左下角的“开始”图标▦，在弹出的“开始”菜单的“已固定”区域单击“所有应用”按钮，系统会列出目前已安装的应用清单，且应用依次是按照 0～9、英文 A～Z、拼音 A～Z 顺序排列的，如图 3-25 所示。

任意选择其中一项应用，例如此处选择 Excel，单击鼠标右键，弹出图 3-26 所示的快捷菜单。

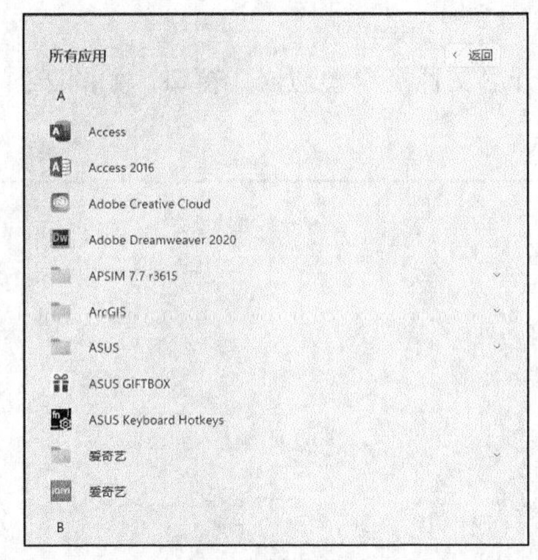

图 3-25

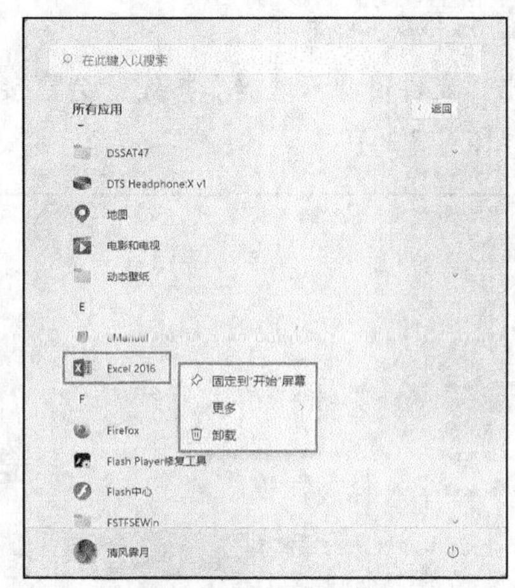

图 3-26

如果该应用未固定到磁贴区，则快捷菜单中会显示“固定到‘开始’屏幕”命令，选择该命令即可将相应快捷方式添加到磁贴区；否则会显示“从‘开始’屏幕取消固定”命令，选择该命令即可将对应快捷方式从磁贴区移除。选择“卸载”命令，可以快速对相应应用进行卸载操作。选择“更多”命令，弹出的菜单如图 3-27 所示。

选择“固定到任务栏”命令，则可以将该快捷方式固定到任务栏上，如图 3-28 所示。

图 3-27　　图 3-28

选择“以管理员身份运行”命令，可以以管理员身份运行 Excel。

选择“打开文件位置”命令，可以打开 Excel 快捷方式所在的文件夹。

（2）电源。

单击“电源”按钮，弹出的菜单如图 3-29 所示；选择“睡眠”命令，可以让计算机进入睡眠状态；选择“关机”命令，可以关闭计算机；选择“重启”命令，可以重启计算机。

（3）设置。

单击“设置”按钮，弹出“设置”窗口，该窗口类似控制面板，但在操作上比控制面板要轻松、方便，如图 3-30 所示。

睡眠
关机
重启

图 3-29

图 3-30

（4）文件资源管理器。

单击“文件资源管理器”按钮，会直接打开“文件资源管理器”窗口，如图 3-31 所示，相关内容详见 3.3 节。

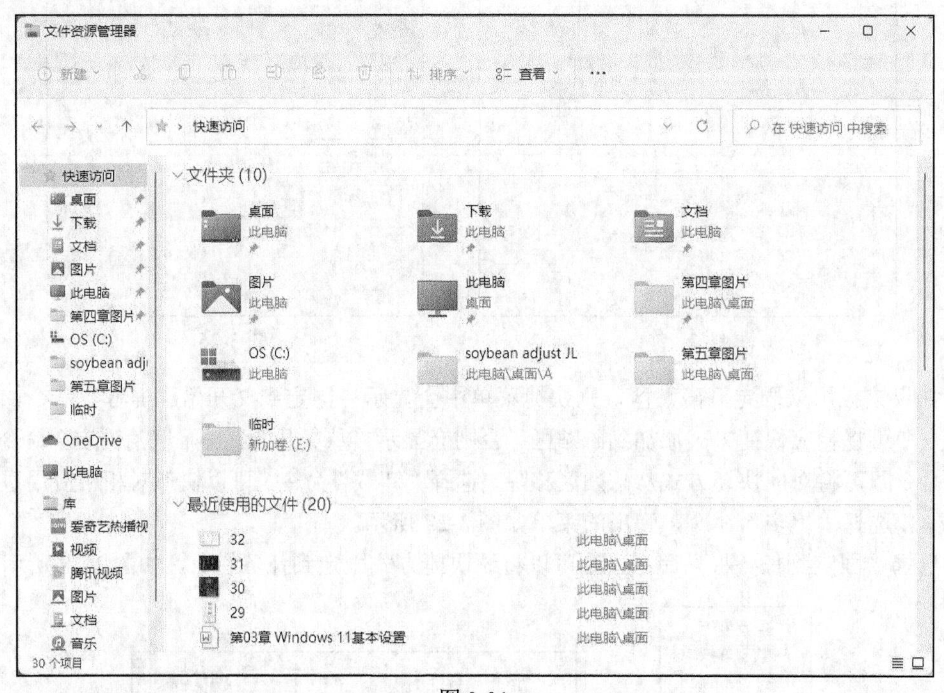

图 3-31

二、“推荐的项目”区域

“推荐的项目”区域是 Windows 11 更新后“开始”菜单中更新的区域，类似于浏览器中的历史浏览记录。“推荐的项目”区域会展示我们最近一段时间打开的文件或应用，方便我们办公和使用，如图 3-32 所示。

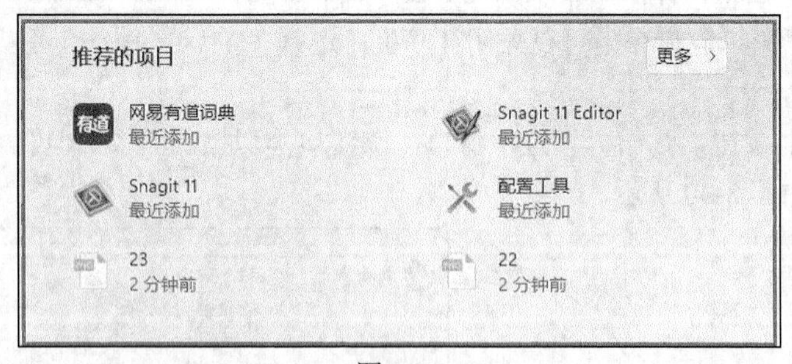

图 3-32

3.3 文件资源管理器

Windows 11 新推出的文件资源管理器，无论是在界面风格上，还是在功能上，都做了巨大的变革。下面就来详细介绍 Windows 11 的文件资源管理器。

在“开始”菜单中单击“文件资源管理器”按钮，或者双击桌面中的“此电脑”图标，打开“文件资源管理器”窗口，如图 3-33 所示。

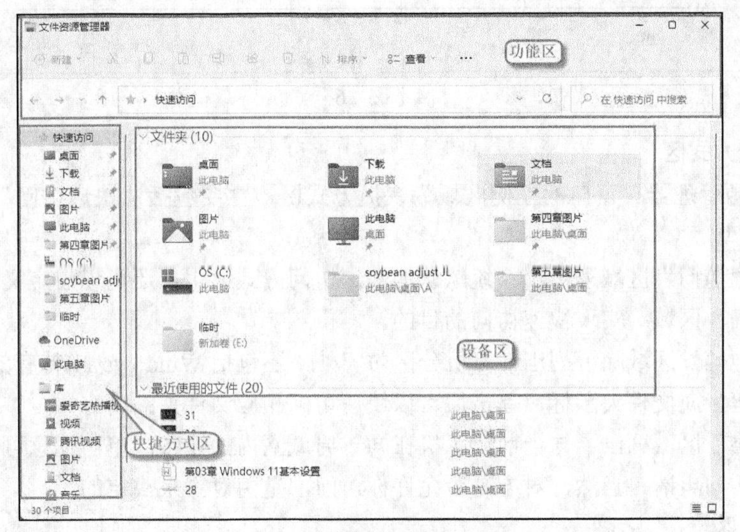

图 3-33

可以看到，整个窗口分为 3 块，即功能区、快捷方式区、设备区，下面我们一一介绍。

一、功能区

Windows 11 对文件资源管理器的功能区部分做了很多改动，包括更便捷的图标、更简洁的页面展示，将不常用到的功能都放在了右上角的“查看”和…对应的下拉列表和菜单中，如图 3-34 所示。

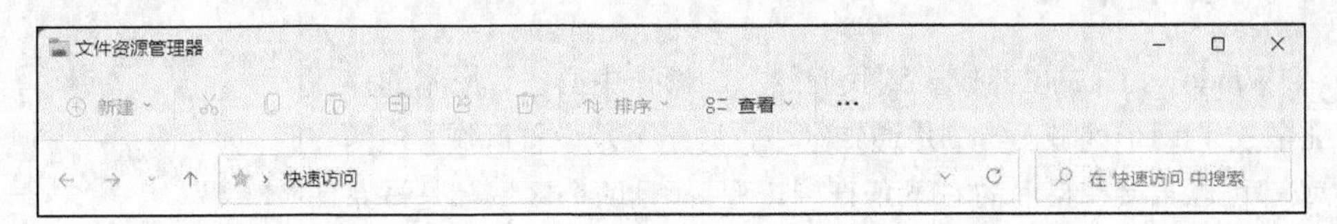

图 3-34

单击“查看”，可以设置查看文件的视图各类属性，如视图排列方式、文件夹属性、文件属性等，如图 3-35 所示。

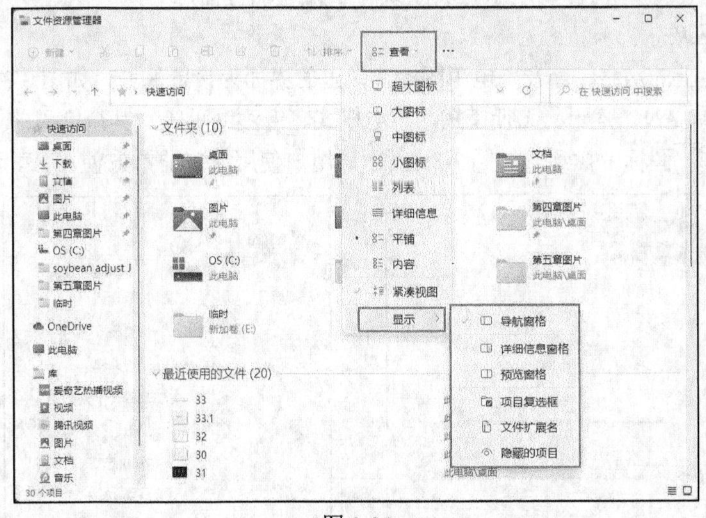

图 3-35

在快速访问工具栏，如图 3-36 所示，可以定义常用的快捷方式。

图 3-36

二、快捷方式区

“文件资源管理器”窗口的左侧区域为快捷方式区，主要包括“快速访问”“此电脑”和“网络”3 块区域。

- “快速访问”区域列出了系统默认的快速访问方式，用户还可以自定义文件夹到“快速访问”区域，实现快速访问的目的。
- “此电脑”区域除了列出计算机分区内容外，还包括 Windows 11 特有的视频、图片、文档等专属文件夹图标，单击后可以快速访问相应文件夹的内容。
- “网络”区域列出了与当前计算机在同一局域网内的设备，单击任意可见设备，即可进行访问申请，当然，对方是否允许你访问，是由对方来决定的。

三、设备区

设备区主要包含计算机的各文件夹，以及 Windows 11 自带的快速访问文件夹，如视频、图片、文档、下载、音乐、桌面等。该区域是我们日常进入不同计算机文件夹的主要入口。

3.4 操作中心

在 Windows 11 中已经找不到我们熟悉的操作中心了，原本的操作中心被分为两个区域：一个是通知区域，另一个是设置区域。这两个区域都可以直接在桌面的右下角直接查看，而且两个区域都是被系统固定的，一定会显示图标，不用再担心找不到了。

一、通知区域

单击任务栏右侧的日期图标，弹出界面的上半部分为通知区域，如图 3-37 所示。该区域内可以展示各类系统、邮件通知等信息。

图 3-37

二、设置区域

单击任务栏上的网络、声音、电源图标，弹出的界面为设置区域，如图 3-38 所示。在此区域内可以设置 WLAN、蓝牙、飞行模式、节电模式、专注助手等，其余常见的设置可以通过单击界面右下角的 图标中找到，如图 3-39 所示，用户使用起来非常方便。

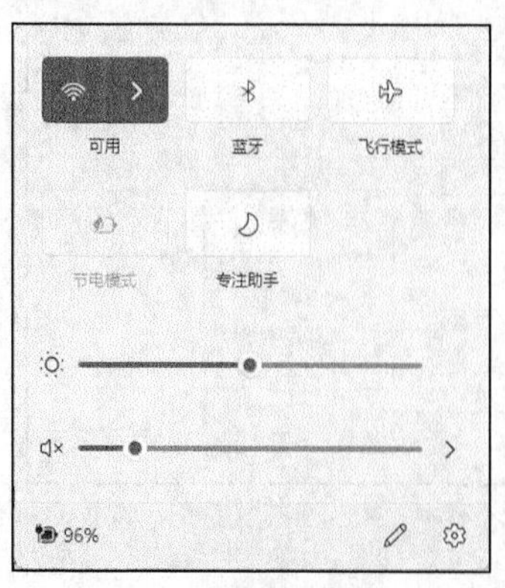

图 3-38

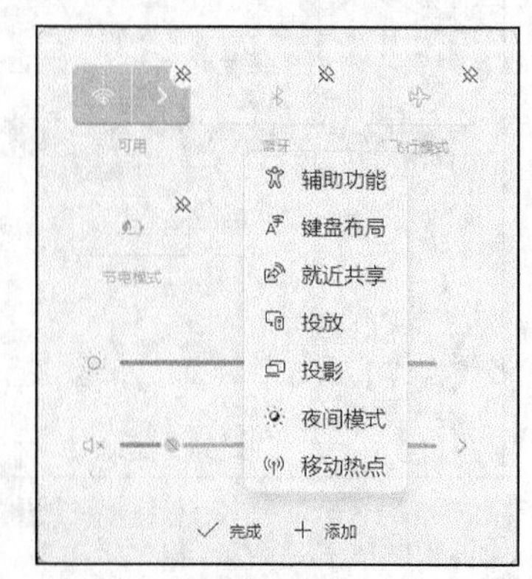

图 3-39

3.5 分屏

在日常使用操作系统的过程中，我们常常会在多个页面间不断切换阅读，很不方便，如果能在同一界面同时查看多个页面的内容，是不是会很方便？Windows 11 提供了此项功能，且在原有 Windows 10 的基础上做了优化，更加容易上手，再结合其适用于手机和平板电脑的特点，又开发了很多方便的分屏类型。

Windows 11 所支持的多任务布局，除了新增加的布局菜单外，还增加了一套根据设备的自适应功能。除了传统的左/右/左上/左下/右上/右下几个常规布局外，当用户的显示器分辨率比较特殊时，Windows 11 还会自动添加一个三栏式布局（左/中/右、左辅/中主/右辅、左辅/中辅/右主、左主/中辅/右辅），用以提高超宽屏幕的使用效率。此外，多任务布局也能根据所连接设备实时调节，比如当用户将笔记本电脑连入大屏幕，或者将主屏与计算机分开时，多任务布局都会自动调整，以保证演示效果。各种分屏效果如图 3-40～图 3-43 所示。

图 3-40

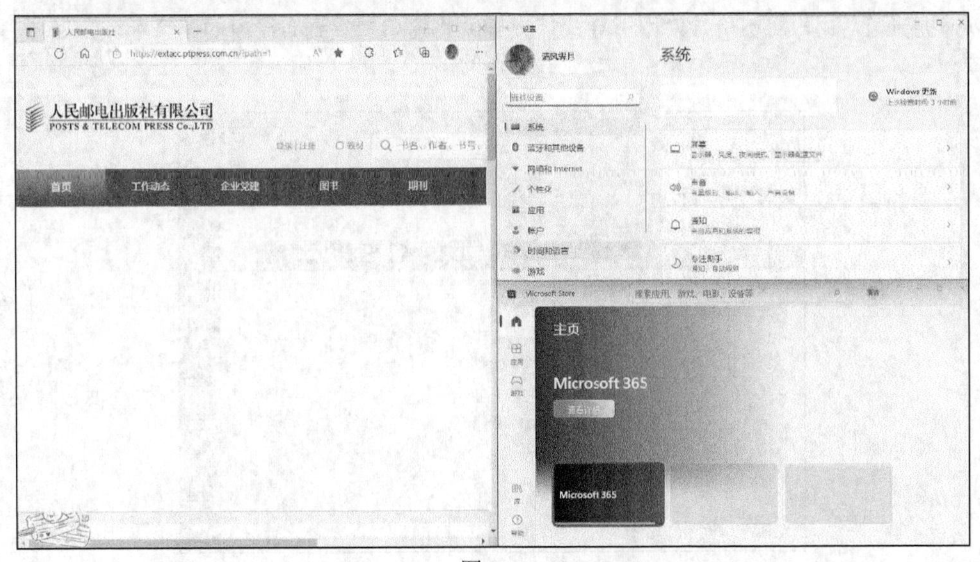

图 3-41

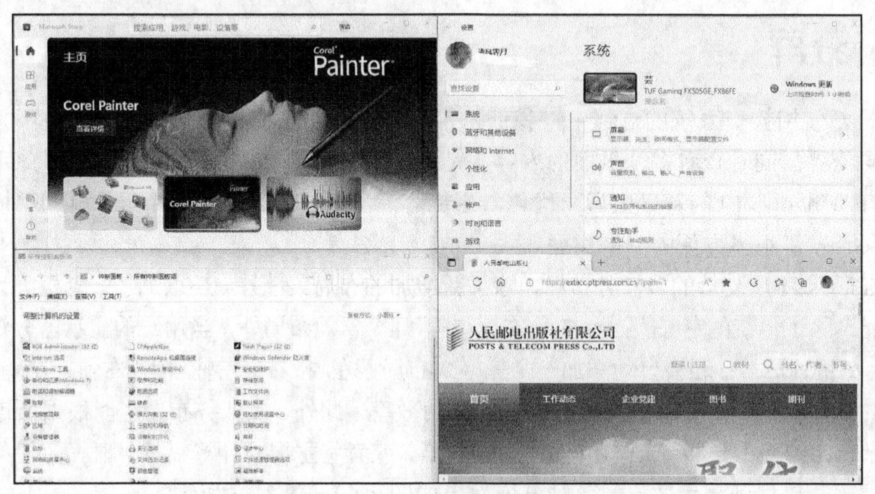

图 3-42

图 3-43

捕捉布局：只需将鼠标指针悬停在窗口的最大化按钮上即可查看可用的捕捉布局，单击区域以捕捉窗口，用户将被引导使用引导式捕捉辅助将窗口捕捉到布局内的其余区域，如图 3-44 所示。

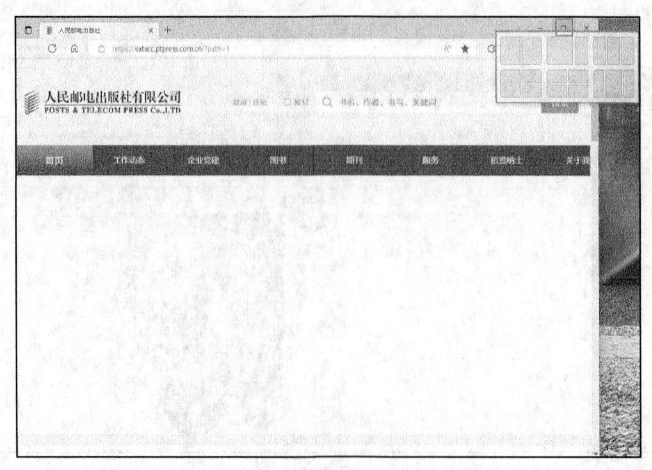

图 3-44

3.6 设置功能详解

Windows 11 提供全新的“设置”窗口，相较于 Windows 10 的“设置”窗口，它更加趋近于扁平化，操作更方便，更加贴近互联网，下面我们一一介绍里面的核心设置。

首先，单击桌面左下角的“开始”图标，打开“开始”菜单，单击“设置”按钮，弹出“设置”窗口，如图 3-45 所示。我们会发现界面不再像 Windows 10 里面分为 7 类，而是将每一项内容都展现在我们面前。在左侧展现主要分类，在右侧显示每一类的主要内容，在同一个界面中显示更多信息。

图 3-45

3.6.1 系统

选择“系统”选项，右侧展示的便是“系统”设置页面，如图 3-46 所示。此页面主要针对操作系统的显示、电源模式、存储等方面进行设置，下面来详细介绍其核心设置。

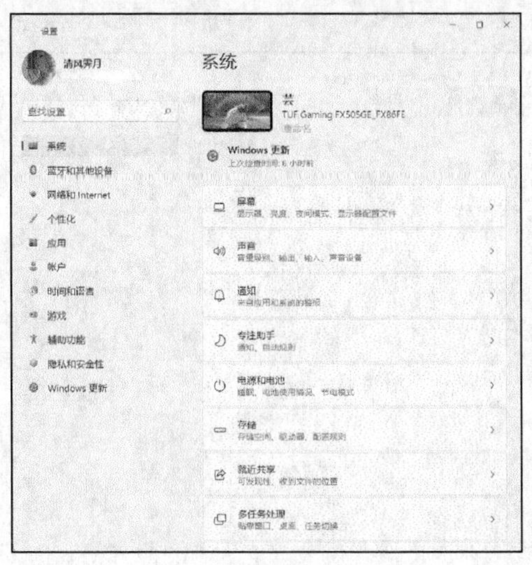

图 3-46

一、屏幕

选择“屏幕”选项，窗口右侧如图 3-47 所示，此区域用于当前计算机显示器的个性化参数调整。

图 3-47

（1）亮度和颜色：可以进行关于亮度、夜间模式和 HDR 的相关设置，如图 3-48 所示。

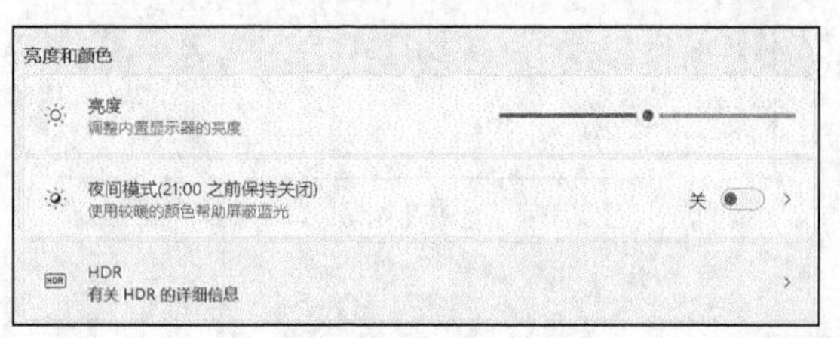

图 3-48

在“HDR”选项中可以选择为拥有高动态范围的游戏、视频和应用获取更加明亮、生动的图像，可以将它当作一种能够提供更好的体验的选项，不过也要注意自己的计算机配置能否做到，如图 3-49 所示。

图 3-49

（2）缩放和布局：可以调整文本、应用等内容的显示比例，用户可根据自身实际情况进行调整，也可以调整显示内容的方向，如图 3-50 所示，共有 4 个选项可以选择，分别为横向、纵向、横向（翻转）、纵向（翻转）。

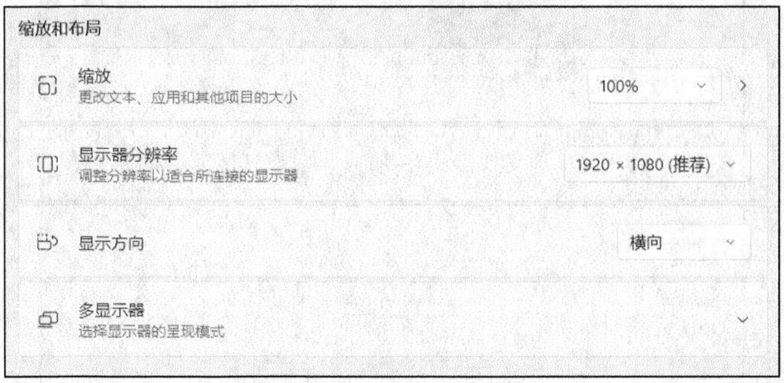

缩放和布局
缩放
更改文本、应用和其他项目的大小
100%
显示器分辨率
调整分辨率以适合所连接的显示器
1920 × 1080 (推荐)
显示方向
横向
多显示器
选择显示器的呈现模式

图 3-50

在“多显示器”选项中，我们可以选择连接多个显示器时的呈现模式。如果有预算，拥有多个显示器是一件很酷的事。在这里我们可以检测其他显示器并连接到无线显示器上，如图 3-51 所示。

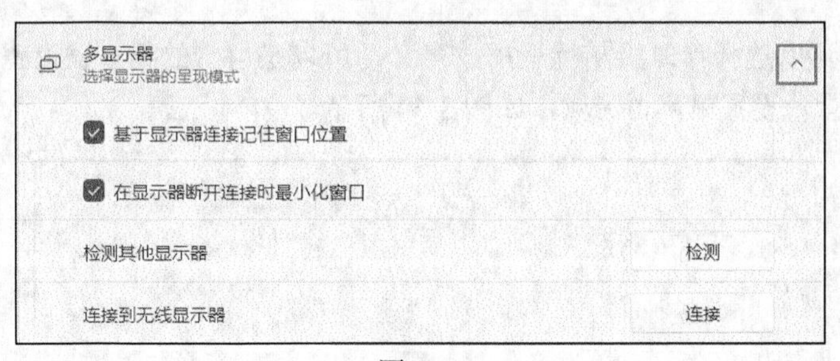

图 3-51

（3）相关设置：可以对显示器进行高级设置，如图 3-52 所示。选择“高级显示器设置”选项，弹出“高级显示设置”页面，如图 3-53 所示，在其中可以进行显示器分辨率的修改。

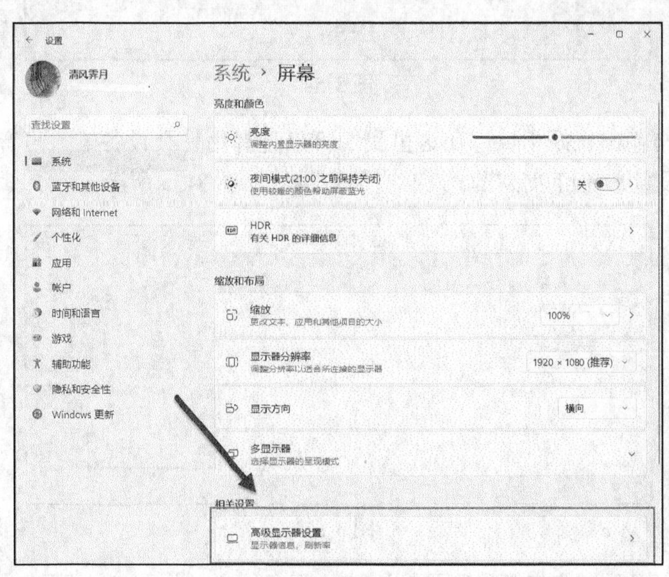

图 3-52

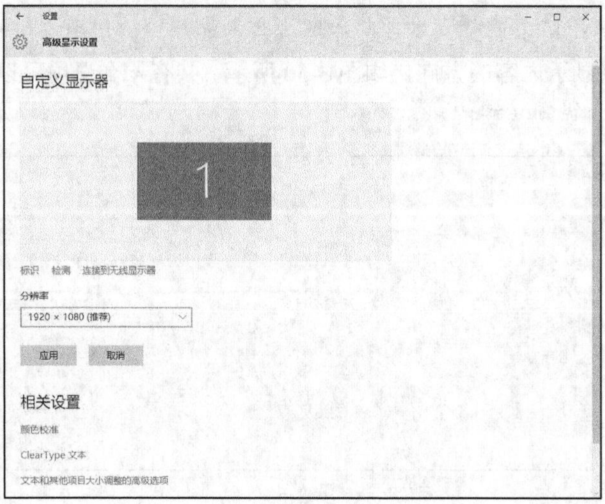

图 3-53

二、声音

“声音”选项让我们可以调节计算机的声音，其中包括“输出”“输入”和“高级”3 个部分。

（1）输出：可以选择计算机从哪里播放声音，可以是自带的扬声器，也可以是音响，在此还可以调节音量，设置单声道音频，如图 3-54 所示。

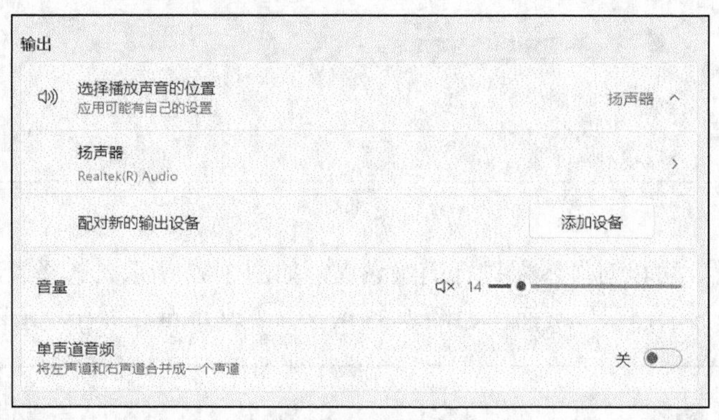

图 3-54

（2）输入：与输出正好相反，在这里我们可以选择用什么设备输入声音，可以连接外置的麦克风等录音设备，还可以调节输入声音的音量，如图 3-55 所示。

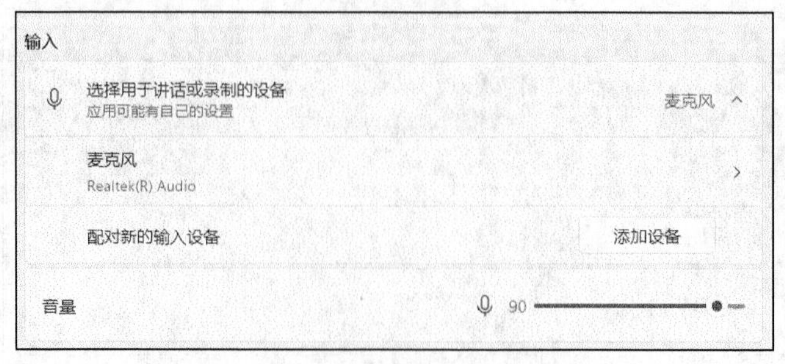

图 3-55

（3）高级：可以排查声音问题和了解连接的更多信息，如图 3-56 所示。

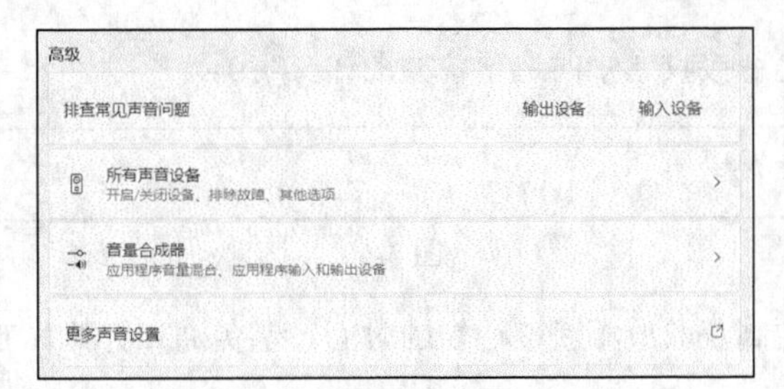

图 3-56

选择“所有声音设备”选项，弹出计算机相关的声音设备的信息，如图 3-57 所示。在其中可对系统音量等进行设定，并可选择输入及输出的设备，如图 3-58 所示。

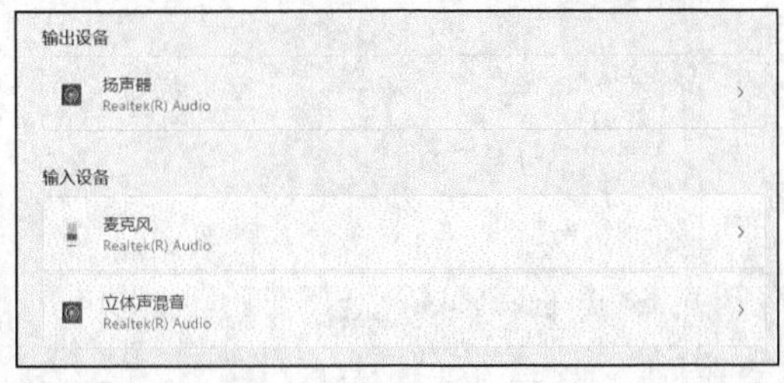

图 3-57

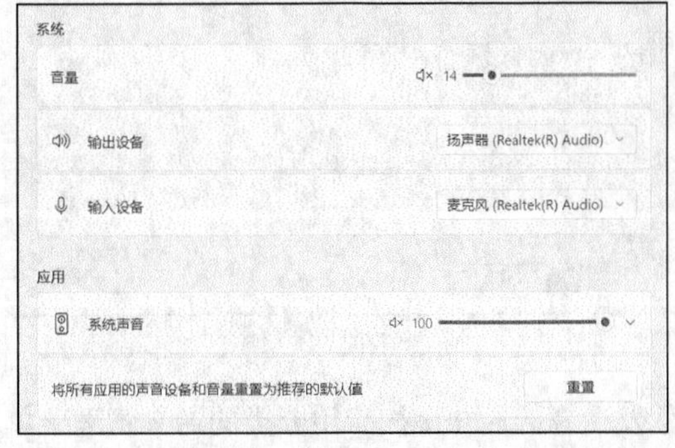

图 3-58

三、通知

在“通知”选项中，可以查看、管理来自应用和系统的通知、消息和警报，如图 3-59 所示。

图 3-59

（1）通知：设置是否接收通知的选项，如图 3-60 所示。

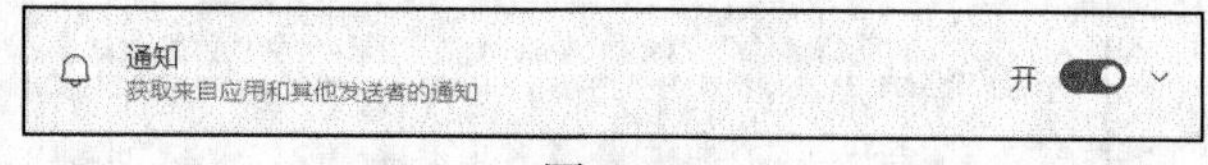

图 3-60

（2）专注助手：控制获取或不获取通知的时间，避免通知打扰你专注地工作，如图 3-61 所示。

图 3-61

（3）来自应用和其他发送者的通知：按应用分类的通知管理菜单，如图 3-62 所示。

图 3-62

四、专注助手

在 Windows 11 的设置管理中，很多设置都是相通的，“专注助手”选项和“通知”选项中的“专注助手”所展现的是同一个选项。

五、电源和电池

选择“电源和电池”选项，可以进行计算机在使用电源以及电池状态下的基本设置，选择该选项后“设置”窗口右侧如图 3-63 所示。

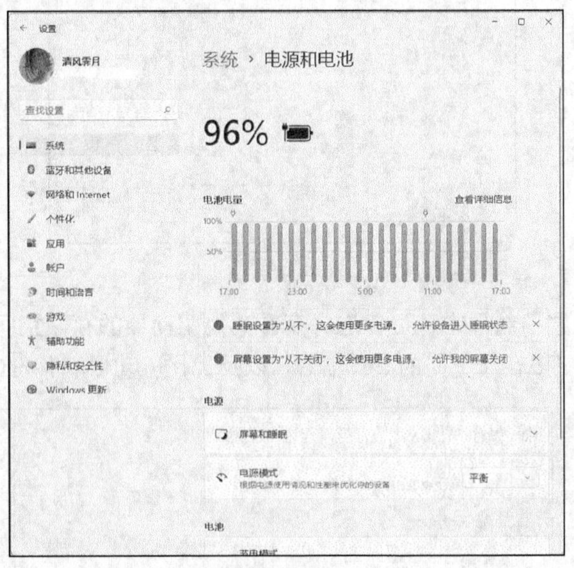

图 3-63

选择“屏幕和睡眠”选项会显示更多选项。

关于屏幕参数，可以设置“在使用电池电源的情况下”屏幕关闭的条件，可以设置从不关闭；可以设置“在接通电源的情况下”屏幕关闭的条件，可以设置从不关闭。

关于计算机睡眠参数，可以设置“在使用电池电源的情况下”计算机进入睡眠状态的条件，可以设置从不睡眠；可以设置“在接通电源的情况下”计算机进入睡眠状态的条件，可以设置从不睡眠。

选择“节电模式”选项，可以设置计算机是否允许开启节电模式，以及开启节电模式的条件，如图 3-64 所示。可以通过开/关选项，来设置是否开启节电模式。如果为开启状态，则节电模式在电池电量不足 20%时会自动开启。

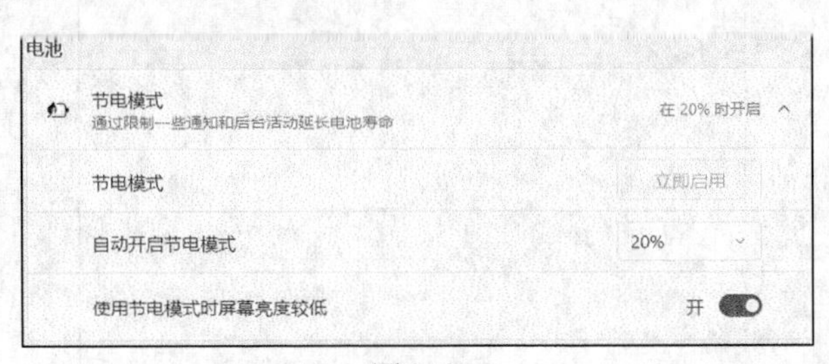

图 3-64

六、存储

在“存储”选项中，可以查看当前计算机存储的使用情况，以及更改应用、文档、音乐、图片、视频等内容默认的保存位置，如图 3-65 所示。

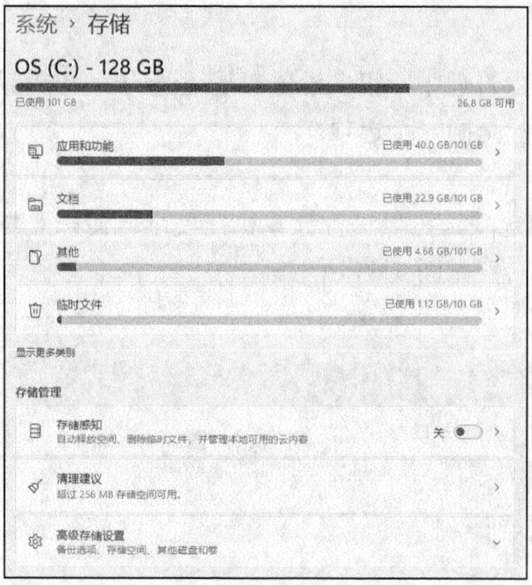

图 3-65

在“高级存储设置”选项中，可以选择查看其他驱动器的存储空间、更改各类型文件的默认保存位置、了解更多存储空间的具体信息，以及优化驱动器和备份内容，如图 3-66 所示。

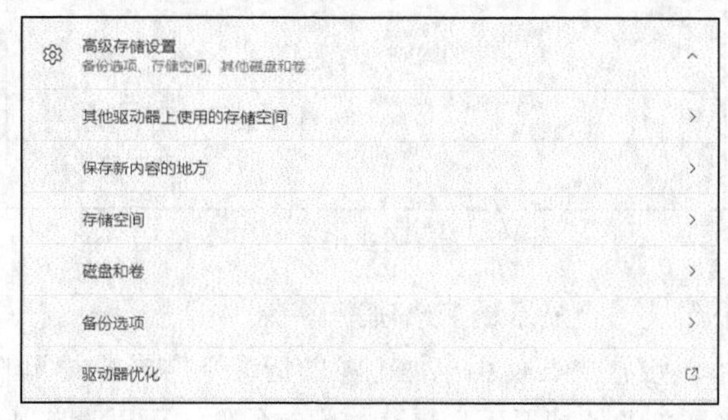

图 3-66

七、就近共享

“就近共享”选项拥有一个类似于蓝牙的功能，不过要使用这项功能需要有 Windows 账户，并且附近同样有一台能够登录 Windows 账户的设备，这样你就可以就近共享文件、照片等信息，选择该选项，相关设置如图 3-67 所示。

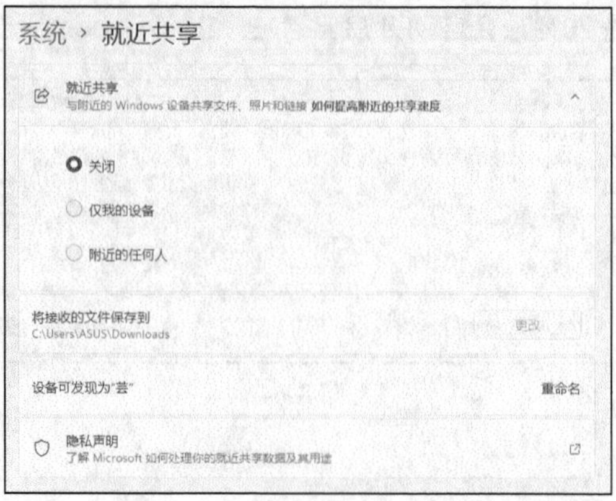

图 3-67

八、多任务处理

“多任务处理”选项中设置的就是与 Windows 11 更新中强化的多任务处理相关的功能，如图 3-68 所示，如贴靠窗口功能的开启与关闭、按 Alt+Tab 快捷键显示的内容等。

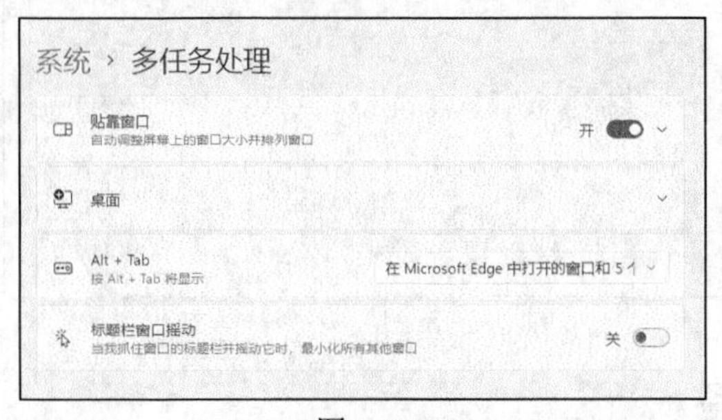

图 3-68

九、激活

“激活”选项中显示的是 Windows 11 所使用的版本、激活状态以及 Windows 版本升级等内容，如图 3-69 所示。

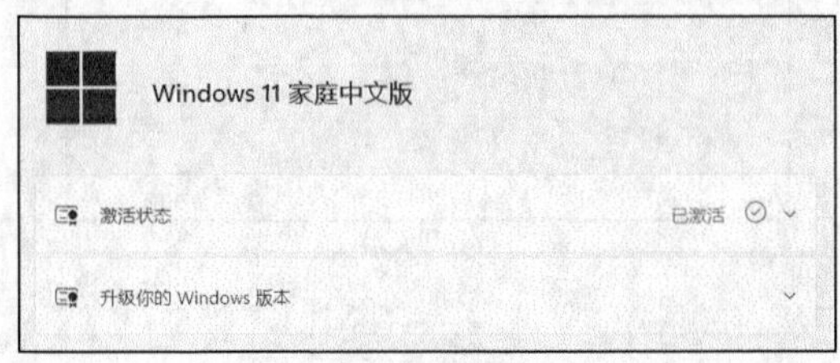

图 3-69

十、疑难解答

“疑难解答”是 Windows 系统中排除故障的基础方法，很多简单的故障都可以通过疑难解答来解决。在这个选项中我们可以打开诊断和反馈并管理疑难解答，还能查看历史问题的解决方法，如图 3-70 所示。

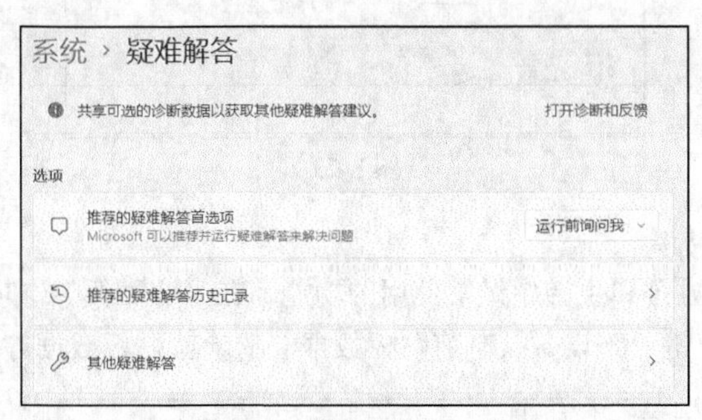

图 3-70

十一、恢复

当你的系统出现了很大的问题，无法用疑难解答或其他的方法修复时，使用“恢复”选项是你最需要考虑的事情。选择“恢复”选项，其相关设置如图 3-71 所示。

不过在这里，系统还是会贴心地提醒你，请先去看看别的解决方法吧，重置计算机之前需要三思。

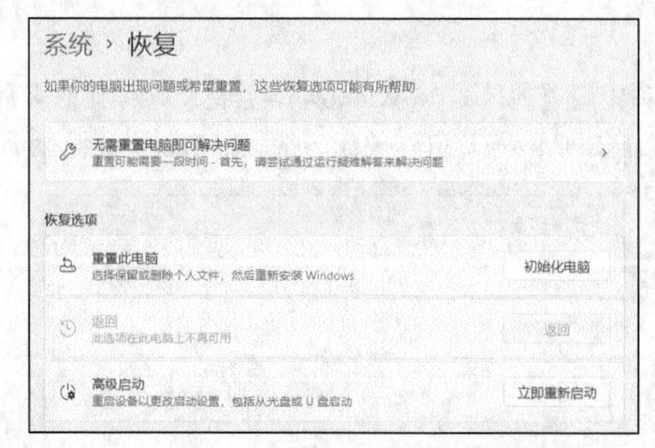

图 3-71

十二、投影到此电脑

“投影到此电脑”选项可以将 Windows 手机或其他 Windows 计算机的屏幕内容投影到此计算机上，并共享设备，在这个选项中，我们可以进行相关设置，如图 3-72 所示。

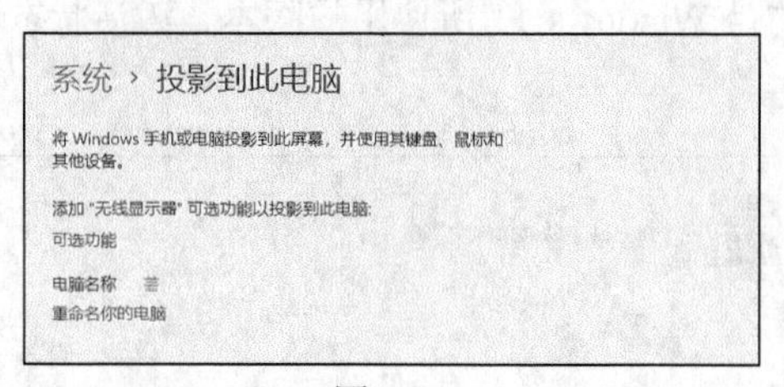

图 3-72

十三、远程桌面

在“远程桌面”选项中我们可以打开计算机的远程桌面权限，让其他地方的计算机连接到此计算机，使用我们的计算机。与“投影到此电脑”不同，通过“远程桌面”连接到此计算机的人可以操控我们的计算机，而对于“投影到此电脑”，投影的用户依旧使用的是他们自己的计算机。不过需要注意的是，家庭版 Windows 11 不支持此功能，如图 3-73 所示。

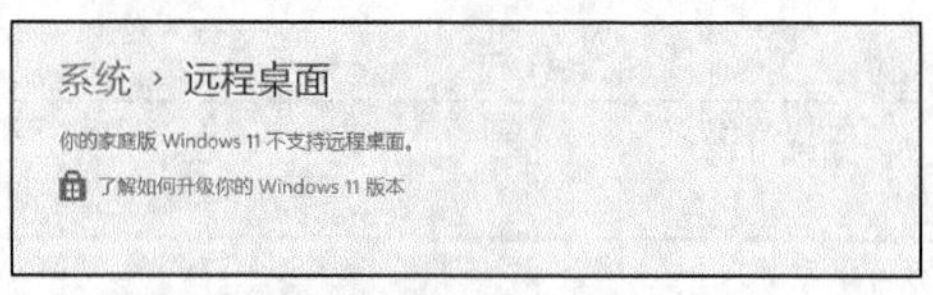

图 3-73

十四、剪贴板

“复制”是我们在办公和生活中经常使用的功能，在“剪贴板”选项中我们可以找到复制历史，还可以绑定快捷键、跨设备共享剪贴板数据、清除剪贴板数据等，如图 3-74 所示。

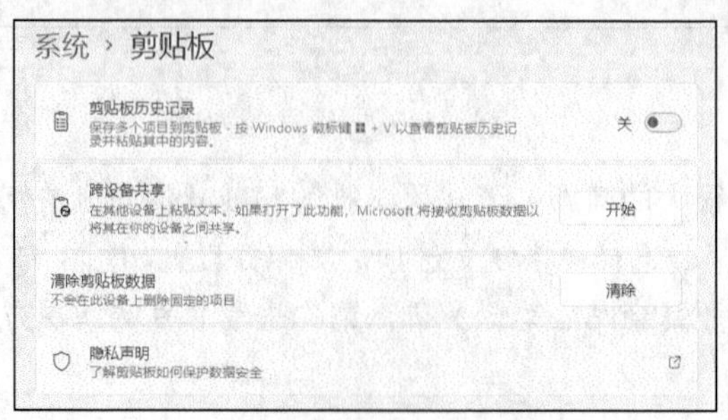

图 3-74

十五、系统信息

在“系统信息”选项中，我们可以查看关于计算机和 Windows 操作系统的相关规格和数据信息，如图 3-75 所示。

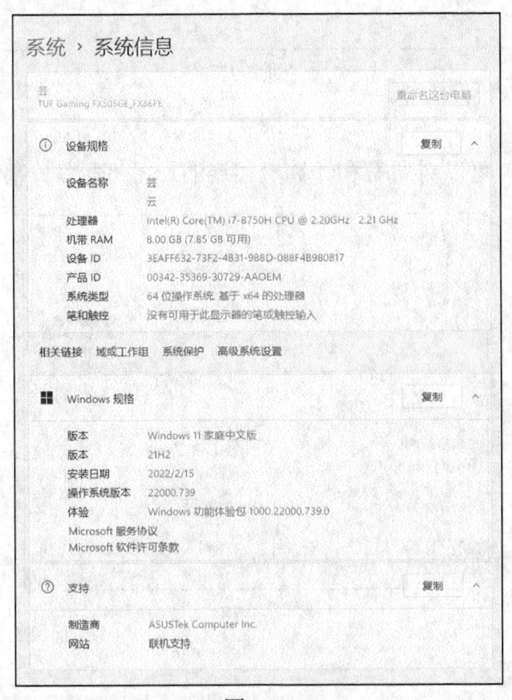

图 3-75

3.6.2 蓝牙和其他设备

选择“蓝牙和其他设备”选项，弹出“蓝牙和其他设备”设置页面，如图 3-76 所示。此页面主要针对外接设备，如打印机、鼠标、触摸板等的设置，下面来详细介绍其核心设置。

图 3-76

一、蓝牙

在“蓝牙”选项中，可以开启或关闭蓝牙，如图 3-77 所示。

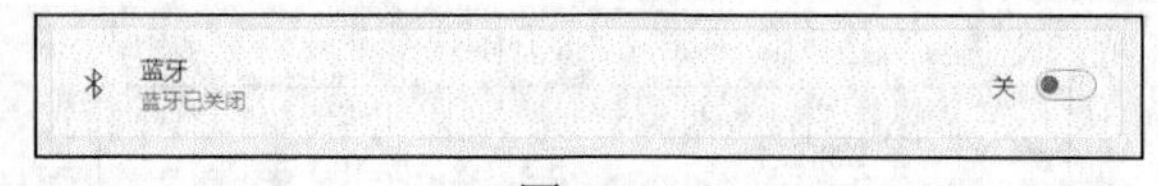

图 3-77

二、设备

在“设备”选项中，可以对所有和计算机相连的设备进行统一管理，如图 3-78 所示。

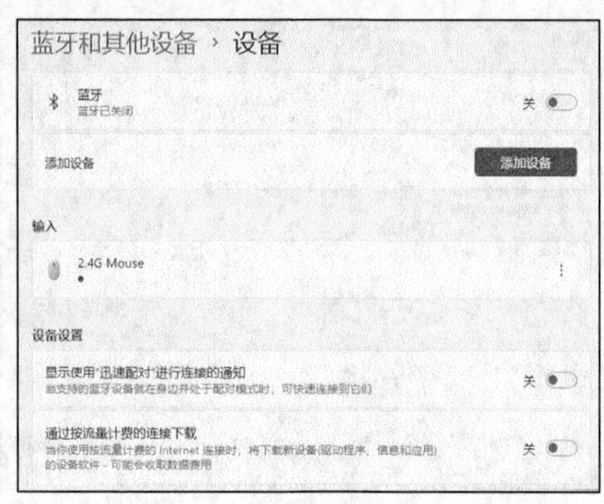

图 3-78

三、打印机和扫描仪

在“打印机和扫描仪”选项中，可以快速添加、删除打印机或扫描仪。选择该选项，相关设置如图 3-79 所示。

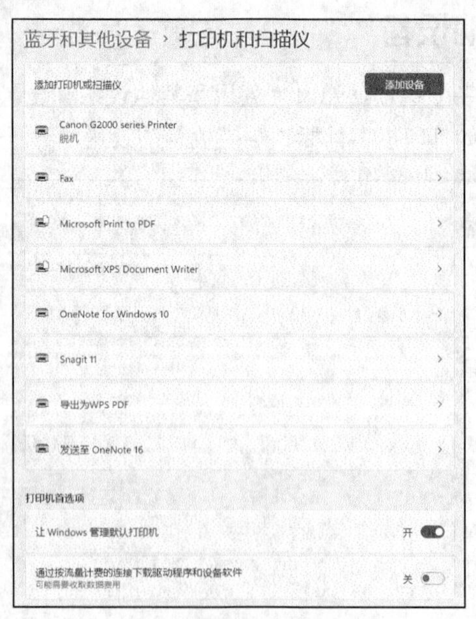

图 3-79

单击“添加打印机或扫描仪”右侧的“添加设备”按钮，可以快速扫描具备连接条件的打印机及扫描仪，且支持扫描后自动进行添加。设备添加成功后，“打印机和扫描仪”下面会列出打印机和扫描仪清单，如图 3-80 所示。

如果想要删除设备，则在“打印机和扫描仪”下面的清单中，选择想要删除的设备，在弹出的界面中单击“删除”按钮即可，如图 3-81 所示。

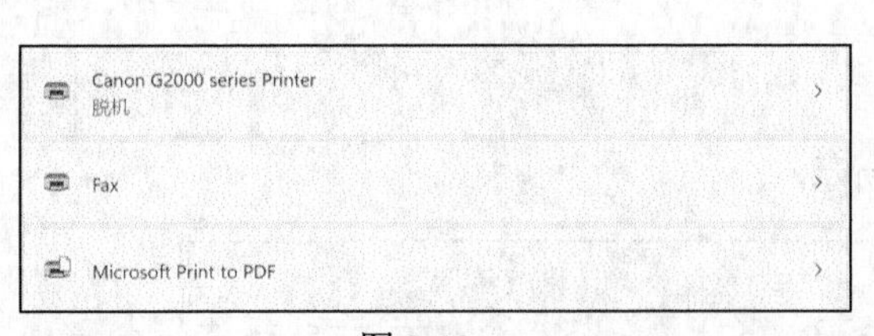

图 3-80

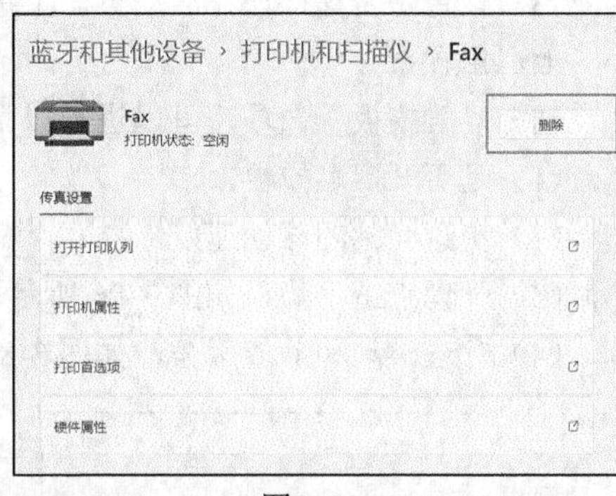

图 3-81

说明 由于篇幅限制，关于更为高级的打印机相关设置，此处不赘述，如有需要了解的用户，可参考相关资料进行学习。

四、Your Phone

在“Your Phone”选项中，可以连接和管理你的手机，如图 3-82 所示。

五、摄像头

在“摄像头”选项中，可以连接和管理你的摄像头，如图 3-83 所示。

图 3-82

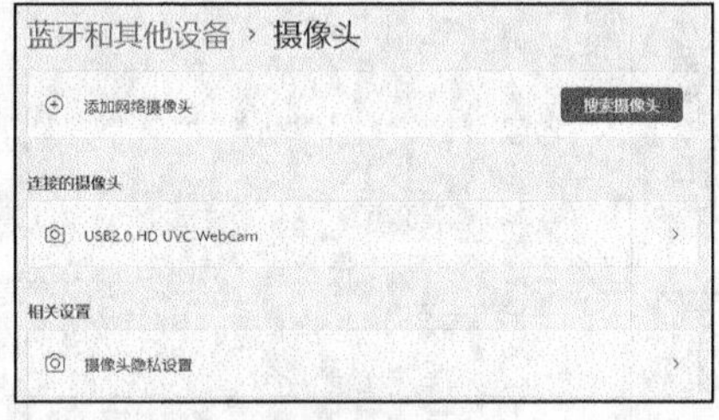

图 3-83

六、鼠标

选择“鼠标”选项，我们可以进行以下几个方面的设置，如图 3-84 所示。

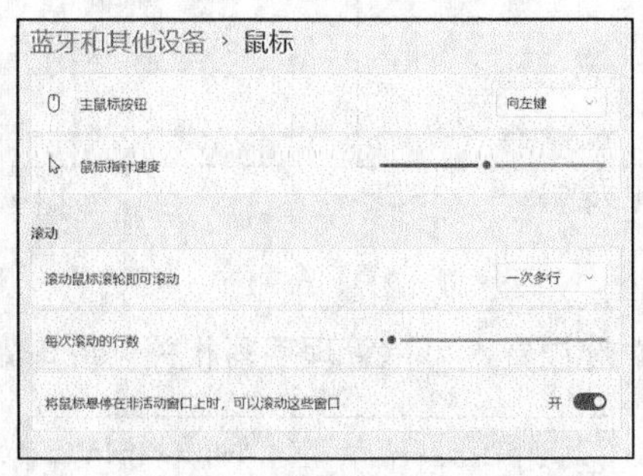

图 3-84

（1）选择主鼠标按钮是左键还是右键，如图 3-85 所示。

图 3-85

（2）设置滚动鼠标滚轮是一次滚动多行，还是一次滚动一个屏幕。如果是一次滚动多行，还可以设置一次滚动几行。

（3）设置是否支持在非活动页面上进行滚动。

七、触摸板

选择“触摸板”选项，可以进行以下几个方面的设置。

（1）是否开启触摸板。

（2）更改光标的移动速度。

（3）管理点击手势，如图 3-86 所示。

（4）管理滚动和缩放手势，如图 3-87 所示。

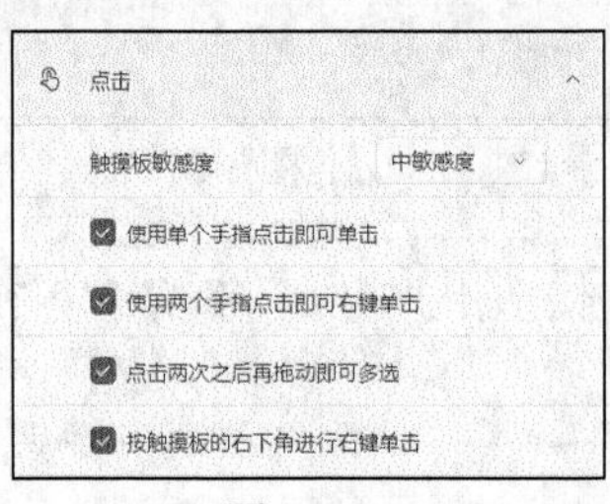

图 3-86

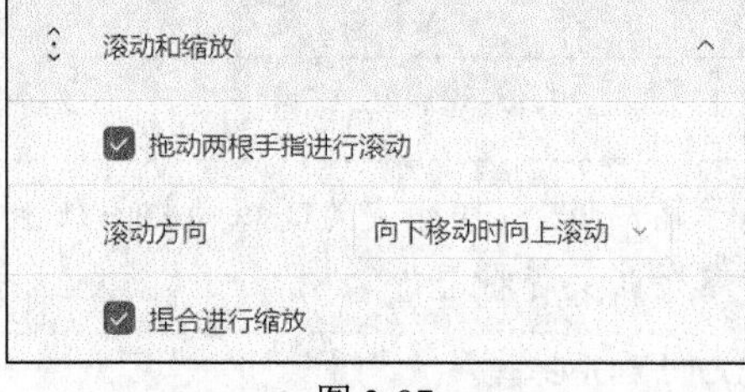

图 3-87

（5）管理三指手势，如图 3-88 所示。

（6）管理四指手势，如图 3-89 所示。

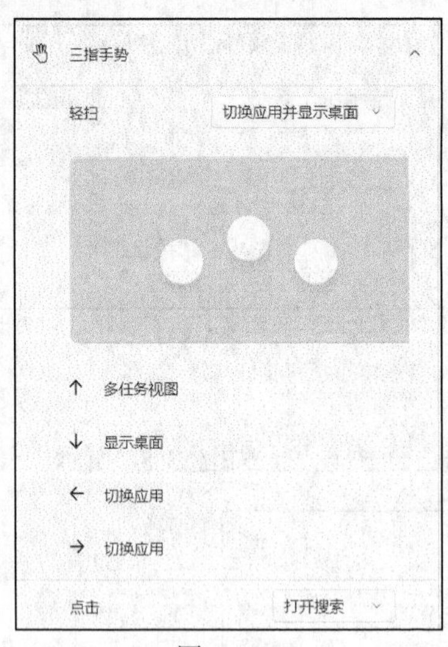

图 3-88

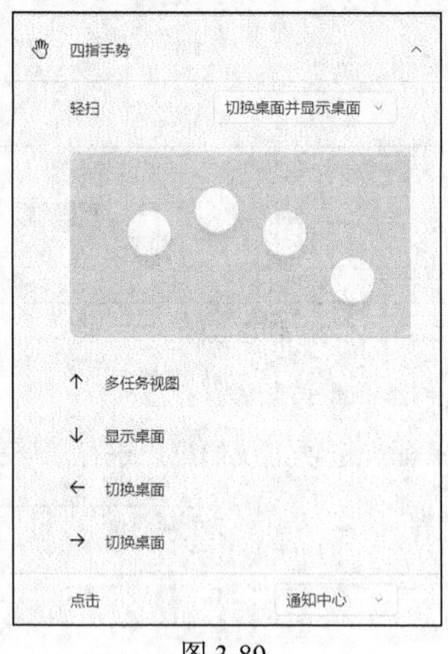

图 3-89

八、笔和 Windows Ink

在“笔和 Windows Ink”选项中，可以管理手写相关设备，如图 3-90 所示。

图 3-90

九、USB

在“USB”选项中，可以管理当 U 盘插入计算机时的通知是否显示，如图 3-91 所示。

图 3-91

3.6.3 网络和 Internet

选择“网络和 Internet”选项，弹出“网络和 Internet”设置页面，如图 3-92 所示。此页面主要针对操作系统网络方面的设置，下面来详细介绍其核心设置。

一、WLAN

在“WLAN”选项中，可以设置网络相关的内容。选择该选项，相关设置如图 3-93 所示。

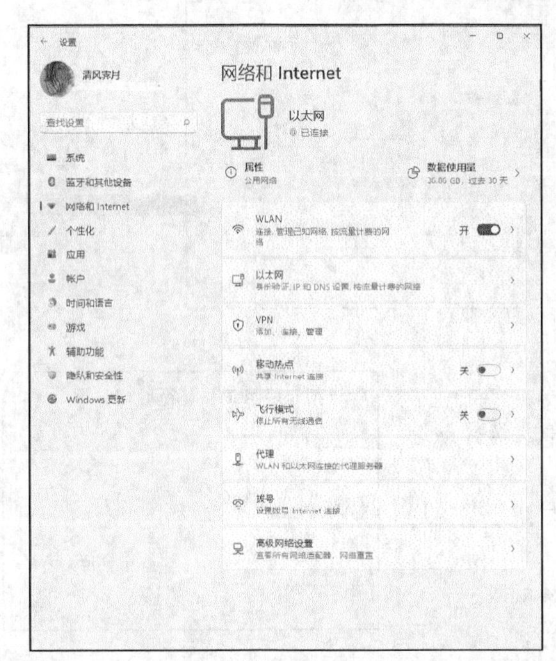

图 3-92

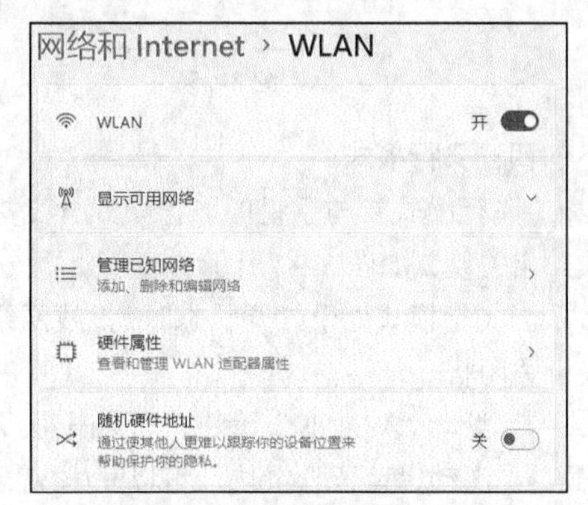

图 3-93

单击“WLAN”开/关按钮，可以打开或者关闭无线网络。当 WLAN 处于打开状态时，可以从搜索到的无线网络列表中，选择相应的无线网络进行连接。

二、VPN

在“VPN”选项中，可以进行虚拟专用网络（Virtual Private Network，VPN）的添加。选择该选项，相关设置如图 3-94 所示。

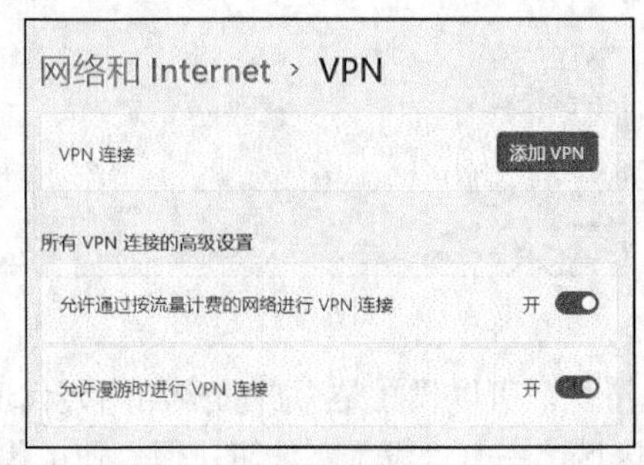

图 3-94

单击“添加 VPN”按钮，弹出“添加 VPN 连接”页面，如图 3-95 所示，填写相关 VPN 信息后，单击“保存”按钮，即可完成 VPN 的添加。

三、移动热点

移动热点的含义与手机的移动热点含义相同，是 Windows 11 新添加的网络选项，我们可以开启移动热点，向附近的人共享网络，并查看共享网络的属性。选择该选项，相关设置如图 3-96 所示。

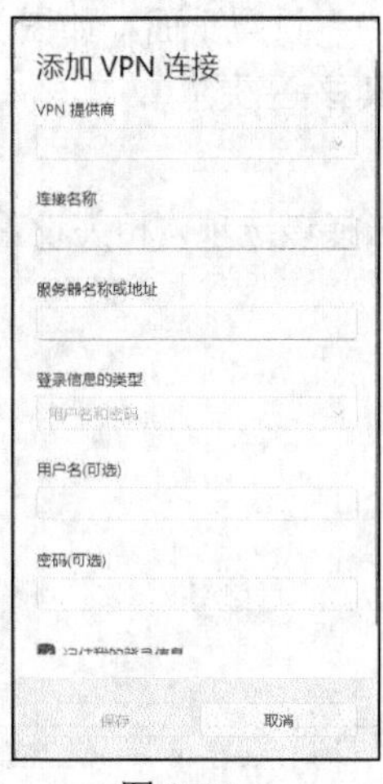

图 3-95

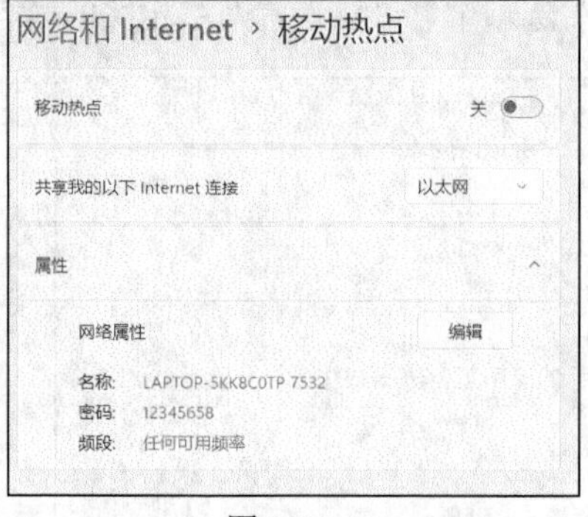

图 3-96

四、飞行模式

“飞行模式”与手机的飞行模式含义类似。选择该选项，相关设置如图 3-97 所示。

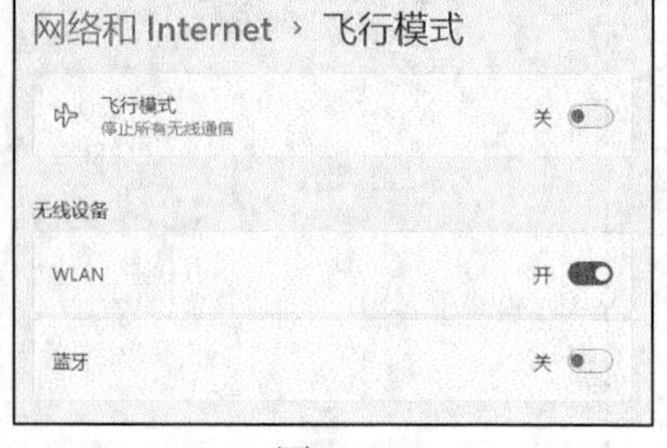

图 3-97

当飞行模式处于打开状态时，无线网络与蓝牙默认均处于关闭状态。

- 滑动“WLAN”滑块，可以开/关无线网络。
- 滑动“蓝牙”滑块，可以开/关蓝牙设备。

五、代理

在“代理”选项中，可以进行网络代理的设置，选择该选项，相关设置如图 3-98 所示。

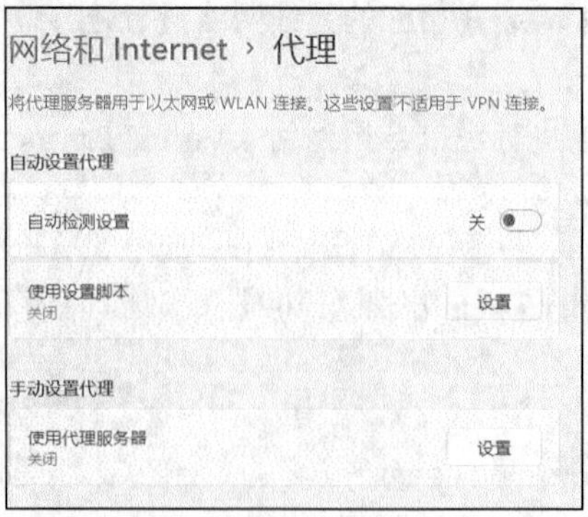

图 3-98

滑动“自动检测设置”滑块，可以设置是否自动检测网络代理。当然，也支持手动设置代理，在“手动设置代理”区域，单击“设置”按钮，使“使用代理服务器”选项处于“开”

的位置，在地址栏输入代理 IP 地址信息，在端口栏输入代理端口信息，单击“保存”按钮，即可完成设置。

说明 手动设置代理时，可以设置将某些地址不使用代理，即代理地址过滤，如果勾选“请勿将代理服务器用于本地（Intranet）地址”，则本地地址不会用于代理。

3.6.4 应用

选择“应用”选项，弹出“应用”设置页面，如图 3-99 所示。在该页面我们可以管理安装好的应用的所有功能和权限，以帮助我们更好地使用计算机。下面详细介绍其核心设置。

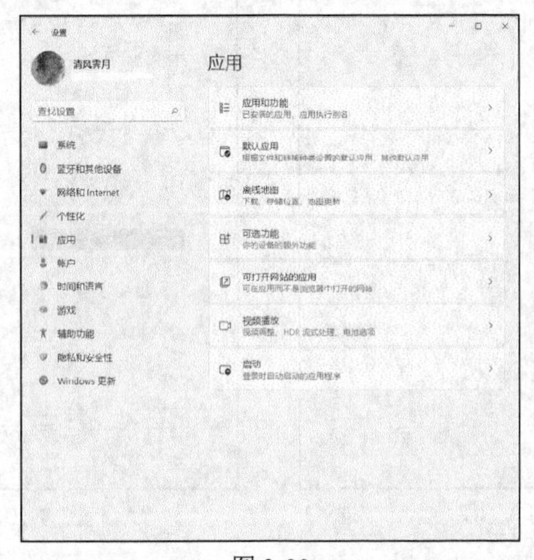

图 3-99

一、应用和功能

在“应用和功能”选项中，可以管理已经下载的应用，以及下载应用的位置，还可以进行跨设备共享应用。选择该选项，相关设置如图 3-100 所示。

图 3-100

二、默认应用

在“默认应用”选项中，可以管理不同文件类型的默认打开方式。选择该选项，相关设置如图 3-101 所示。

三、可选功能

在“可选功能”选项中，可以管理设备额外添加的功能和插件。选择该选项，相关设置如图 3-102 所示。

图 3-101

图 3-102

四、可打开网站的应用

在“可打开网站的应用”选项中，可以管理不通过浏览器直接打开网页的应用。选择该选项，相关设置如图 3-103 所示。

五、启动

在“启动”选项中，可以管理计算机启动时同步启动的应用。选择该选项，相关设置如图 3-104 所示。

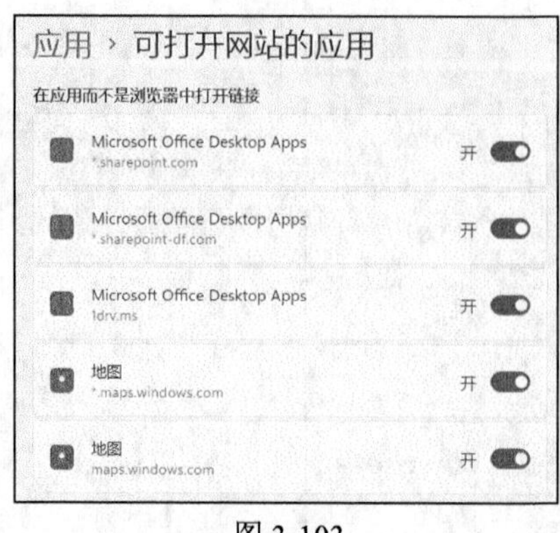

图 3-103

图 3-104

3.6.5 账户

选择“账户”选项，弹出“账户”设置页面，如图 3-105 所示。在该页面可以进行计算机账户相关的设置。下面详细介绍其核心设置。

一、账户信息

在“账户信息”选项中，可以设置头像等信息。选择该选项，相关设置如图 3-106 所示。

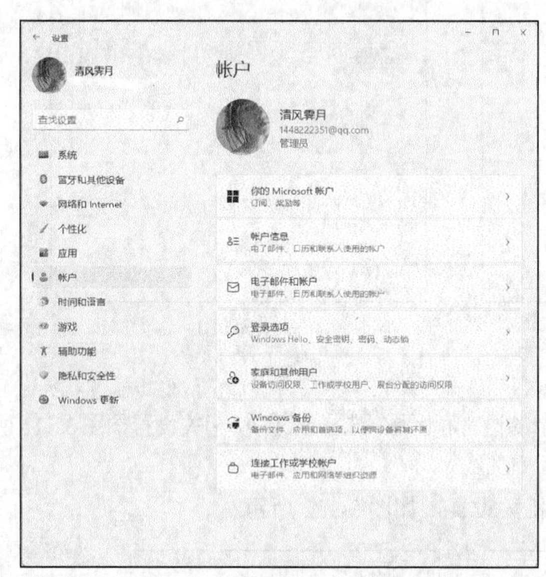

图 3-105

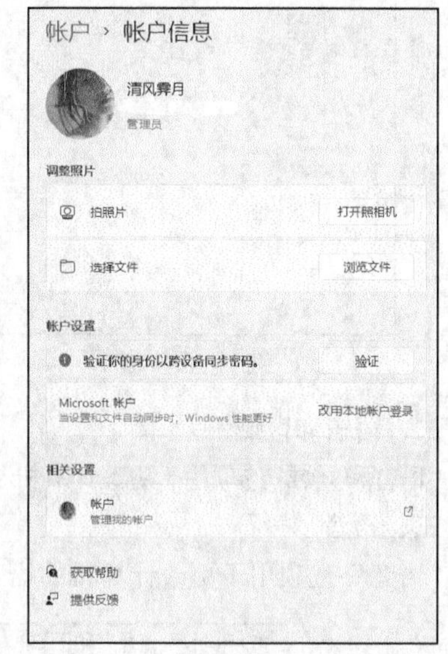

图 3-106

单击“浏览文件”按钮，可以选择头像图片。

二、电子邮件和账户

在“电子邮件和账户”选项中，可以新增计算机账户。选择该选项，相关设置如图 3-107 所示。

单击“添加账户”按钮，在弹出的界面中选择一种类型进行账户创建，如图 3-108 所示。

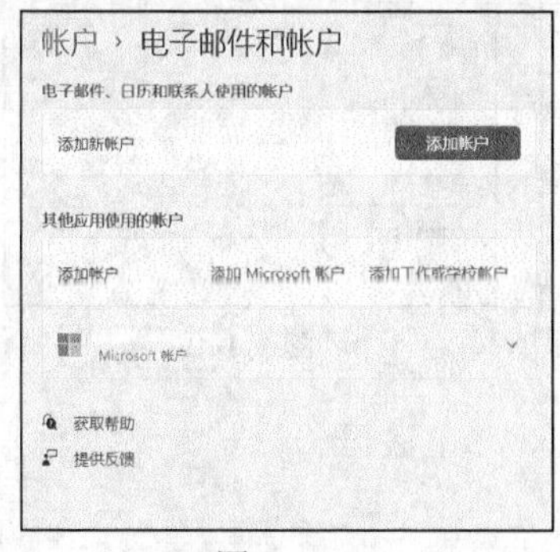

图 3-107

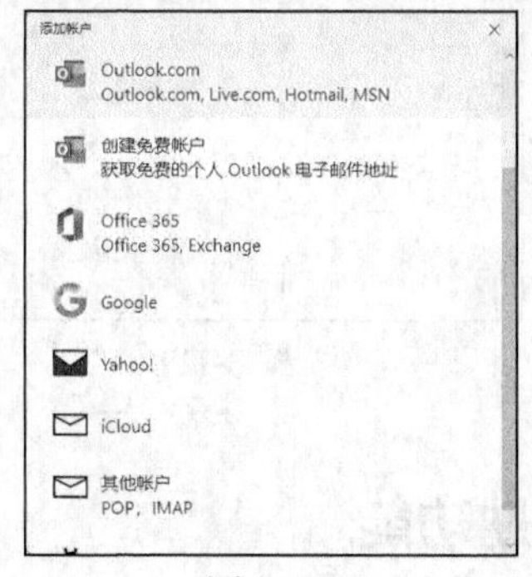

图 3-108

3.6.6 时间和语言

选择“时间和语言”选项，弹出“时间和语言”设置页面，如图 3-109 所示。在该页面可以设置计算机的日期和时间、语言和区域等。下面详细介绍其核心设置。

一、日期和时间

“日期和时间”选项用于更改计算机显示的日期和时间。选择该选项，相关设置如图 3-110 所示。

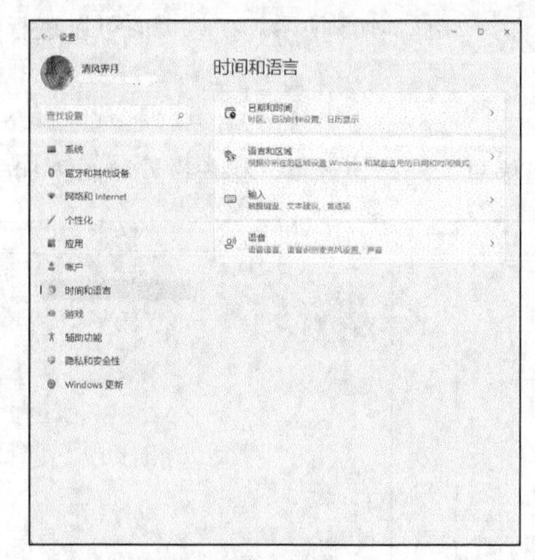

图 3-109

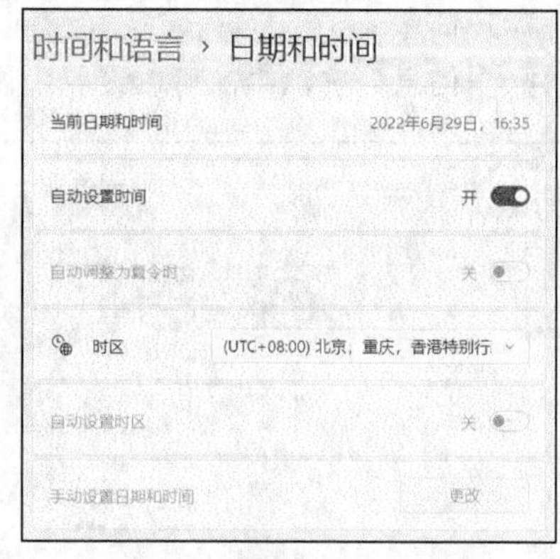

图 3-110

二、语言和区域

“语言和区域”选项用于更改计算机显示的语言和区域。选择该选项，相关设置如图 3-111 所示。

三、语音

“语音”选项用于更改计算机的语音相关设置，如图 3-112 所示。

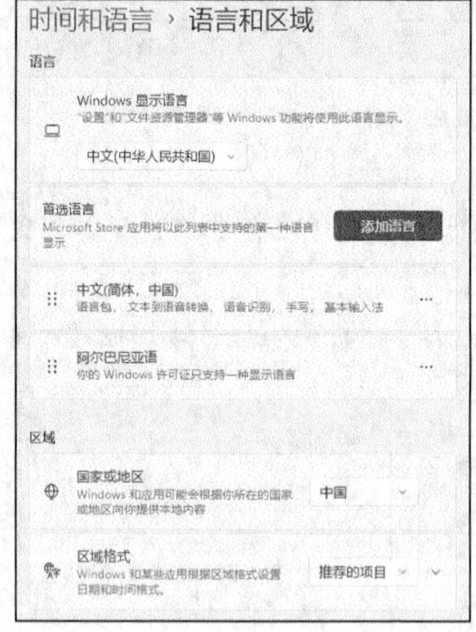

图 3-111

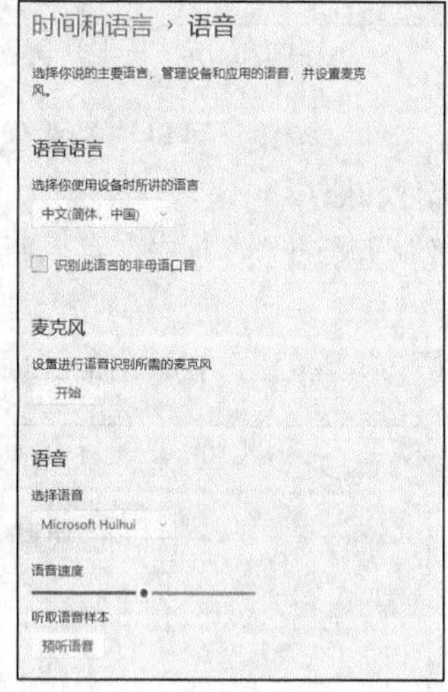

图 3-112

3.6.7 辅助功能

选择“辅助功能”选项，弹出“辅助功能”设置页面，如图 3-113 所示。在该页面可以设置视觉、影像、听力、聆听、交互等相关辅助功能。下面详细介绍其核心设置。

一、视觉

在“视觉”选项中，可以设置文本大小、视觉效果、鼠标指针和触控、文本光标，并可切换对比度主题，使我们使用计算机时能获得更好的视觉体验，如图 3-114 所示。

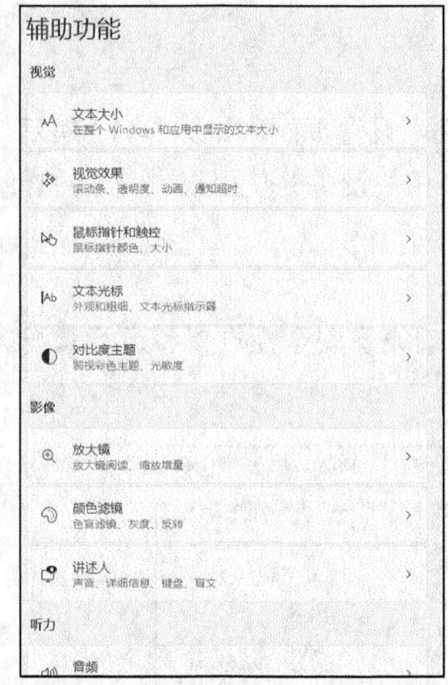

图 3-113

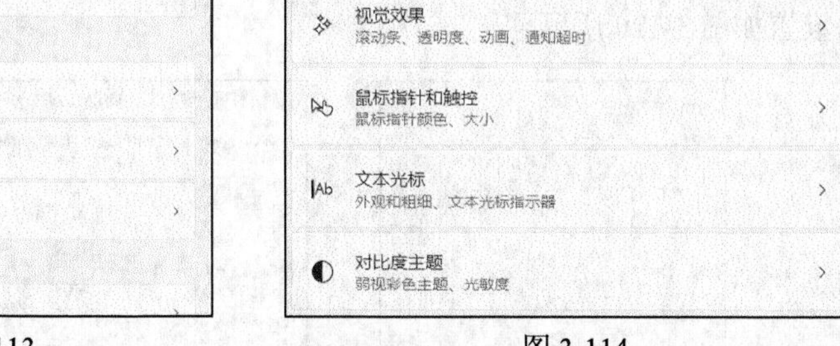

图 3-114

二、影像

在“影像”选项中，可以设置放大镜、颜色滤镜、讲述人等相关辅助功能，如图 3-115 所示。

三、听力

在“听力”选项中，可以设置音频相关辅助功能，如图 3-116 所示。

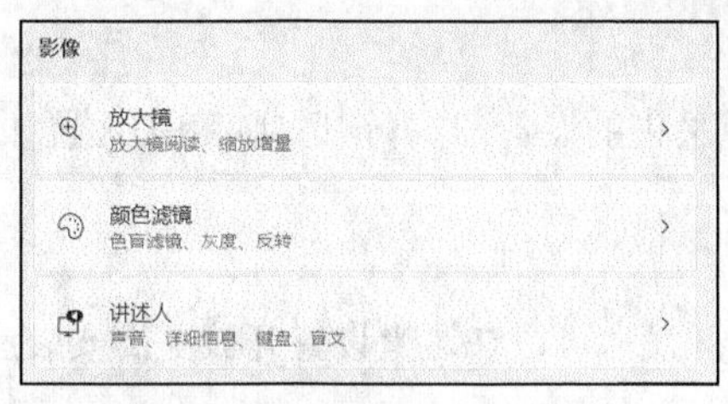

图 3-115

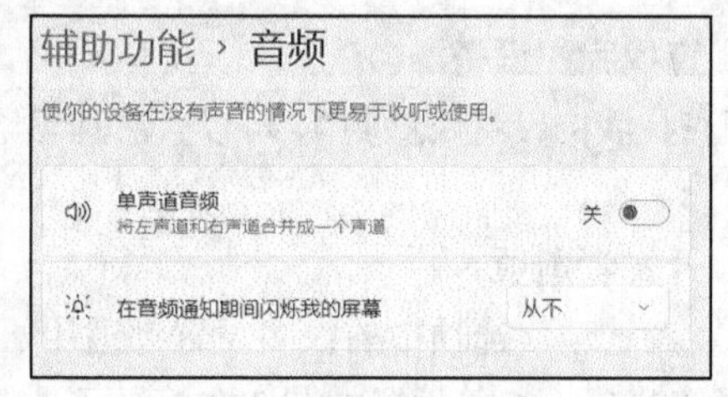

图 3-116

四、聆听

在“聆听”选项中，可以设置字幕相关辅助功能，如图 3-117 所示。

五、交互

在“交互”选项中，可以设置语言、键盘、鼠标、目视控制等相关辅助功能，如图 3-118 所示。

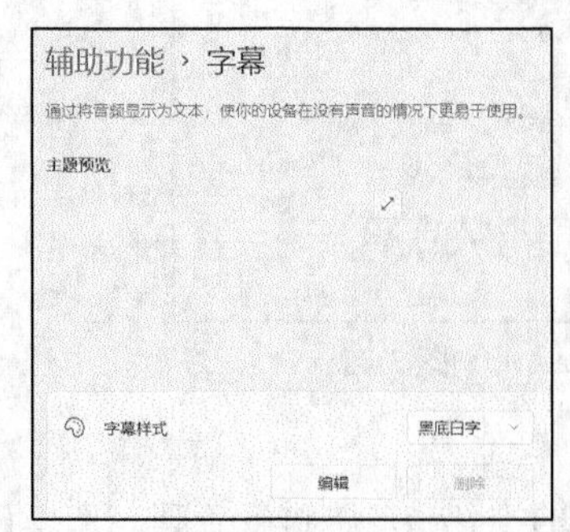

图 3-117

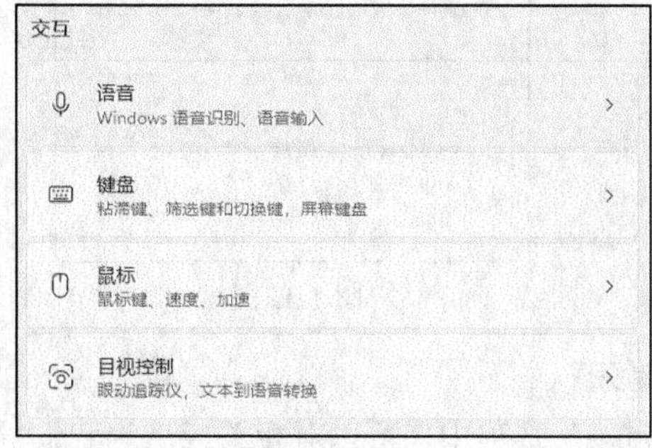

图 3-118

3.6.8 隐私和安全性

选择“隐私和安全性”选项，弹出“隐私和安全性”设置页面，如图 3-119 所示。在该页面可以设置计算机安全性和账户，以及相机、麦克风等相关设备的使用权限。下面详细介绍其核心设置。

一、Windows 安全中心

在“Windows 安全中心”选项中，可以查看和管理设备安全性设置和运行状况。选择该选项，相关设置如图 3-120 所示。

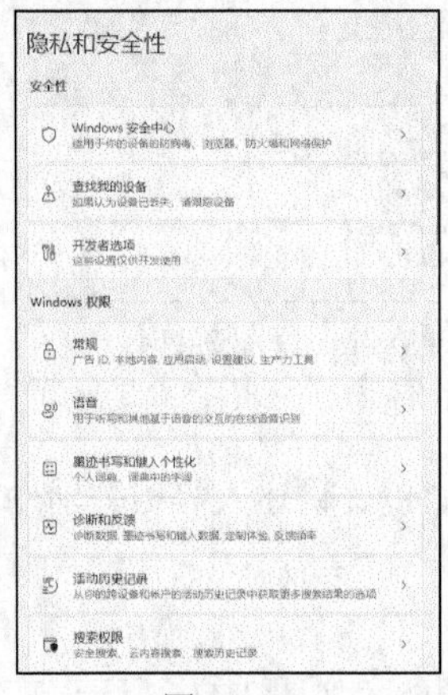

图 3-119

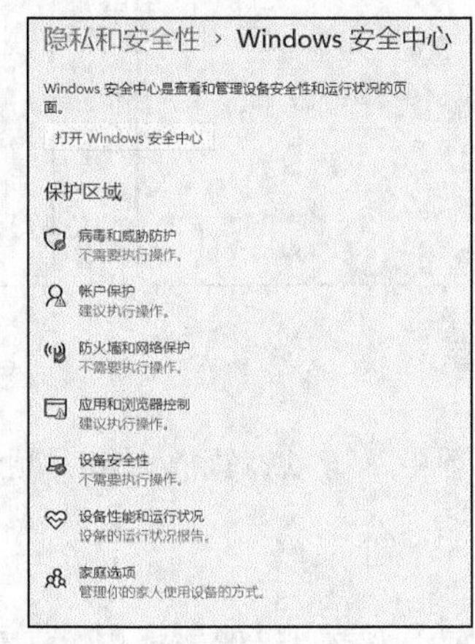

图 3-120

二、查找我的设备

在“查找我的设备”选项中，可以查看和跟踪丢失的设备。选择该选项，相关设置如图 3-121 所示。

三、开发者选项

“开发者选项”选项中的很多设置都适用于开发，可以在这里设置开放更高安装应用的权限。选择该选项，相关设置如图 3-122 所示。

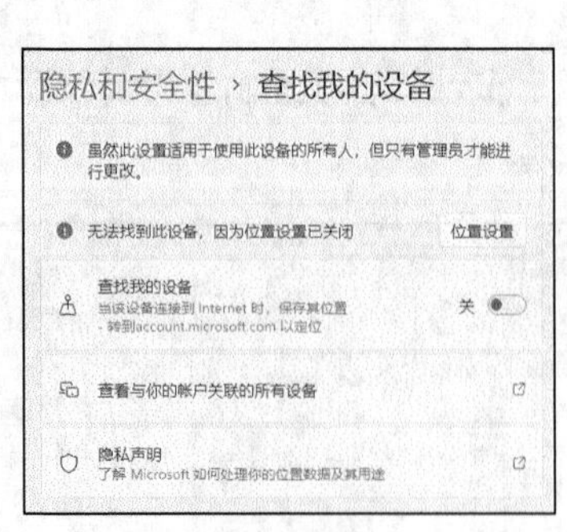

图 3-121

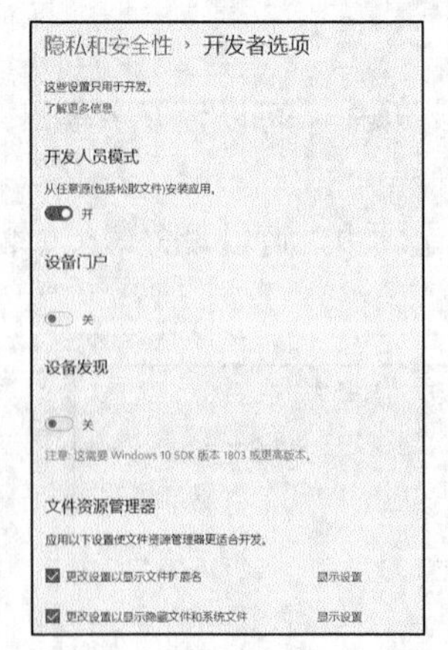

图 3-122

四、常规

在“常规”选项中，可以对相关应用为我们提供的推荐和广告进行管理。选择该选项，相关设置如图 3-123 所示。

五、语音

在“语音”选项中，可以设置是否开启在线语音识别功能等。选择该选项，相关设置如图 3-124 所示。

图 3-123

图 3-124

六、墨迹书写和键入个性化

在“墨迹书写和键入个性化”选项中，可以设置是否建立属于我们的个人词典，让系统可以更好地为我们提供建议，如图 3-125 所示。

七、诊断和反馈

在“诊断和反馈”选项中，可以定期对 Windows 进行检测，便于我们查看和删除诊断数据。选择该选项，相关设置如图 3-126 所示。

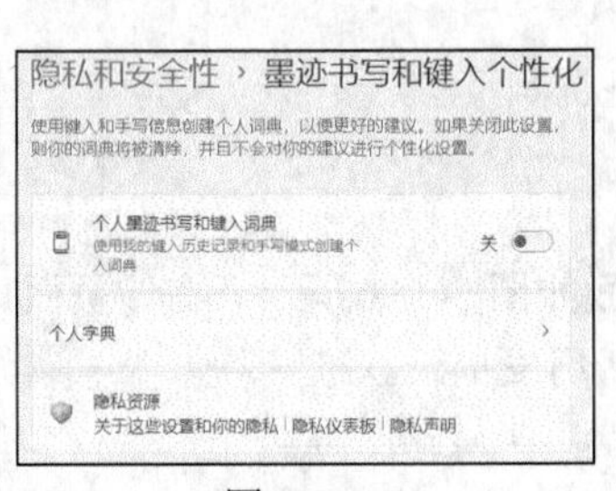

图 3-125

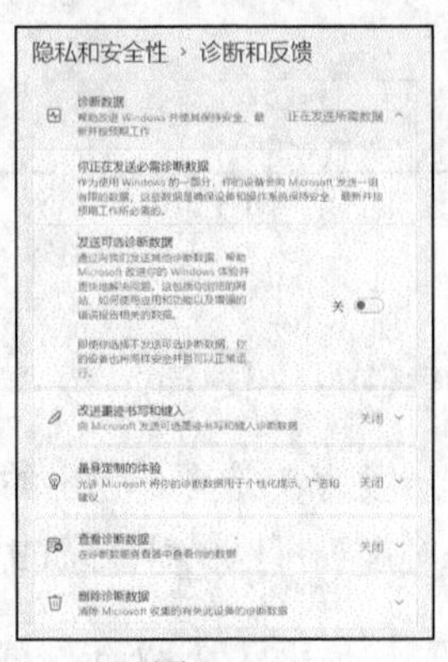

图 3-126

八、活动历史记录

在“活动历史记录”选项中，可以选择记录计算机运行过程中的活动历史，也可以选择清除，如图 3-127 所示。

九、搜索权限

在“搜索权限”选项中，可以选择安全搜索的范围和云搜索的主要内容。选择该选项，相关设置如图 3-128 所示。

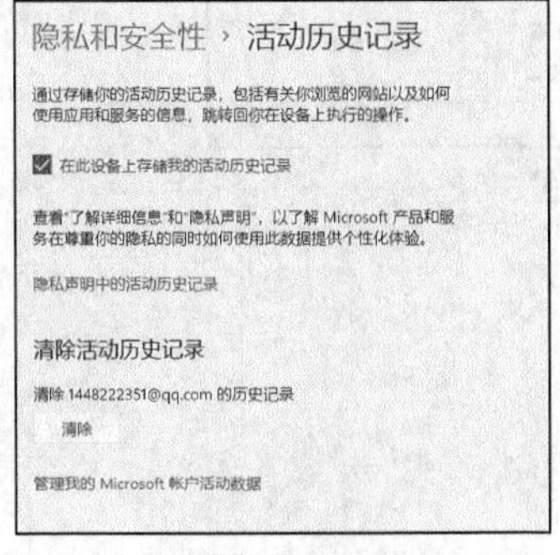

图 3-127

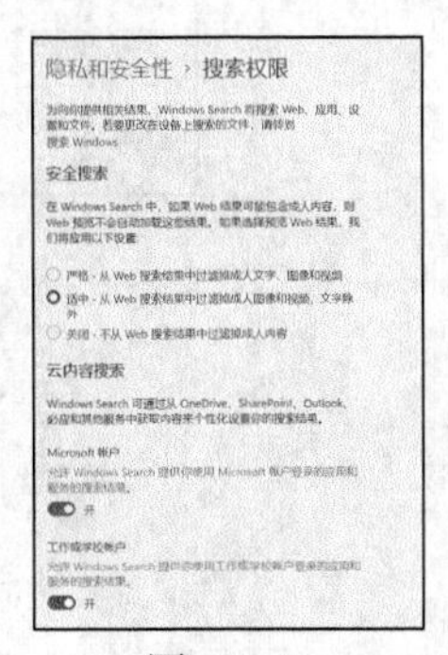

图 3-128

十、搜索 Windows

在“搜索 Windows”选项中，可以更快地得到搜索结果的索引，以及选择在搜索时排除一些特定的文件夹，如图 3-129 所示。

十一、应用权限

“应用权限”列表中为我们列出了所有的应用权限，包括位置、摄像头、麦克风等权限，我们可以在这里管理这些权限向相关应用开放的情况，如图 3-130 所示。

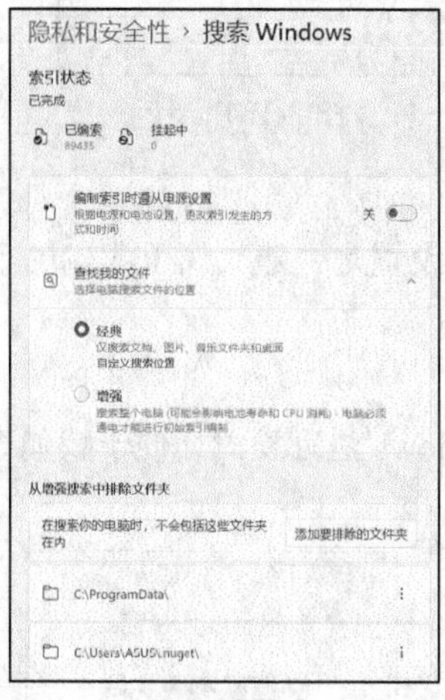

图 3-129

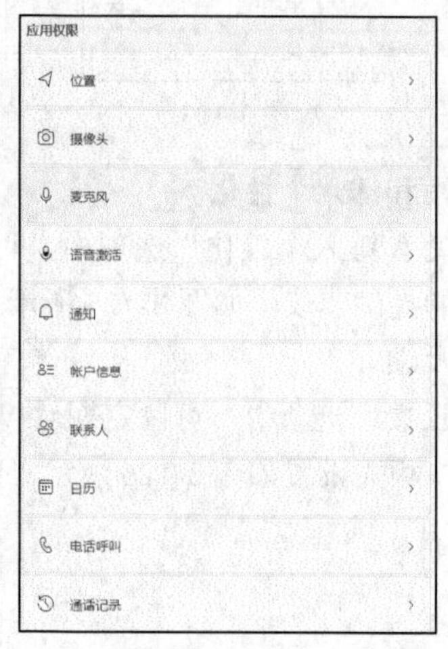

图 3-130

3.6.9 Windows 更新

选择“Windows 更新”选项，弹出的页面如图 3-131 所示。在该页面可以对 Windows 的更新进行检查和控制，也可以了解系统的更新历史记录。

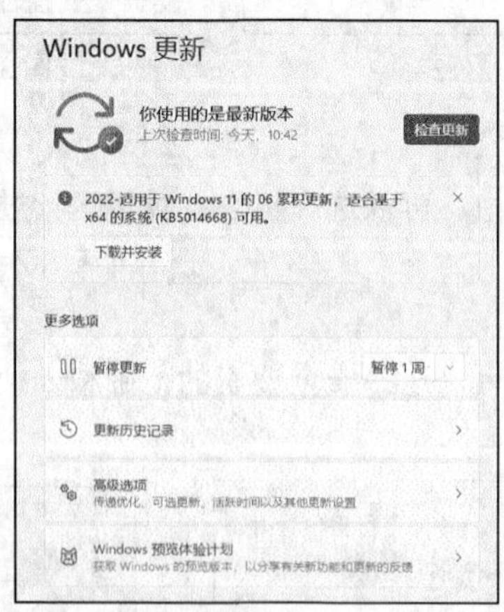

图 3-131

第 4 章

打造属于自己的 Windows 11

第 3 章详细介绍了 Windows 11 的基础设置，可以看到 Windows 11 的功能还是非常强大的，并且相比之前的版本操作更加容易。下面我们利用 Windows 11 丰富的设置，来打造属于自己的 Windows 11。

4.1 我的外观我做主

计算机的主题，就像我们每个人所穿的衣服一样，不同的人的穿衣风格可能不同。下面就让我们来打造属于自己的 Windows 11 吧。

4.1.1 设置桌面图标

一、添加桌面图标

默认情况下，刚安装完系统，桌面上只有一个“回收站”图标，其余的图标都没有显示出来。我们可以自行把需要的系统图标添加到桌面上，具体操作步骤如下。

1. 在桌面上单击鼠标右键，弹出快捷菜单，选择“个性化”命令，如图 4-1 所示。

2. 打开“个性化”设置页面，选择“主题”选项，相关设置如图 4-2 所示；选择“桌面图标设置”选项，弹出“桌面图标设置”对话框，如图 4-3 所示。

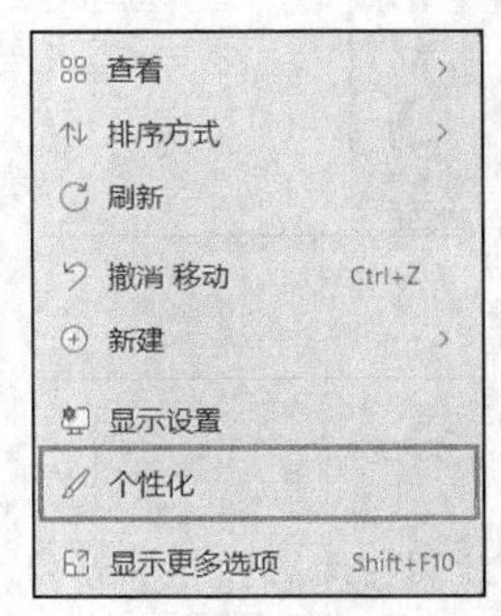

图 4-1

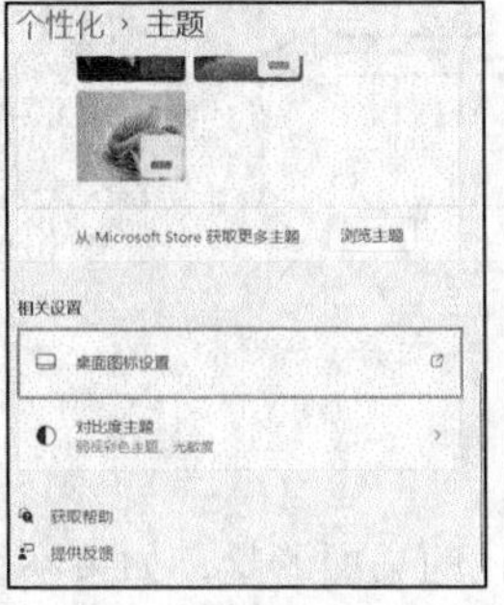

图 4-2

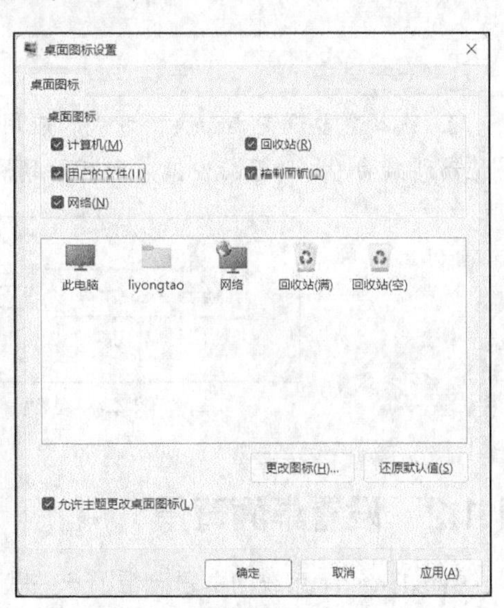

图 4-3

3. 在“桌面图标”列表框中勾选要放置到桌面上的图标对应的复选框，如图 4-4 所示。

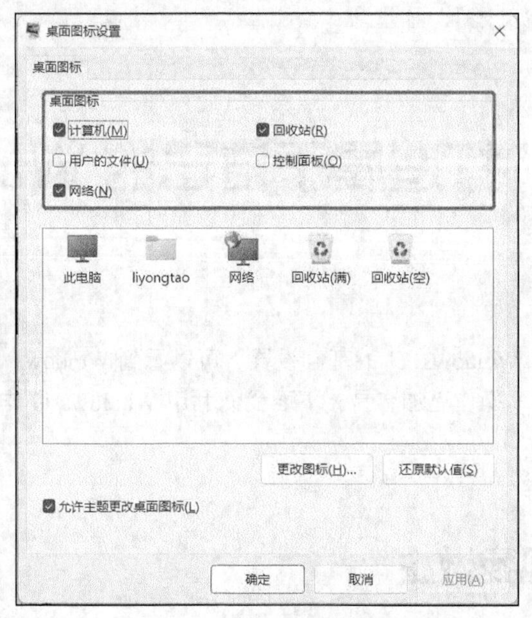

图 4-4

4. 单击“确定”按钮，返回“个性化”设置页面，设置完成，此时可以看到桌面上已经添加了相应的桌面图标。

二、添加快捷方式

除了可以在桌面上添加系统图标，还可以将应用图标的快捷方式添加到桌面上。以 WPS Office 2019 为例，具体操作步骤如下。

1. 单击任务栏左侧的“开始”图标▦，单击“所有应用”按钮，找到 WPS Office 应用文件夹，如图 4-5 所示。

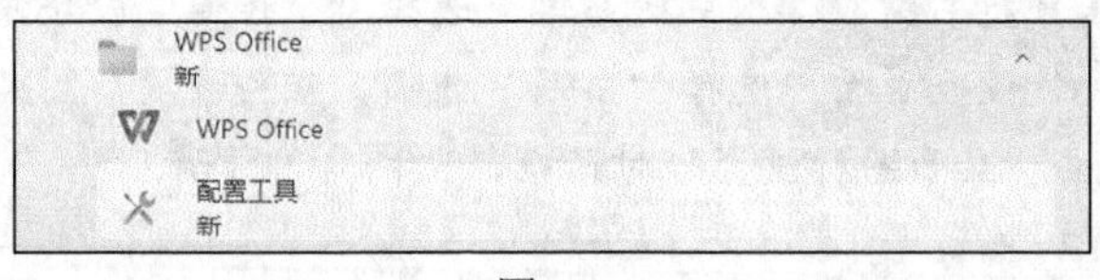

图 4-5

2. 选择需要设置桌面快捷方式的应用图标，如图 4-6 所示，按住鼠标左键不放，直接将其拖动到桌面，松开鼠标左键，即可看到快捷方式已被添加到桌面，如图 4-7 所示。

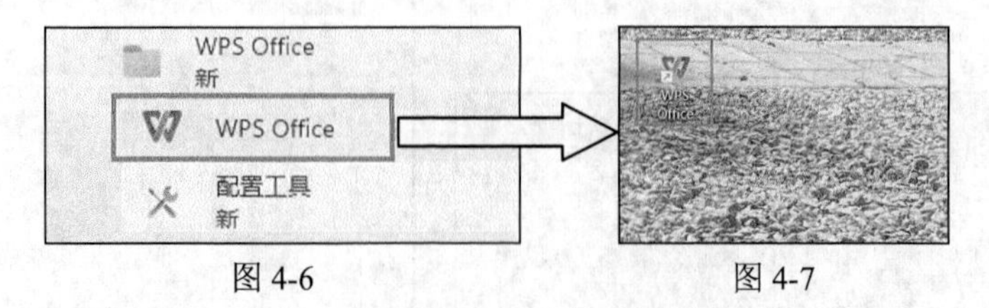

图 4-6 图 4-7

4.1.2 设置桌面背景

Windows 11 系统的主题自带了一些默认的桌面背景，如果不喜欢系统主题自带的背景，那么可以对其进行更换，具体操作步骤如下。

1. 在桌面上单击鼠标右键，弹出快捷菜单，选择“个性化”命令，弹出的窗口如图 4-8 所示。

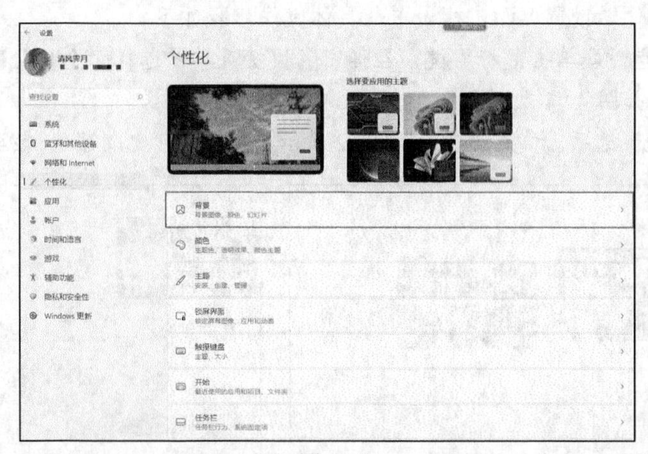

图 4-8

2. 在“个性化”设置页面中选择“背景”选项，相关设置如图 4-9 所示。

图 4-9

3. 在“个性化设置背景”下拉列表中选择“图片”选项，单击“浏览照片”按钮，如图 4-10 所示，在弹出的对话框中选择想要作为桌面背景的图片，单击“确认”按钮，即完成设置。

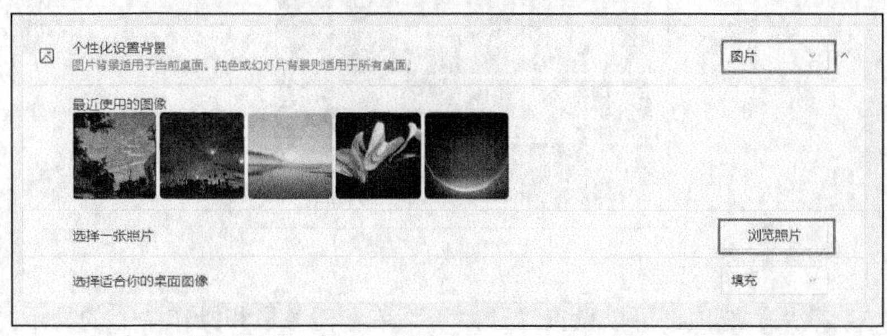

图 4-10

4.1.3　设置窗口颜色和外观

默认情况下，Windows 窗口的颜色为当前主题的颜色。如果用户想更改窗口的颜色，那么可以通过“个性化”设置页面进行设置，具体操作步骤如下。

1. 在桌面的空白处单击鼠标右键，在弹出的快捷菜单中选择“个性化”命令，弹出“个性化”设置页面，如图 4-11 所示。

2. 选择“颜色”选项，相关设置如图 4-12 所示，在其中可更改窗口边框和任务栏的颜色。

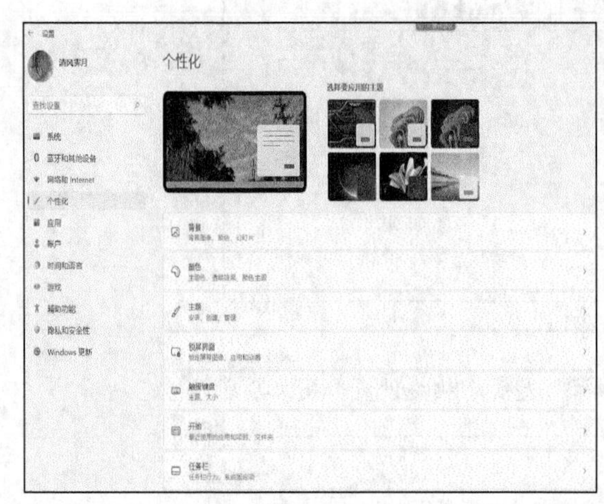

图 4-11

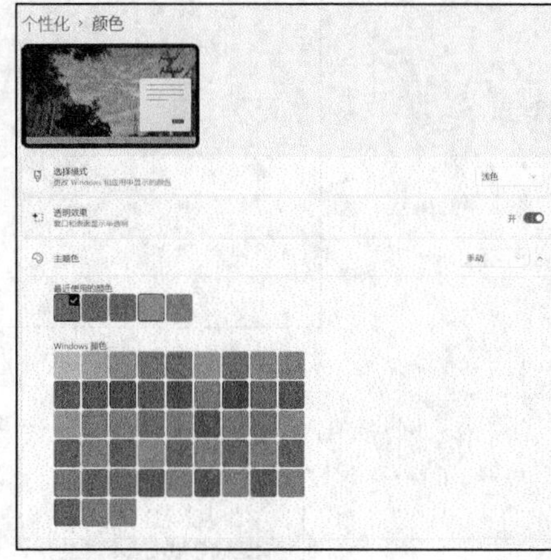

图 4-12

在“主题色”下拉列表中选择“手动”选项，可以从“Windows 颜色”中选择一种颜色作为背景色，如图 4-13 所示；如果在“主题色”下拉列表中选择的是“自动”选项，则窗口和任务栏的颜色为系统自动从当前桌面背景中选取的颜色。

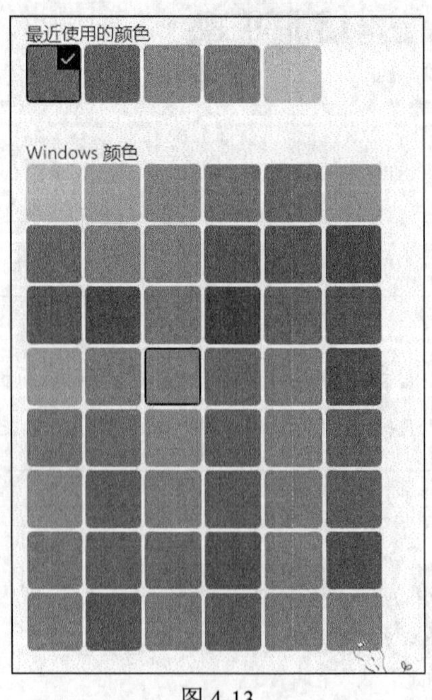

图 4-13

通过“透明效果”选项，可以设置“开始”菜单、任务栏和操作中心的显示是否透明化。

4.1.4 设置屏幕保护程序

当长时间不使用计算机时，可以设置屏幕保护程序。这样既可以保护显示器（对液晶显示器无效），又可以凸显用户的风格，使待机时的计算机屏幕更美观，具体操作步骤如下。

1. 在桌面的空白处单击鼠标右键，在弹出的快捷菜单中选择“个性化”命令，弹出“个性化”设置页面，如图 4-14 所示。

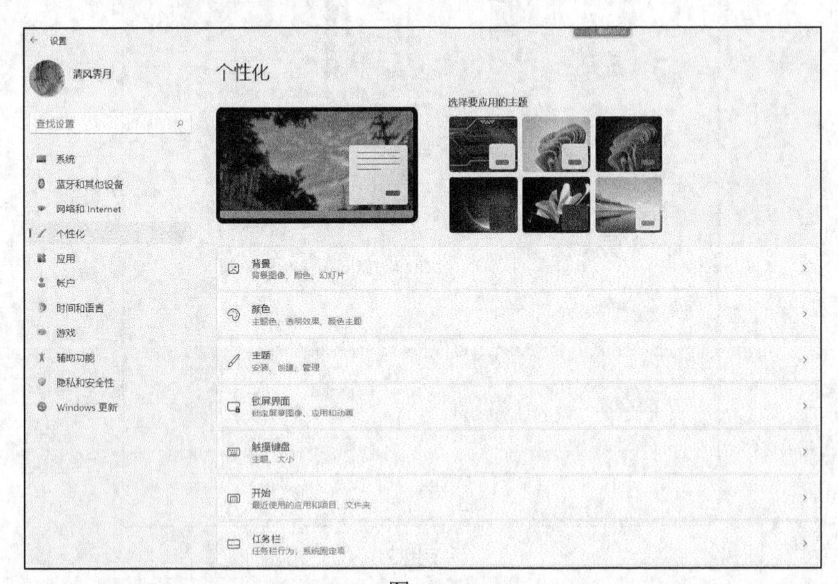

图 4-14

2. 选择“锁屏界面”选项，相关设置如图 4-15 所示。

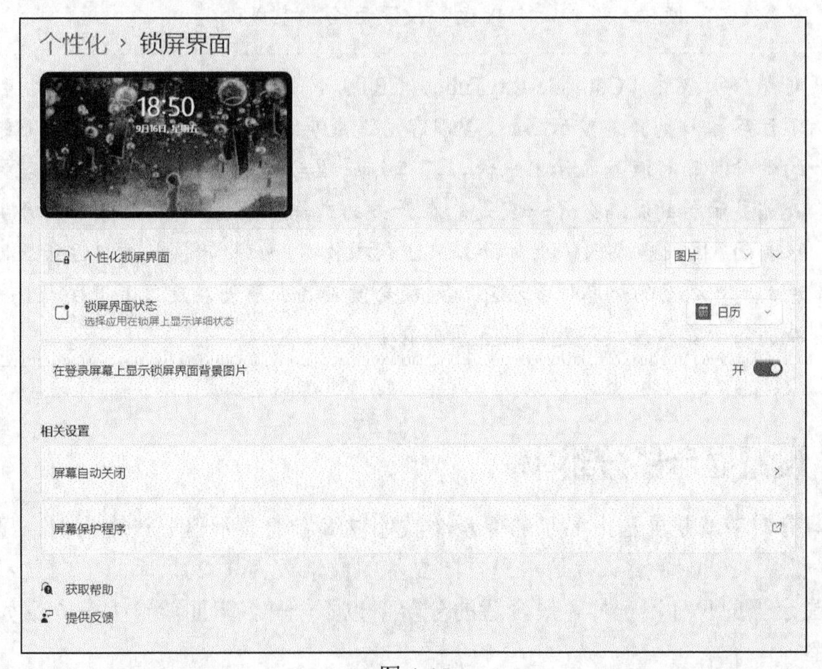

图 4-15

3. 选择“屏幕保护程序”选项，弹出的对话框如图 4-16 所示。

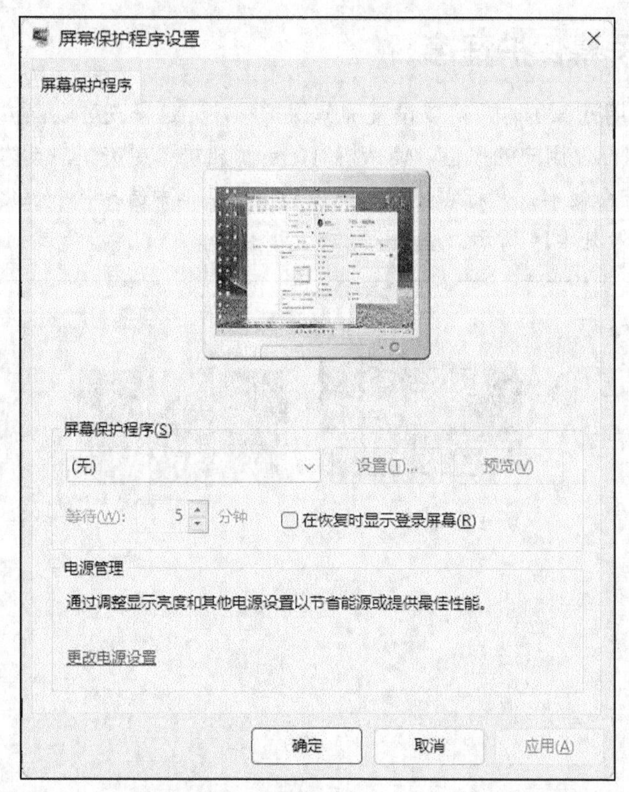

图 4-16

4. 单击“屏幕保护程序”下拉列表框，选择一种屏幕保护样式，设置“等待”时间，即设置计算机待机多少分钟后打开屏幕保护程序。

5. 单击“确定”按钮，返回“个性化”设置页面，完成设置。

小知识 对阴极射线管（Cathode-RayTube，CRT）显示器来说，设置屏幕保护程序是为了不让屏幕一直静态显示画面，否则容易造成屏幕上的荧光物质老化进而缩短显示器的寿命。而对液晶显示器来说，其工作原理与 CRT 显示器的工作原理完全不同，液晶显示器的液晶分子一直是处在开关的工作状态的，而液晶分子的开关次数是有限制的。因此当我们停止对计算机进行操作时，如果屏幕上依旧运行着显示五颜六色、反复运动的屏幕保护程序，无疑会使液晶分子处在反复的开关状态。因此，对液晶显示器来说，不建议设置屏幕保护程序。

4.1.5 设置显示器分辨率

显示器分辨率就是屏幕上显示的像素个数。以编者的显示器分辨率为例，显示器分辨率为 1920 像素×1080 像素，就是水平方向显示的像素数为 1920，垂直方向显示的像素数为 1080。显示器的尺寸不一样，最合适的分辨率也不一样，下面就给大家介绍如何设置显示器分辨率。

1. 在桌面的空白处单击鼠标右键，在弹出的快捷菜单中选择“显示设置”命令，弹出“设置”窗口，如图 4-17 所示。

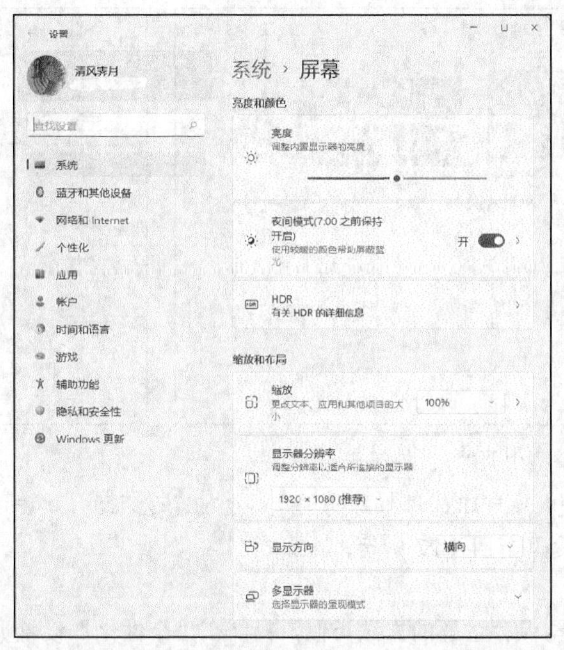

图 4-17

2. “缩放和布局”栏如图 4-18 所示，在“显示器分辨率”选项中可以更改分辨率，如图 4-19 所示。

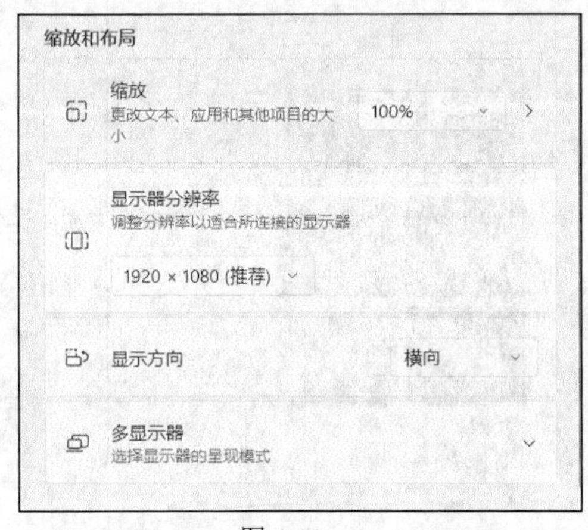

图 4-18

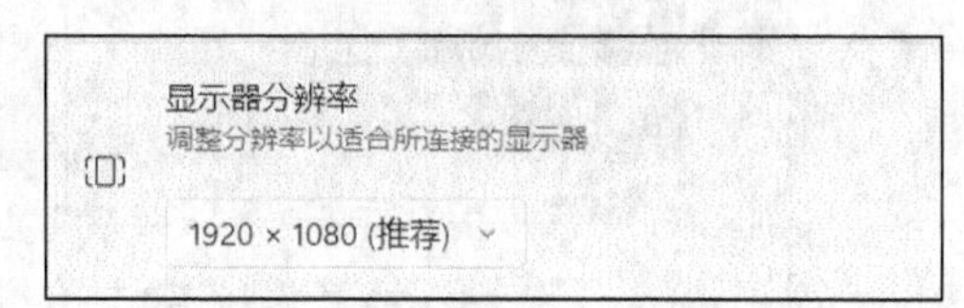

图 4-19

3. 单击“显示器分辨率”下拉列表框，选择合适的分辨率，单击“应用”按钮，完成设置。

4.1.6 保存与删除主题

在 Windows 11 中，用户可选择系统提供的主题，还可将自己设置的主题保存下来，以展现自己的风格，具体操作步骤如下。

一、保存主题

1. 右击桌面空白处，在弹出的快捷菜单中选择“个性化”命令，打开“个性化”设置页面，如图 4-20 所示。

2. 选择“主题”选项，相关设置如图 4-21 所示。

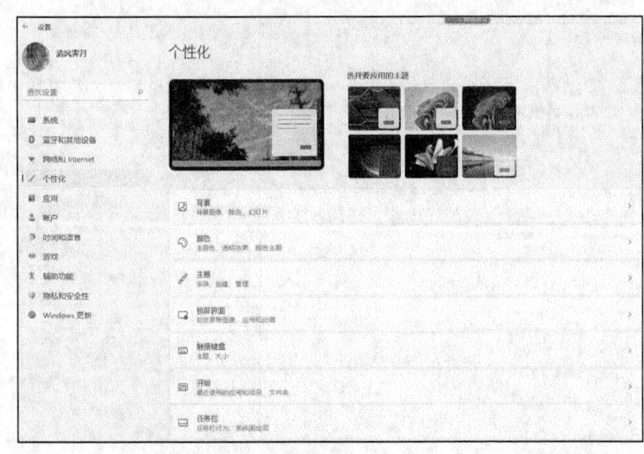

图 4-20

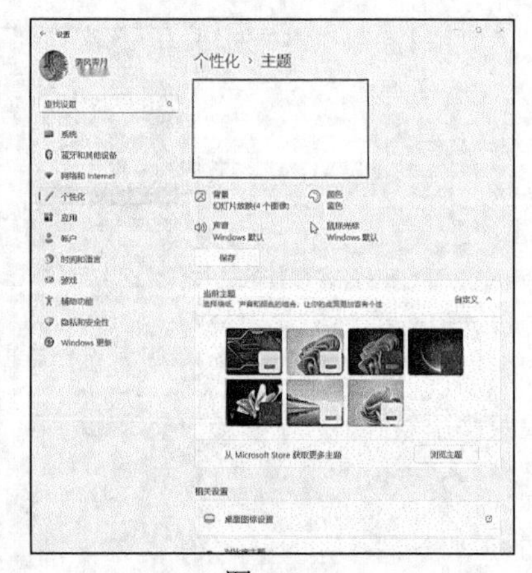

图 4-21

3. 在“当前主题”中可以选择推荐的主题，也可通过网络（单击“浏览主题”按钮）预览更多丰富多彩的主题，如图 4-22 所示。

二、删除主题

删除主题的方法与保存主题的方法类似，只需在“个性化”设置页面“主题”选项列表中右击要删除的主题，然后在弹出的快捷菜单中选择“删除”命令即可，此时选定的主题即可被删除，如图 4-23 所示。

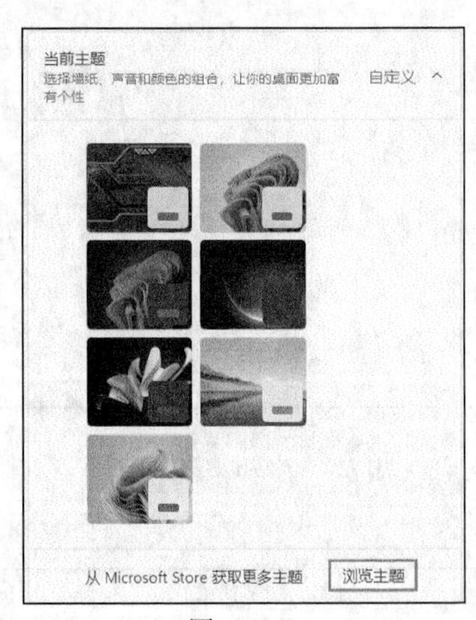

图 4-22

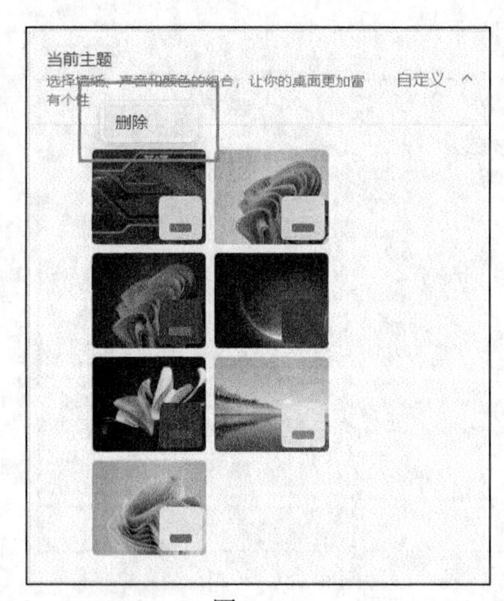

图 4-23

说明　删除主题时，只能删除“我的主题”列表中的主题，对于系统自带的主题是不能删除的；且当前应用的主题也是不能删除的。

4.2 设置系统声音

系统声音是指 Windows 操作系统在执行操作时发出的声音，如计算机开机/关机时的声音、打开/关闭程序时的声音、操作错误时的报警声等，我们可以通过个性化的设置，打造属于我们自己的声音方案。

4.2.1 自定义系统声音方案

Windows 的声音方案是一系列程序事件的声音集合，就像 Windows 开机、关机或者收到新邮件时所发出的声音。Windows 11 也提供了一些简单的声音方案，用户可以根据自己的喜好更改系统默认的声音方案，具体操作步骤如下。

1. 右击桌面空白处，在弹出的快捷菜单中选择“个性化”命令，打开“个性化”设置页面，如图 4-24 所示。

2. 选择“主题”选项，相关设置如图 4-25 所示。

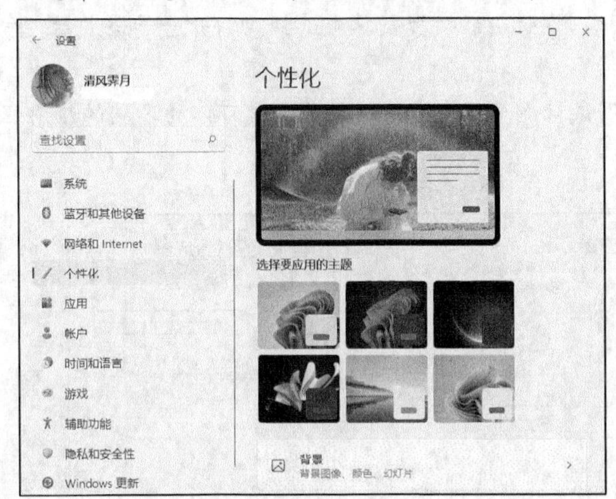

图 4-24

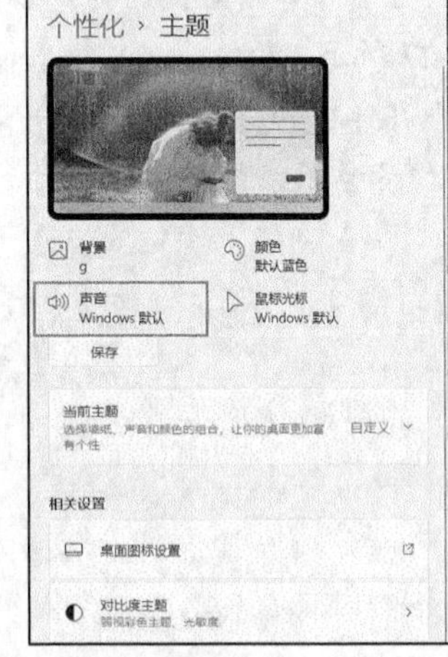

图 4-25

3. 选择“声音”选项，弹出“声音”对话框，如图 4-26 所示。

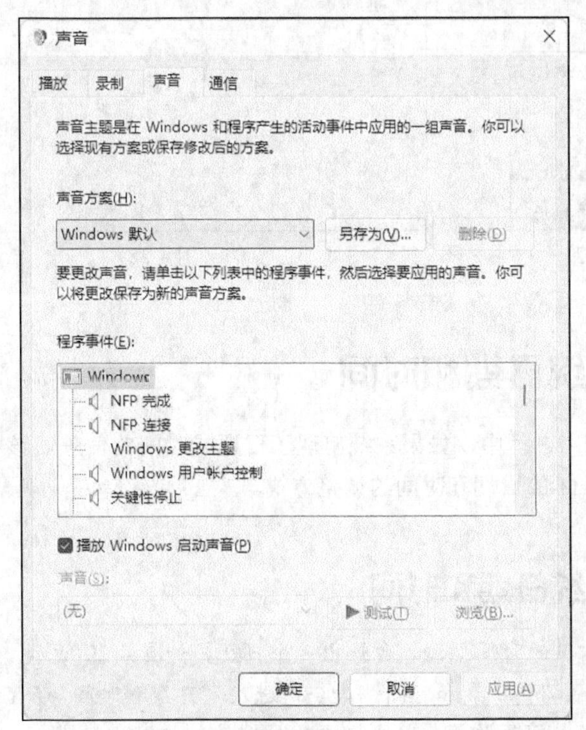

图 4-26

4. 单击“声音方案”下拉列表框，选择一种声音方案，单击“确定”按钮，返回“个性化”设置页面，完成设置。

4.2.2 让不同的应用程序使用不同的音量

我们日常生活中会常常遇到这种情况：在观看电影或聆听音乐时，不想被各种提示音（QQ提示音、微博提示音等）打扰达到这一目的最简单、便捷的办法就是使用 windows 11 的音量合成器工具进行设置，具体操作步骤如下。

1. 右击任务栏右侧的扬声器图标，在弹出的快捷菜单中选择“打开音量合成器”命令，如图 4-27 所示。

2. 在弹出的“设置”窗口中，用鼠标调节各个滑块的位置，就可以为不同的应用程序设置不同的音量了，如图 4-28 所示。

图 4-27

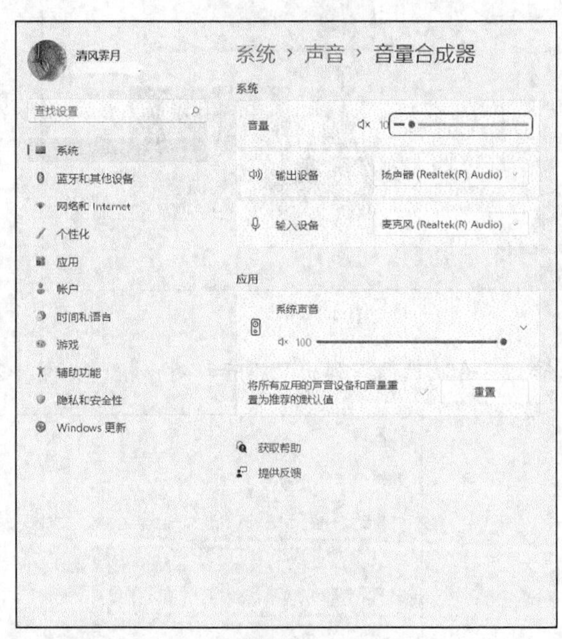

图 4-28

4.3 设置系统日期和时间

在计算机日常使用过程中，如果系统出现了日期或时间的偏差，该如何调整呢？下面我们就来介绍 Windows 11 的日期和时间的调整方式。

4.3.1 调整系统日期和时间

1. 单击任务栏右侧的时间区域，会弹出一个日历，如图 4-29 所示。右击时间区域，在弹出的快捷菜单中选择“调整日期和时间”命令，进入“日期和时间”界面，如图 4-30 所示。

2. 将“自动设置时间”关闭，单击“更改”按钮，如图 4-31 所示。

图 4-29

图 4-30

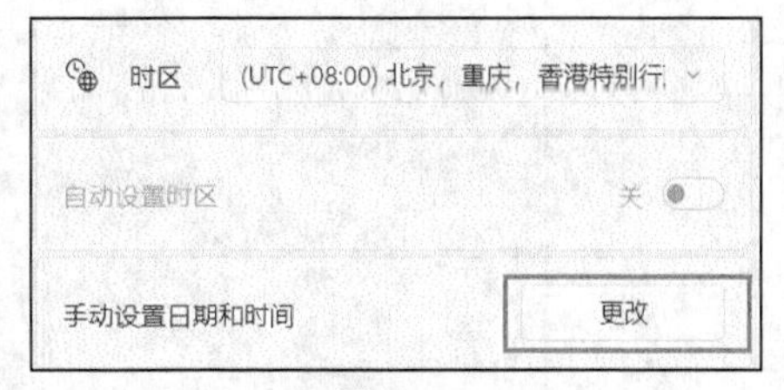

图 4-31

3. 更改时间后，单击“更改”按钮，完成时间设置。

4.3.2 添加附加时钟

当有亲朋好友在国外而自己又对时差完全摸不着头脑怎么办呢？Windows 11 的系统附加时钟功能就可以帮助到您，具体操作步骤如下。

1. 右击时间区域，在弹出的快捷菜单中，选择“调整日期和时间”命令，如图 4-32 所示。

2. 在弹出的“设置”窗口中，选择“附加时钟”选项，如图 4-33 所示。

图 4-32

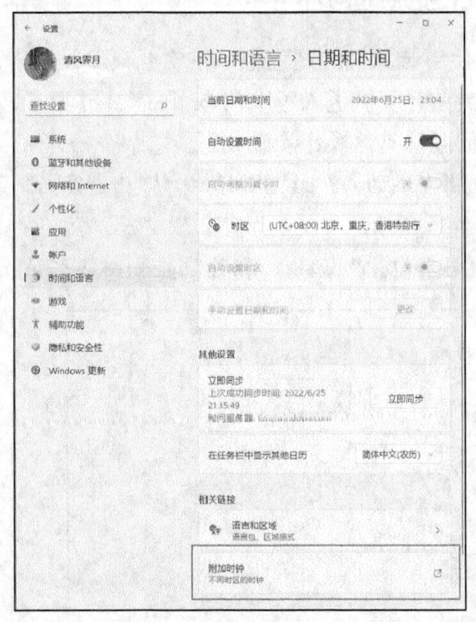

图 4-33

3. 弹出“日期和时间”对话框，如图 4-34 所示。可以勾选“显示此时钟” 复选框，然后在“选择时区”下拉列表中选择时区，在“输入显示名称”文本框中输入自定义的时钟名称。

4. 单击“确定”按钮，完成时钟设置。这时单击任务栏右侧的时间区域，在弹出的界面中可以看到新定义的时钟，如图 4-35 所示。

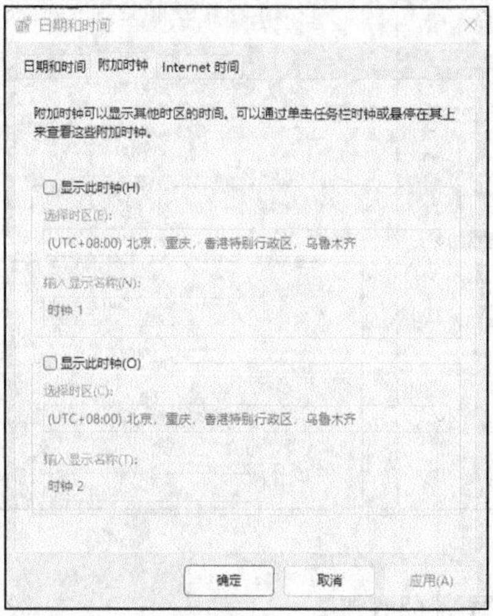

日期和时间
日期和时间 附加时钟 Internet 时间
附加时钟可以显示其他时区的时间。可以通过单击任务栏时钟或悬停在其上来查看这些附加时钟。
显示此时钟(H)
选择时区(E):
(UTC+08:00) 北京，重庆，香港特别行政区，乌鲁木齐
输入显示名称(N):
时钟 1
显示此时钟(O)
选择时区(C):
(UTC+08:00) 北京，重庆，香港特别行政区，乌鲁木齐
输入显示名称(T):
时钟 2
确定
取消
应用(A)

图 4-34

6月25日, 星期六
五月廿七
时钟 1
23:06 今天
2022年6月
一 二 三 四 五 六 日

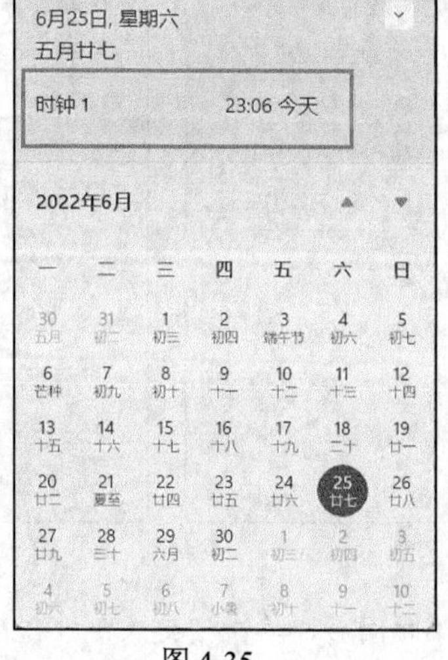

图 4-35

4.4 其他个性化设置

除了前面介绍的一些操作系统个性化设置外，还有一些系统细节方面的设置，下面做简要介绍。

4.4.1 更改电源选项

我们日常在使用计算机的过程中，常常会碰到这样一种情况，临时有事出去一下，但是忘记关闭计算机或使计算机进入睡眠状态了，怎么办呢？这时我们可以通过制订自己的电源计划，来解决这个问题，具体操作步骤如下。

1. 单击任务栏左侧的“开始”图标，弹出“开始”菜单，单击“设置”按钮，弹出“设置”窗口，如图 4-36 所示。

2. 选择“电源和电池”选项，相关设置如图 4-37 所示。

系统

图 4-36

系统 › 电源和电池

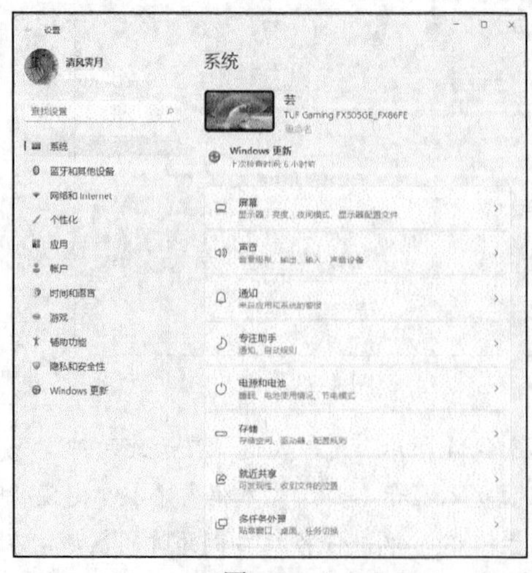

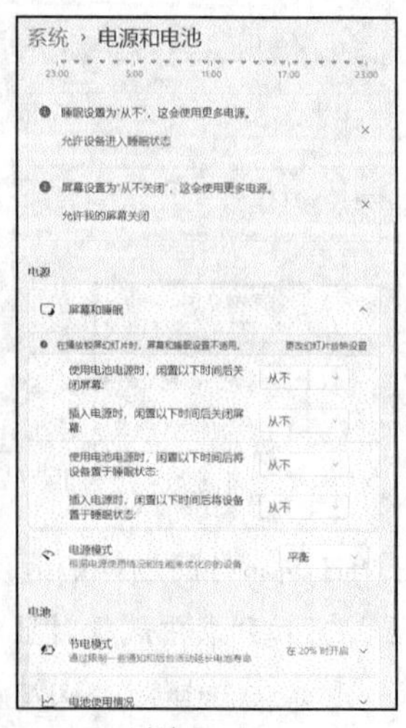

图 4-37

3. 单击“使用电池电源时，闲置以下时间后关闭屏幕”下拉列表框，可以设置在使用电池的情况下，关闭屏幕的时间间隔；单击“插入电源时，闲置以下时间后关闭屏幕”下拉列表框，可以设置在使用电源的情况下，关闭屏幕的时间间隔；单击“使用电池电源时，闲置以下时间后将设备置于睡眠状态”下拉列表框，可以设置在使用电池的情况下，计算机进入睡眠状态的时间间隔；单击“插入电源时，闲置以下时间后将设备置于睡眠状态”下拉列表框，可以设置在使用电源的情况下，计算机进入睡眠状态的时间间隔。

4.4.2　将应用图标固定到任务栏

在日常使用计算机的过程中，我们通常都会为了方便而在任务栏固定一些常用文件夹或者应用，具体操作方法如下。

方法 1：右击任务栏中已经打开的、需要添加到任务栏的应用图标，在弹出的快捷菜单中选择“固定到任务栏”命令，如图 4-38 所示，即可将应用图标添加到任务栏。

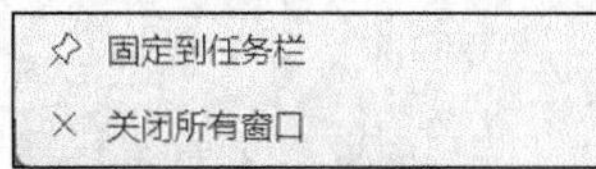

图 4-38

方法 2：直接拖动应用图标至任务栏，松开鼠标左键后，应用图标就被固定到任务栏了。

4.4.3　显示/隐藏通知区域中的图标

很多应用在运行时，其图标会在任务栏的右侧通知区域中显示出来，包括音量和网络等不常用的图标。如果任务栏通知区域中的图标过多，会挤占通知区域的空间，从而减少任务栏图标的有效显示数量。我们可以通过设置将“不想见到的图标”隐藏起来，把“希望见到的图标”显示出来，达到释放任务栏空间及有效利用通知区域的目的，具体操作步骤如下。

1. 在任务栏的空白处单击鼠标右键，从弹出的快捷菜单中选择“任务栏设置”命令，如图 4-39 所示，进入“任务栏”界面，如图 4-40 所示。

任务栏设置

图 4-39

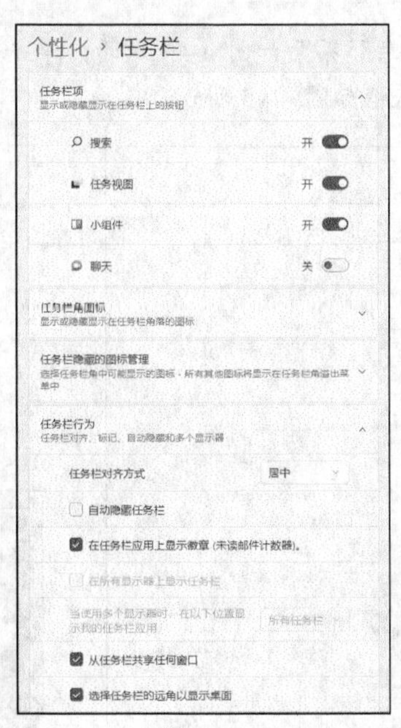

图 4-40

2. 选择“任务栏项”选项，如图 4-41 所示，在这里可以选择常用功能是否显示。

3. 选择“任务栏隐藏的图标管理”选项，如图 4-42 所示，可以通过单击开/关按钮，来设置应用图标是否在通知区域显示。

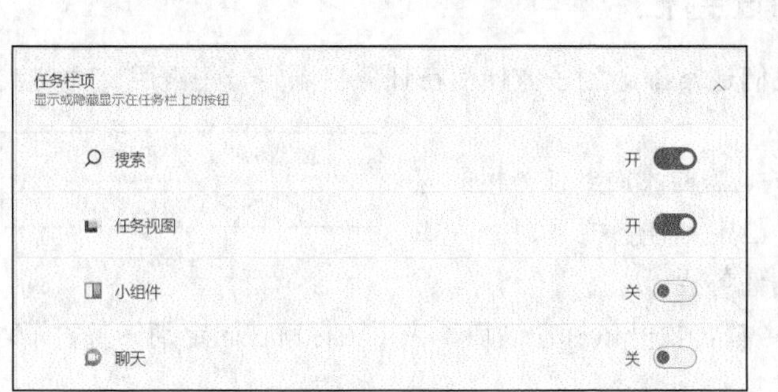

图 4-41

图 4-42

4.4.4 更改计算机名称

网络上的计算机需要唯一的名称，以便可以相互识别和通信。大多数计算机都有默认名称，我们可以更改计算机的名称，使之具有我们自己的标识，具体操作步骤如下。

1. 右击桌面上的“此电脑”图标，弹出快捷菜单，如图 4-43 所示，选择“属性”命令。

2. 弹出“系统信息”界面如图 4-44 所示，单击“重命名这台电脑”按钮，弹出的对话框如图 4-45 所示。

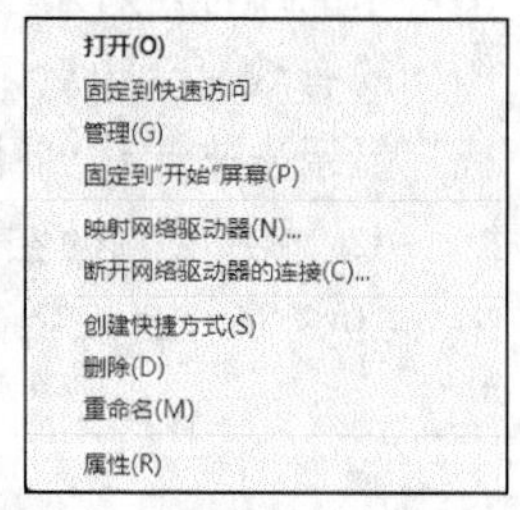

图 4-43

图 4-44

图 4-45

3. 输入想要的计算机名称后，单击“下一页”按钮，对话框如图 4-46 所示。

图 4-46

4. 重启后，即可完成设置，效果如图 4-47 所示。

TUF Gaming FX505GE_FX86FE
重命名这台电脑
设备规格
复制
设备名称
处理器 Intel(R) Core(TM) i7-8750H CPU @ 2.20GHz 2.21 GHz
机带 RAM 8.00 GB (7.85 GB 可用)
设备 ID 3EAFF632-73F2-4B31-988D-088F4B980B17
产品 ID 00342-35369-30729-AAOEM
系统类型 64 位操作系统, 基于 x64 的处理器
笔和触控 没有可用于此显示器的笔或触控输入

图 4-47

4.5 快速启动计算机

相比于 macOS，Windows 操作系统的启动速度一直相对比较慢，但是微软一直在努力改善 Windows 的启动速度。快速启动功能采用了混合启动技术和类似休眠的方式，可以使计算机迅速从关机状态启动。大家可以明显感觉到，Windows 11 的启动速度较 Windows 10 明显快了很多。

4.5.1 快速启动的原理

Windows 11 的快速启动可以理解为另一种方式的休眠，休眠时系统会自动将内存中的数据全部转存到硬盘上一个休眠文件中，然后切断对所有设备的供电。这样当恢复的时候，系统会从硬盘上将休眠文件的内容直接读入内存，并恢复到休眠之前的状态。快速启动和休眠不同的地方在于，休眠是将内存中所有数据都存入硬盘，而快速启动只是将系统核心文件保存到硬盘内。这样的情况下，Windows 11 的快速启动速度会比休眠时的启动速度快。

4.5.2 关闭快速启动功能

快速启动功能在 Windows 11 中默认是开启的，如果硬盘空间不够大或者对启动速度没有很高的要求，也可以选择关闭这个功能，具体操作步骤如下。

1. 单击任务栏左侧的“开始”图标，可以看到图 4-48 所示的搜索栏；单击搜索栏，输入“控制面板”，如图 4-49 所示；单击“控制面板”图标打开“控制面板”窗口，如图 4-50 所示。

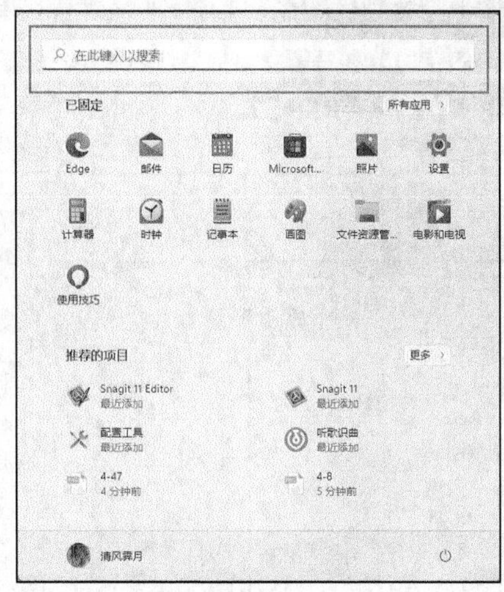

图 4-48

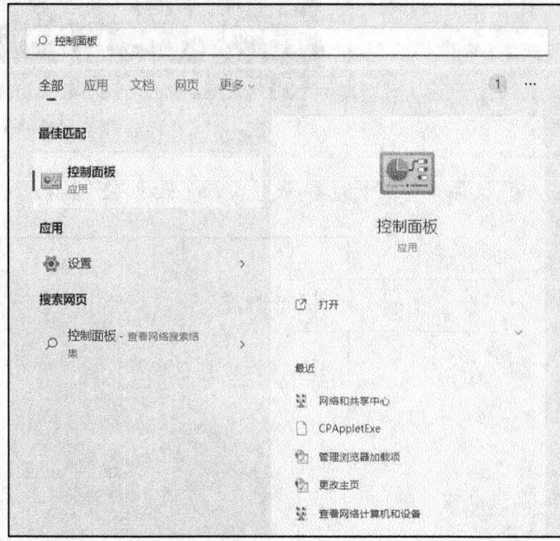

图 4-49

图 4-50

2. 单击右上角的“查看方式”下拉列表框，选择“大图标”选项，窗口显示如图 4-51 所示。

图 4-51

3．选择“电源选项”，窗口如图 4-52 所示。

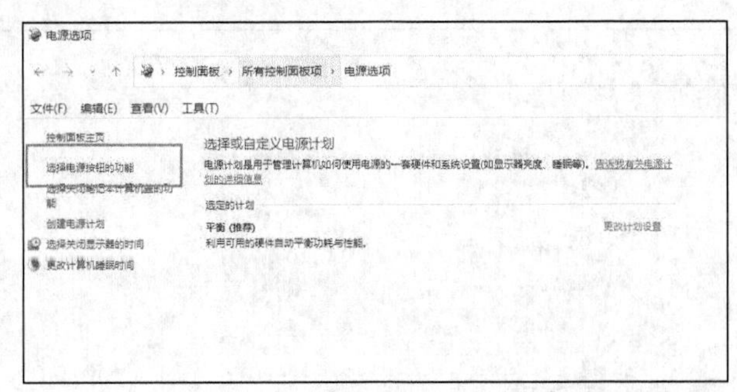

图 4-52

4．单击“选择电源按钮的功能”，窗口如图 4-53 所示，单击“更改当前不可用的设置”，如图 4-54 所示。

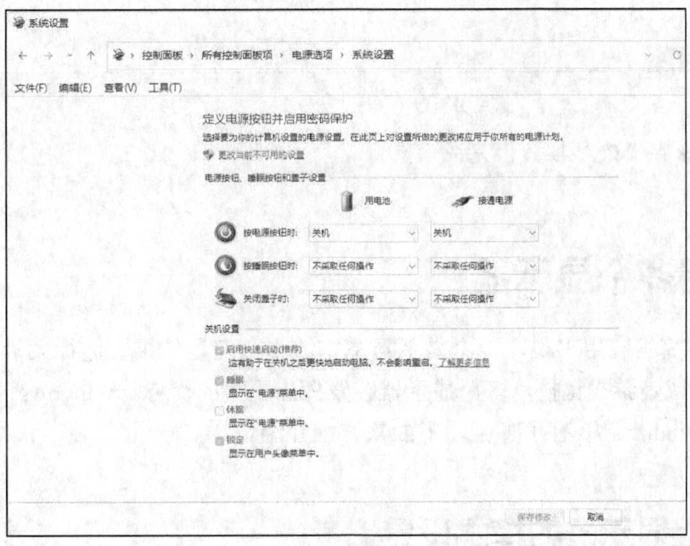

图 4-53

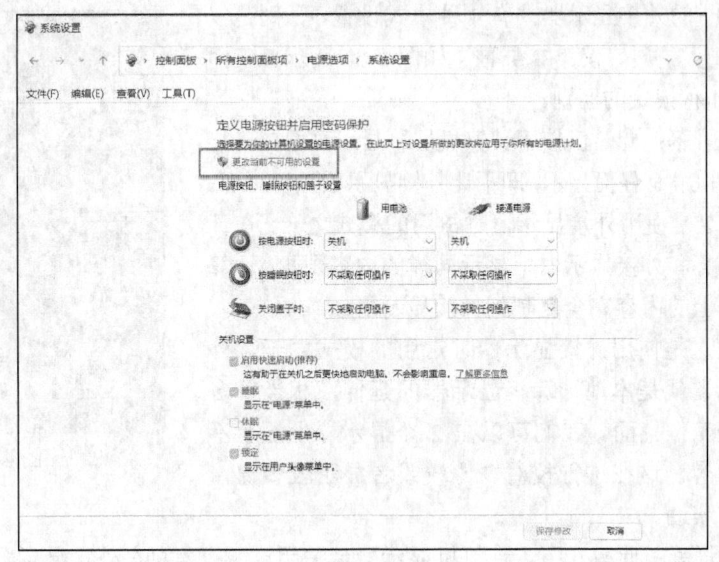

图 4-54

5. 取消勾选“启用快速启动（推荐）”复选框，如图 4-55 所示。

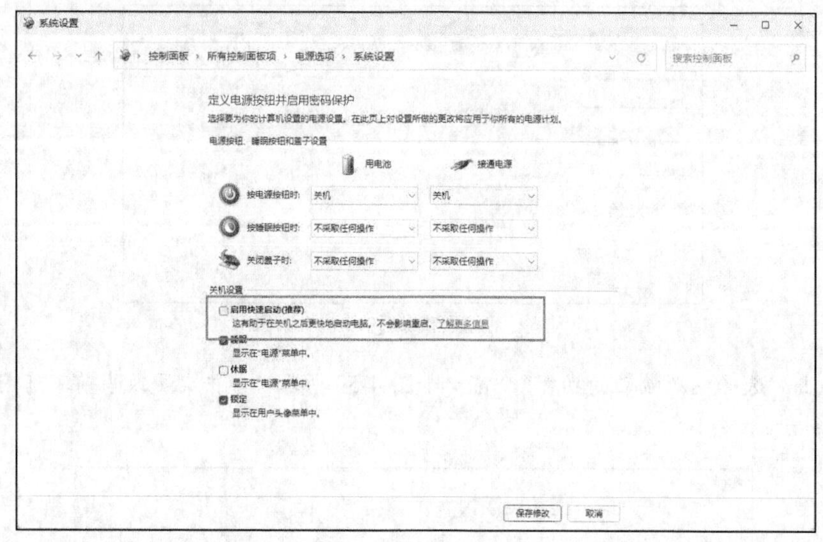

图 4-55

6. 单击“保存修改”按钮，完成设置。

4.6 使用多个显示器

对基本的计算机应用来说，一个显示器基本够用，但是如果要进行大量的图形处理、密集的多任务工作或是游戏竞技，多个显示器会发挥出更大的优势。Windows 11 在多显示器支持的功能上较 Windows 10 有了加强，下面来详细介绍。

4.6.1 外接显示器的模式设置

Windows 11 的外接显示器共有 4 种模式设置，分别是仅电脑屏幕、复制、扩展、仅第二屏幕，如图 4-56 所示。下面详细介绍一下 4 种模式的区别。

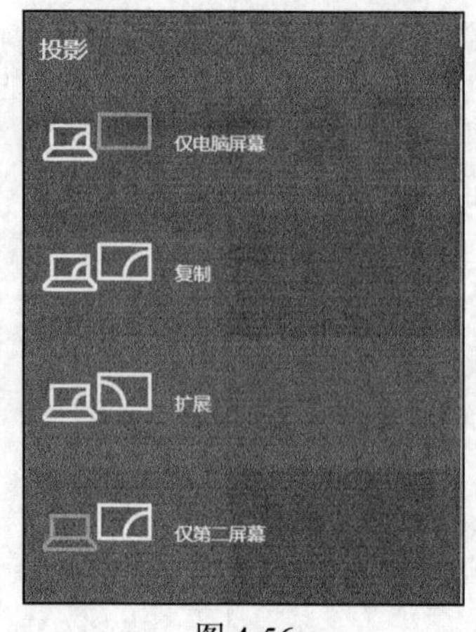

图 4-56

- 仅电脑屏幕：此时仅使用计算机屏幕显示画面，外接显示器上没有任何显示，即不让外接显示器显示画面。
- 复制：这是使用外接显示器时常用的模式之一，在计算机屏幕和外接显示器上显示同样的内容，即将计算机屏幕上的内容完全复制到外接显示器上。
- 扩展：这是使用外接显示器时常用的模式之一，外接显示器就是本地计算机显示器的延伸，相当于多了一个工作桌面。我们可以在 2 个显示器上显示不同的内容。这在进行校对、比较或者显示较多窗口时很有帮助。
- 仅第二屏幕：此模式下，计算机显示器会关闭，所有信息在外接显示器上显示。

4.6.2 外接显示器的其他设置

除了上面的 4 种模式之外，Windows 11 还为我们提供了一些便捷的选项来对外接显示器进行设置，使我们能更好地使用外接显示器。

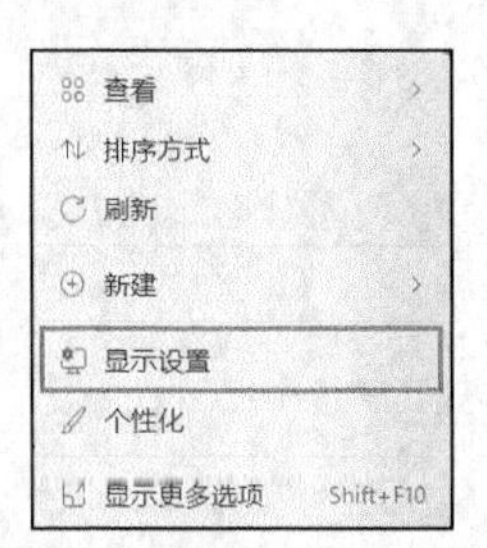

图 4-57

1. 在桌面空白处单击鼠标右键，在弹出的快捷菜单中选择“显示设置”命令，如图 4-57 所示。

2. 在打开的图 4-58 所示的界面中，选择“缩放和布局”中的“多显示器”选项，展开其中的内容，如图 4-59 所示。

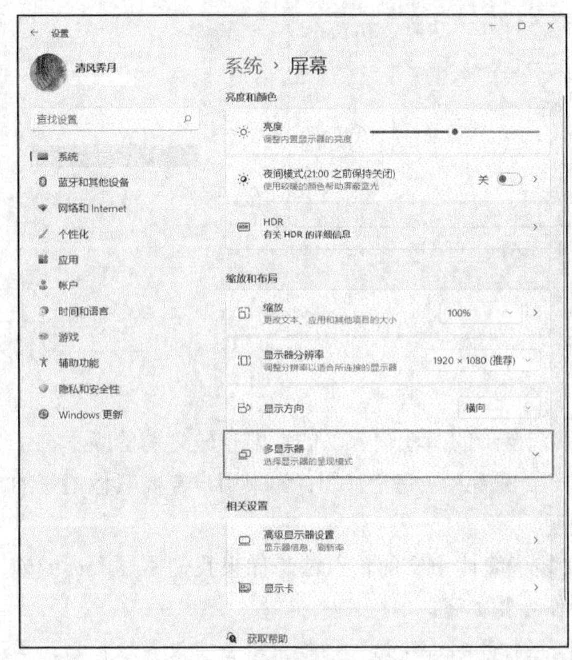

图 4-58

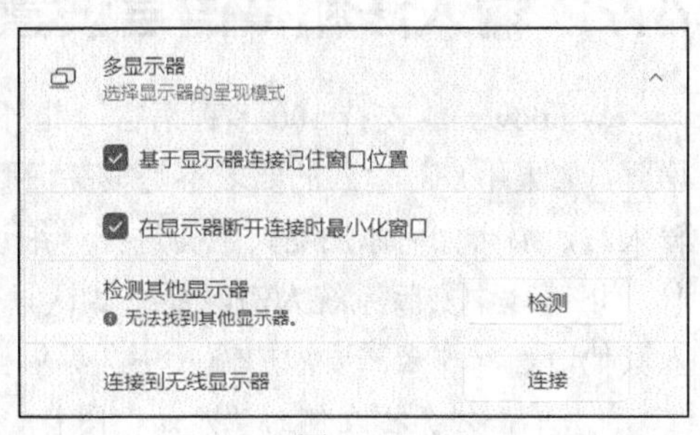

图 4-59

在这里，我们可以简单地编辑多显示器的常用选项。

4.6.3 外接显示器的任务栏设置

Windows 11 和 Windows 10 一样都支持在外接显示器上显示任务栏，这一功能在 Windows 11 上得到更好的体现。这使我们在外接显示器上切换窗口时，不用再将鼠标指针移动到主显示器上，具体操作步骤如下。

1. 右击任务栏空白处，在弹出的快捷菜单中选择“任务栏设置”命令，如图 4-60 所示。

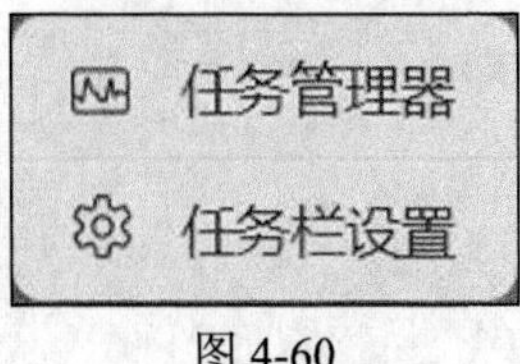

图 4-60

2. 在弹出的窗口中选择“任务栏行为”选项，并需要勾选“在所有显示器上显示任务栏”复选框，如图 4-61 所示。

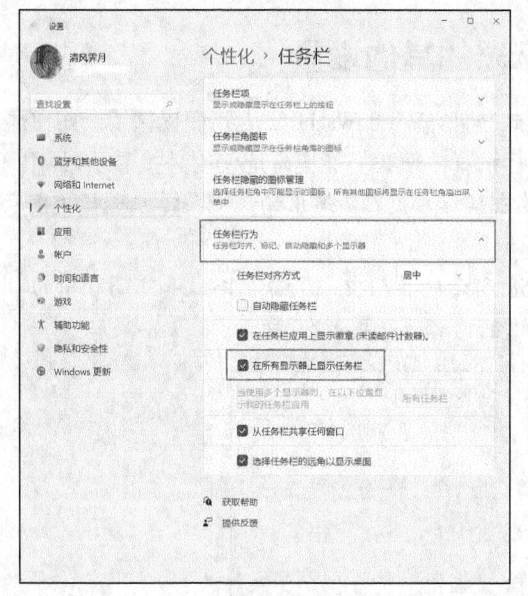

图 4-61

4.7 输入法和多语言设置

Windows 11 支持 100 多种语言，此外系统自带的微软输入法的性能也较之前的版本有了增强。如果用户对输入的要求不是很高，那么微软输入法完全够用；如果用户需要其他语言的输入法，那么如何添加呢？下面进行详细说明。

以简体中文版系统为例，系统默认只安装了简体中文的输入法，如果我们需要阅读或输入其他语言，那么需要添加输入法，具体操作步骤如下。

1. 单击任务栏左侧的“开始”图标▦，在打开的“开始”菜单中单击“设置”按钮，弹出的窗口如图 4-62 所示。

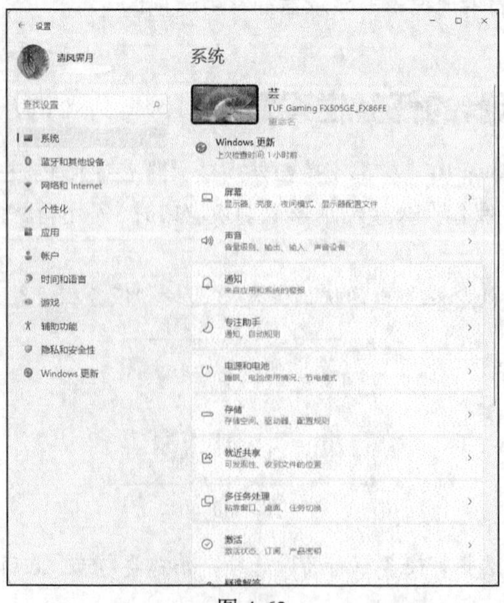

图 4-62

2. 选择“时间和语言”选项，界面如图 4-63 所示。

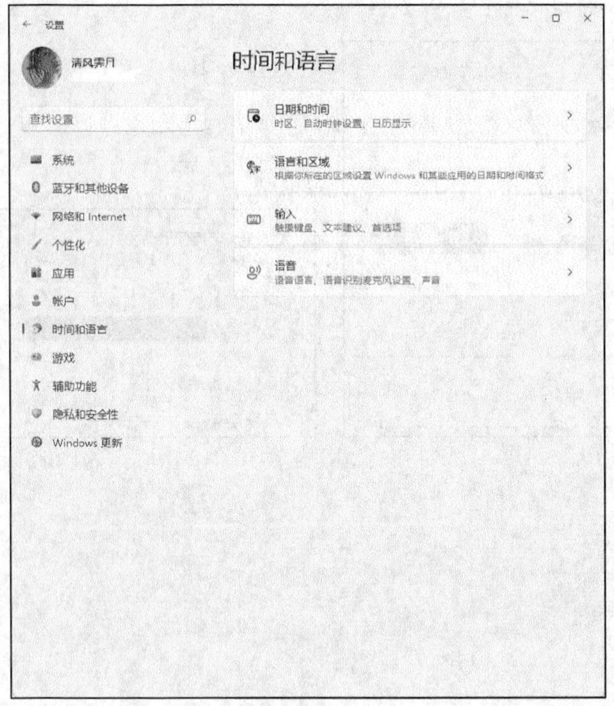

图 4-63

3. 选择“语言和区域”选项，相关设置如图 4-64 所示。

4. 单击“添加语言”，弹出的界面如图 4-65 所示。

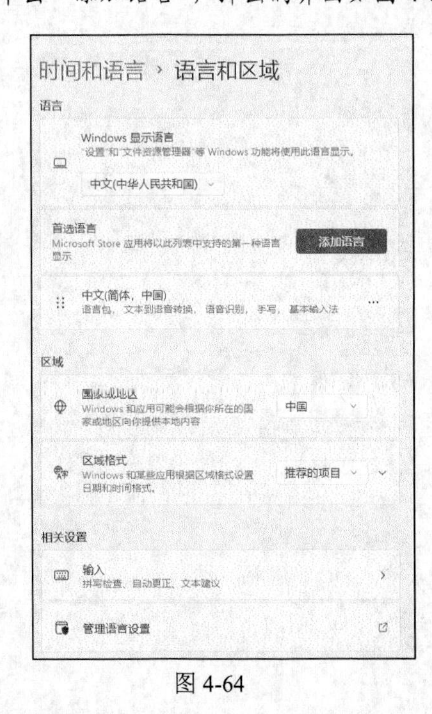

图 4-64

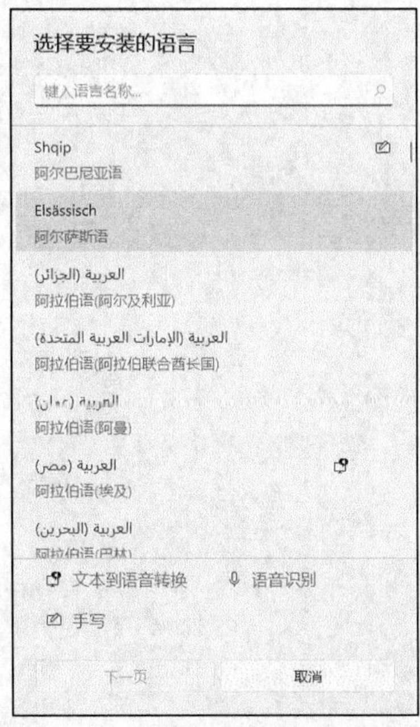

图 4-65

5. 单击需要添加的语言，即可完成添加。此时在“语言”区域可以看到新添加的语言，如图 4-66 所示。

如果需要删除语言，在“语言”区域单击需要删除的语言右侧的图标⋯，在弹出的菜单中选择“删除”命令即可，如图 4-67 所示。

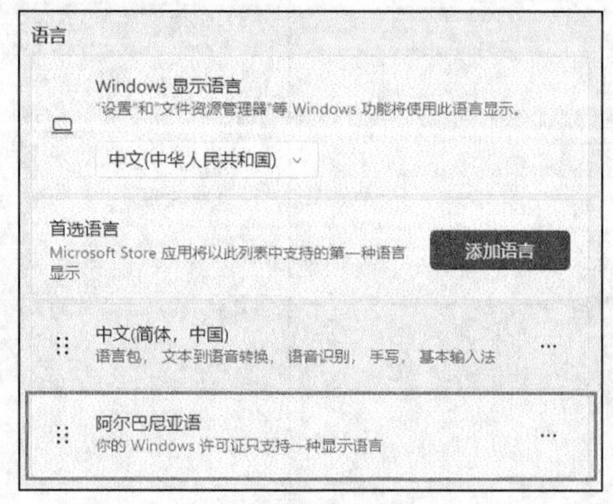

图 4-66

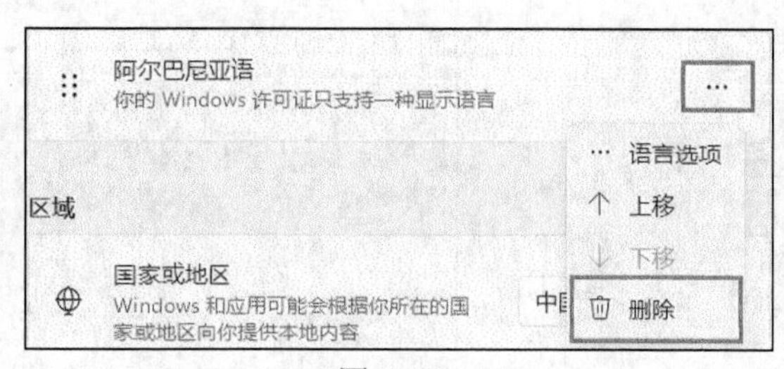

图 4-67

第 5 章

文件与文件夹的高效设置

经过前面几章的学习，我们已经了解了 Windows 11 的基本设置与操作，下面我们来学习 Windows 11 的文件和文件夹管理。Windows 11 有着极其强大的文件管理功能，略不同于 Windows 10，用户可以通过它对文件和文件夹进行管理及操作。

本章主要介绍文件和文件夹的相关知识、文件和文件夹的基本操作、浏览文件和文件夹以及搜索文件等知识，其中重点介绍文件与文件夹的操作，主要包括新建、选择、重命名、复制、移动、删除以及设置文件夹的属性等内容。

5.1 查看计算机中的资源

在 Windows 11 中，“此电脑”窗口中提供了多种浏览文件的方式。例如，可以通过窗口工作区查看，可以通过地址栏查看，也可以通过文件夹窗格进行查看。下面我们来对这几种方式进行一一介绍。

5.1.1 通过窗口工作区查看

在计算机桌面双击“此电脑”图标，弹出的窗口如图 5-1 所示，通过单击左侧导航窗格中的选项，可以打开文件夹，然后在窗口工作区中查看和操作文件和文件夹。利用这种方式对文件和文件夹进行查看和操作会比较直观。

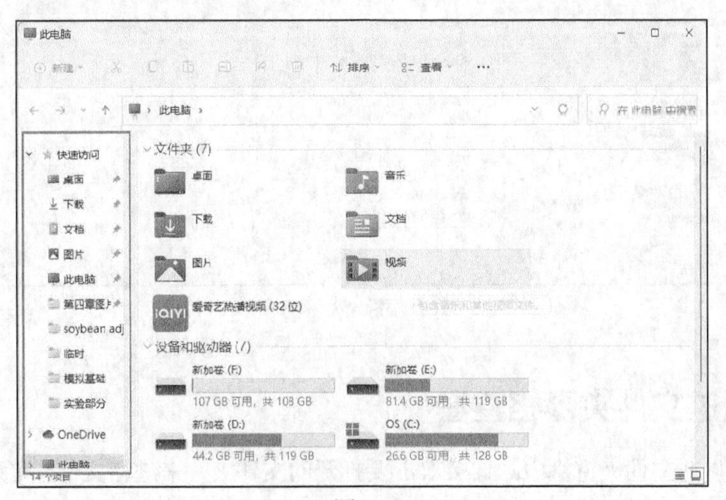

图 5-1

5.1.2　通过地址栏查看

在 Windows 11 中，当我们在窗口工作区中浏览文件或文件夹时，“计算机”窗口的地址栏中也会显示当前浏览的位置，我们在地址栏中单击任何文件夹名称，即可进入相应的文件夹，如图 5-2 所示。

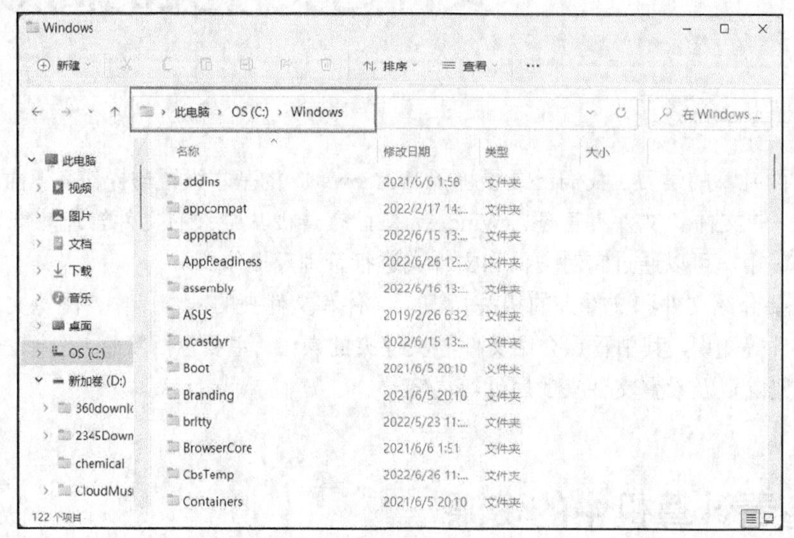

图 5-2

可以通过单击地址栏中文件夹边上的下拉按钮›，来进入其文件夹中的任意子文件夹，如图 5-3 所示。

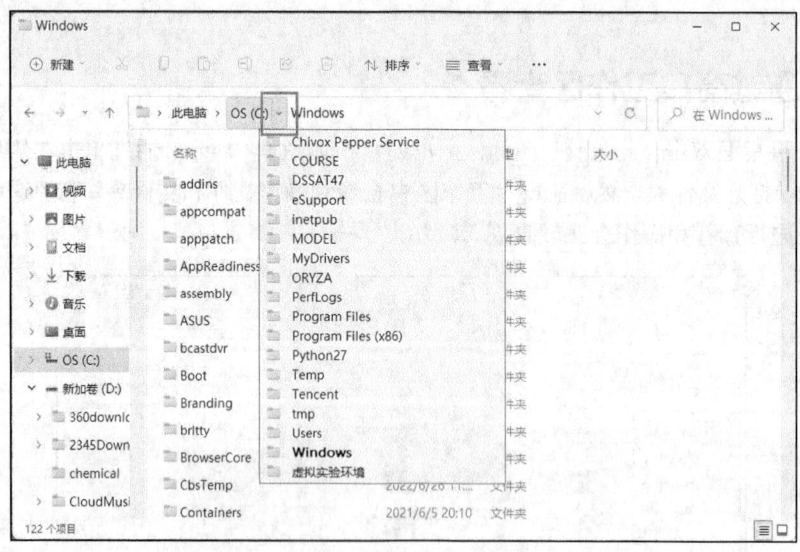

图 5-3

5.1.3　通过文件夹窗格查看

我们还可以在文件夹窗格中，直接双击要打开的文件夹，来进行文件或者文件夹的浏览，如图 5-4 所示。

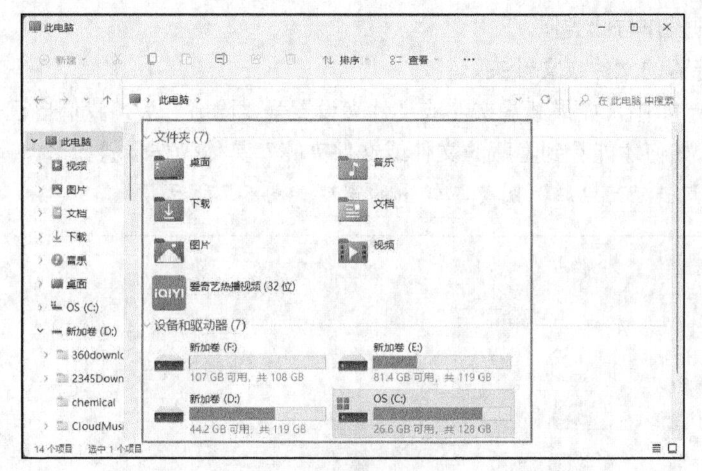

图 5-4

5.2 文件与文件夹的基本操作

文件与文件夹的操作，是我们日常操作计算机时使用最频繁的动作，熟练掌握文件与文件夹的操作方法，能够有效提高我们的工作效率。

5.2.1 设置文件与文件夹的显示方式

在计算机的日常使用中，我们常常会希望某些文件或者文件夹不被其他人所看到，希望把它们隐藏起来，在需要的时候，再将它们显示出来，具体操作步骤如下。

一、隐藏文件或文件夹

1. 右击文件夹，在弹出的快捷菜单中选择“属性”命令，如图 5-5 所示。

2. 在弹出的文件夹属性对话框中，勾选“隐藏”复选框，如图 5-6 所示，单击“确定”按钮，完成设置。这时，该文件夹就看不到了。

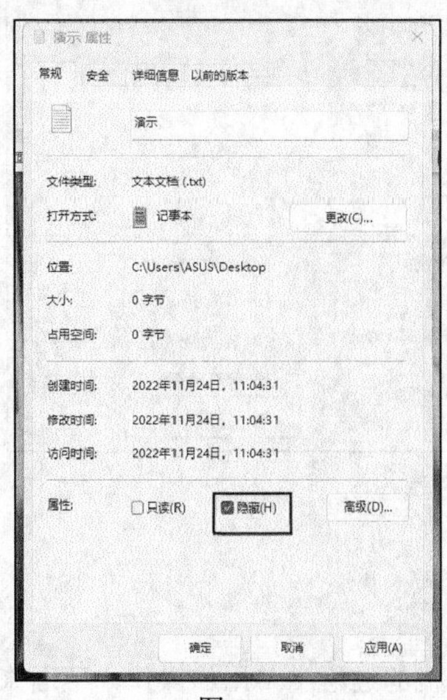

图 5-5

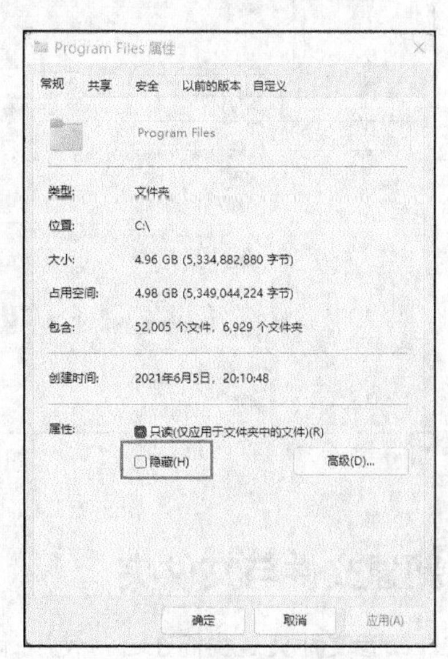

图 5-6

隐藏文件的操作与此类似。

二、显示隐藏的文件或文件夹

在 Windows 11 中，如果某些文件或文件夹设置为“隐藏”后，我们自己也看不到该文件或文件夹，那么如何才能看到隐藏的文件或文件夹呢？具体操作步骤如下。

1. 在桌面双击“此电脑”图标，弹出的窗口如图 5-7 所示。

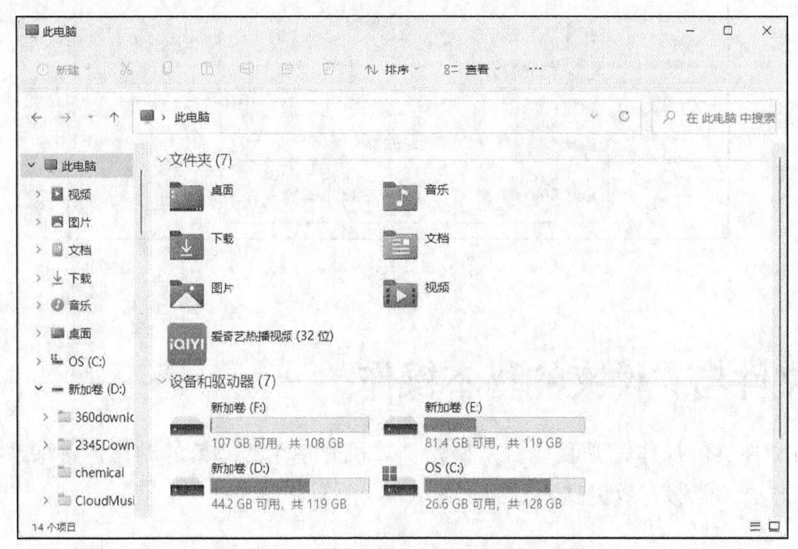

图 5-7

2. 单击“查看”，如图 5-8 所示，选择“显示”选项，再选择“隐藏的项目”，就可以看到原来隐藏的文件或文件夹了。

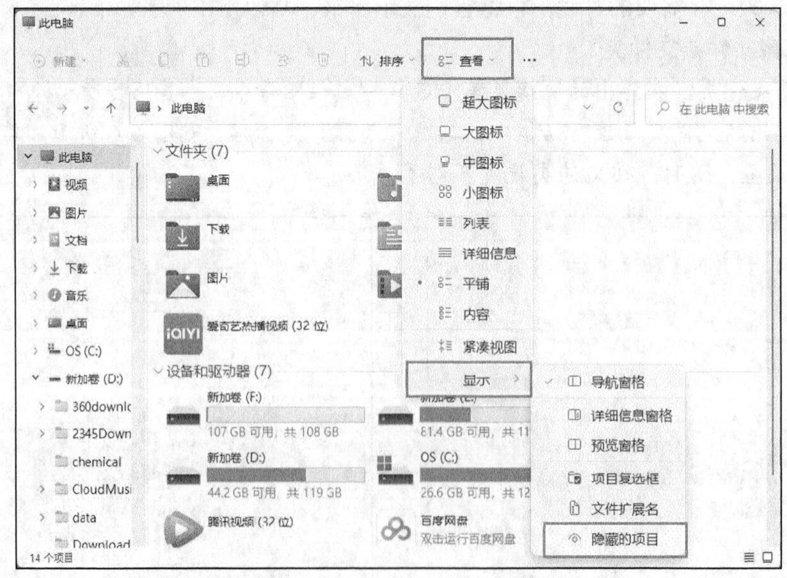

图 5-8

5.2.2 新建文件与文件夹

新建文件或者文件夹是我们在日常使用计算机的过程中常用的操作，下面来介绍新建文件或文件夹的便捷方式。

一、新建文件

以新建 Word 文档为例，在桌面空白处单击鼠标右键，在弹出的快捷菜单中选择“新建”命令，然后选择“DOCX 文档”，如图 5-9 所示。

输入 Word 文档的文件名，按 Enter 键完成 Word 文档的新建，如图 5-10 所示。

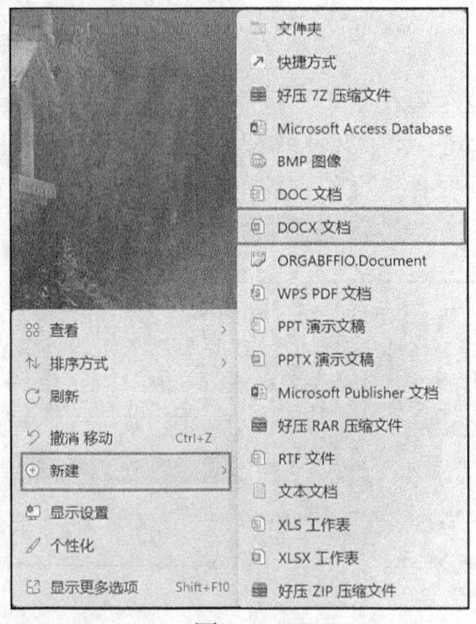

图 5-9

图 5-10

二、新建文件夹

在桌面空白处单击鼠标右键，在弹出的快捷菜单中选择“新建”命令，然后选择“文件夹”，如图 5-11 所示。

输入文件夹的名称，按 Enter 键完成文件夹的新建，如图 5-12 所示。

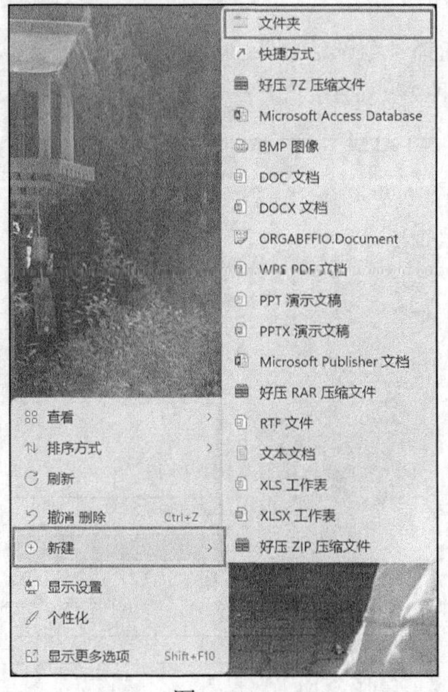

图 5-11

图 5-12

5.2.3 选择文件与文件夹

我们日常在对计算机中的文件或文件夹进行操作时，首先需要选择对的文件或文件夹，下面就来介绍几种选择文件或文件夹的方法。

一、选择单个文件或文件夹

直接单击目标文件或文件夹即可。

二、选择多个文件或文件夹

方法 1：按住 Ctrl 键，然后单击要选择的多个目标文件或文件夹。

方法 2：按住 Shift 键，然后单击第一个文件或文件夹，再单击最后一个文件或文件夹，这时候这两个文件或文件夹及其之间文件或文件夹的都会被选择，此种方式适用于选择连续的文件或文件夹，如图 5-13 所示。

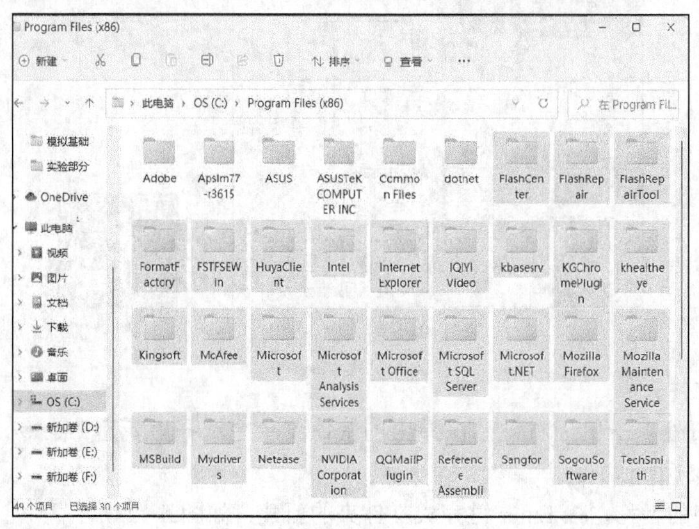

图 5-13

单击[…]图标，在弹出的菜单中选择“全部选择”命令或者按 Ctrl+A 快捷键，则当前窗口中的文件和文件夹会被全部选中，此种方式适用于选择全部文件和文件夹，如图 5-14 所示。

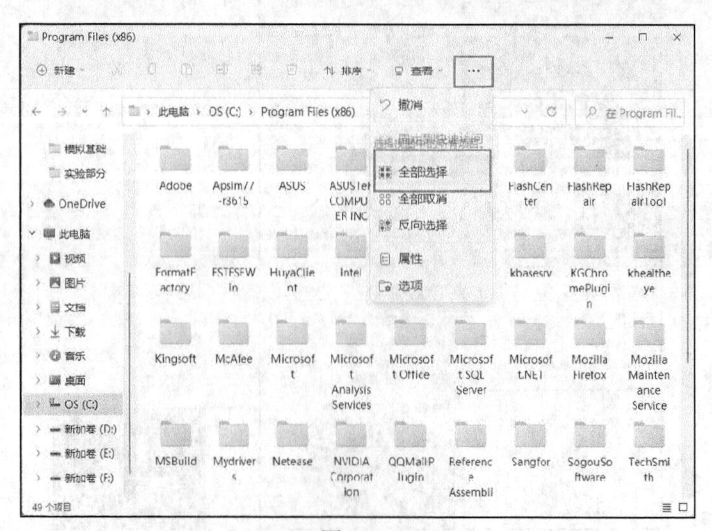

图 5-14

5.2.4 重命名文件或文件夹

在日常操作文件或文件夹的过程中，经常会碰到需要修改文件名称或文件夹名称的情况，在 Windows 11 中，文件的编辑也变得更加简单。下面来介绍一下具体的操作方法。

方法 1：打开资源管理器，找到并选中需要重命名的文件或文件夹，单击窗口上部的“重命名”按钮，然后输入新的名称即可，如图 5-15 所示。

方法 2：单击需要重命名的文件或文件夹，按 F2 键，此时文件或文件夹状态变化为图 5-16 所示的样式，输入新的名称，按 Enter 键即可完成重命名。

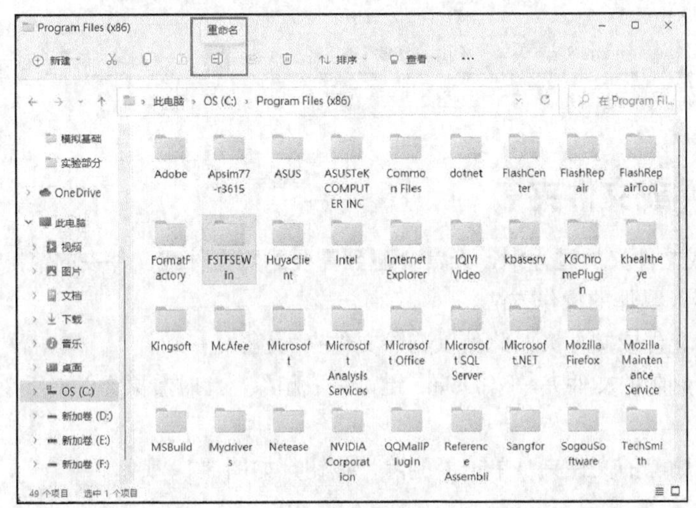

图 5-15

图 5-16

5.2.5 复制文件或文件夹

在日常操作文件或文件夹的过程中，经常会碰到需要复制文件或文件夹的情况。下面来介绍一下常见的几种场景，具体操作步骤如下。

如果需要复制的文件或文件夹源文件保存在桌面上时，此处以文件夹为例，具体操作步骤如下。

1. 单击需要复制的文件夹，按 Ctrl+C 快捷键。

2. 选择需要复制到的目标位置，按 Ctrl+V 快捷键，稍等片刻，即可看到文件夹已经被复制到目标位置。

在 Windows 11 的资源管理器中，“复制”按钮如图 5-17 所示。

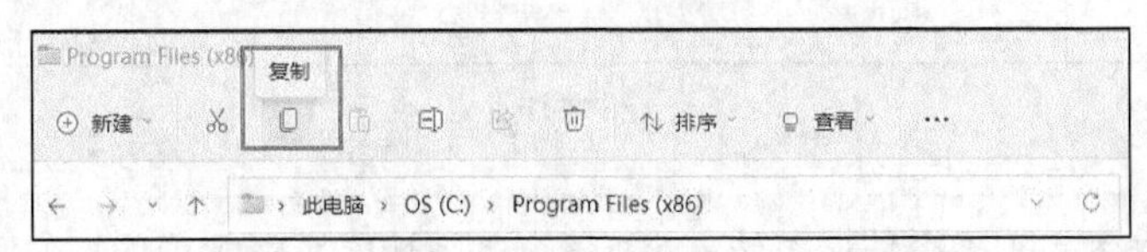

图 5-17

5.2.6 移动文件或文件夹

在日常操作文件或文件夹的过程中，经常会碰到需要移动文件或文件夹的情况。下面就来介绍一下常见的操作方法。

如果需要移动的文件或文件夹源文件保存在桌面上时，此处以文件夹为例，具体操作步骤如下。

1. 单击需要移动的文件夹，按 Ctrl+X 快捷键。
2. 选择需要移动到的目标位置，按 Ctrl+V 快捷键，稍等片刻，即可看到文件夹已经被移动。

在 Windows 11 的资源管理器中，“剪切”按钮如图 5-18 所示。

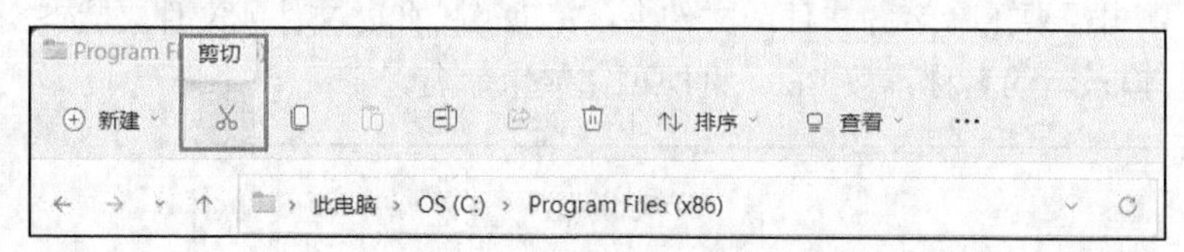

图 5-18

5.2.7 删除文件或文件夹

在日常操作文件或文件夹的过程中，经常会碰到需要删除文件或文件夹的情况。下面介绍一下常见的几种场景及具体的操作方法。

场景 1：临时删除文件或文件夹，此处以删除文件夹为例。

方法 1：单击需要删除的文件夹，按 Delete 键，完成删除，此时看原文件夹所在位置已无此文件夹。

方法 2：单击需要删除的文件夹，单击“删除”按钮，如图 5-19 所示。

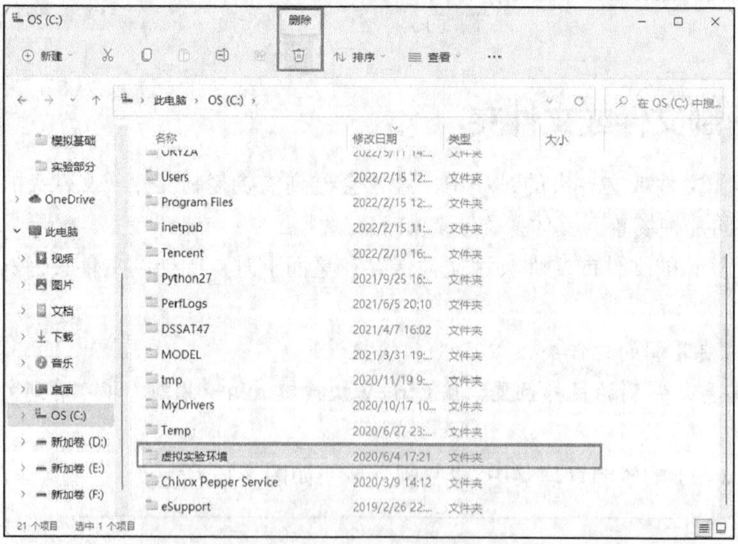

图 5-19

说明 采用此种方式删除文件或文件夹，并不会彻底删除文件或文件夹，刚刚删除的文件或文件夹在“回收站”中可以找到，我们可以通过回收站进行文件或文件夹的恢复。双击桌面上的“回收站”图标，弹出的窗口如图 5-20 所示，可以看到刚刚被删除的文件夹。右击文件夹，在弹出的快捷菜单中选择“还原”命令，如图 5-21 所示，即可将该文件夹还原到原位置。

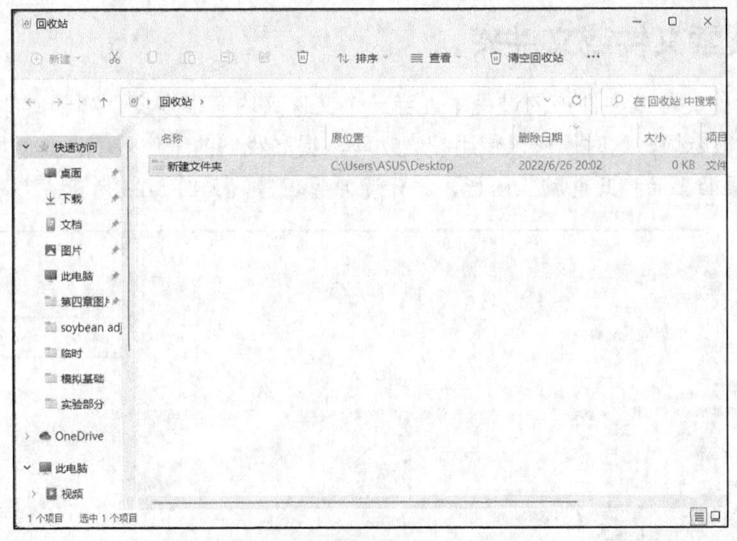

图 5-20

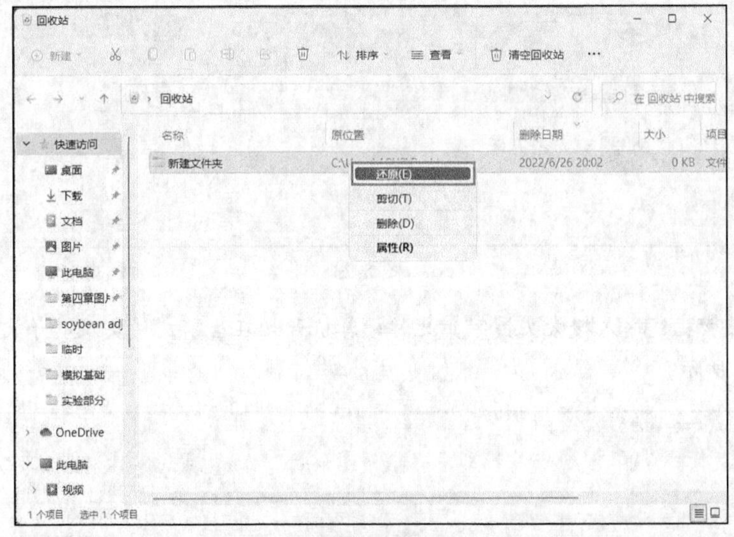

图 5-21

场景 2：永久删除文件或文件夹，此处以删除文件夹为例。

1. 单击需要删除的文件夹，按 Shift+Delete 快捷键，弹出图 5-22 所示的对话框。

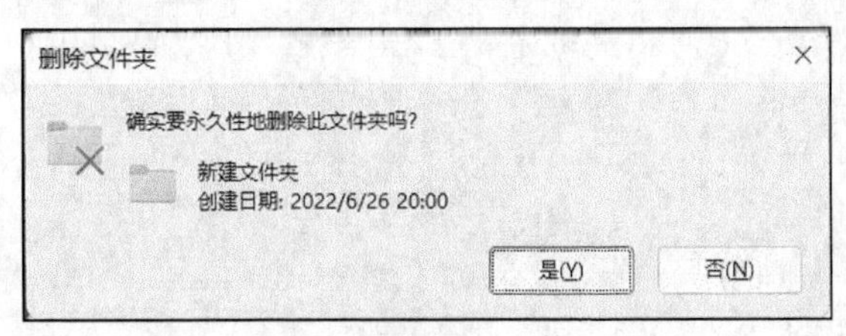

图 5-22

2. 单击“是”按钮，完成删除，此时看原文件夹所在位置已无此文件夹。

说明 采用此种方式进行文件或文件夹的删除，会彻底删除文件或文件夹，此时“回收站”中，不会有相应文件或文件夹供我们还原，所以删除时请慎重。

5.2.8 搜索文件或文件夹

在日常操作文件或文件夹的过程中，当一个文件夹内有很多文件和子文件夹时，要找一个文件会变得很麻烦，这时候可以使用搜索功能，提高我们的工作效率，具体操作步骤如下。

1. 双击桌面上的“此电脑”图标，打开资源管理器，如图 5-23 所示。

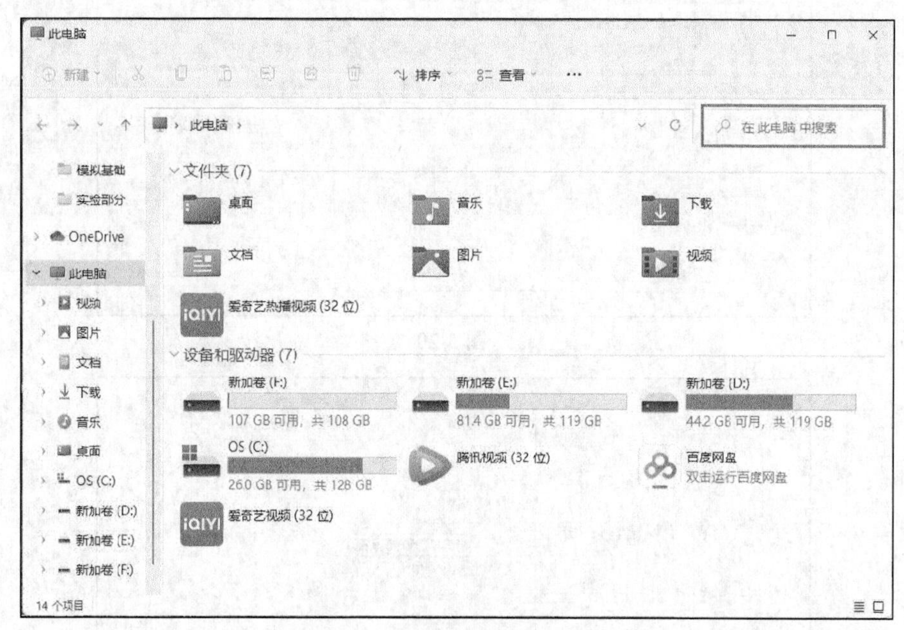

图 5-23

2. 单击搜索框，输入搜索关键字，此时计算机开始在当前文件夹及其子文件夹中进行搜索，如图 5-24 所示。

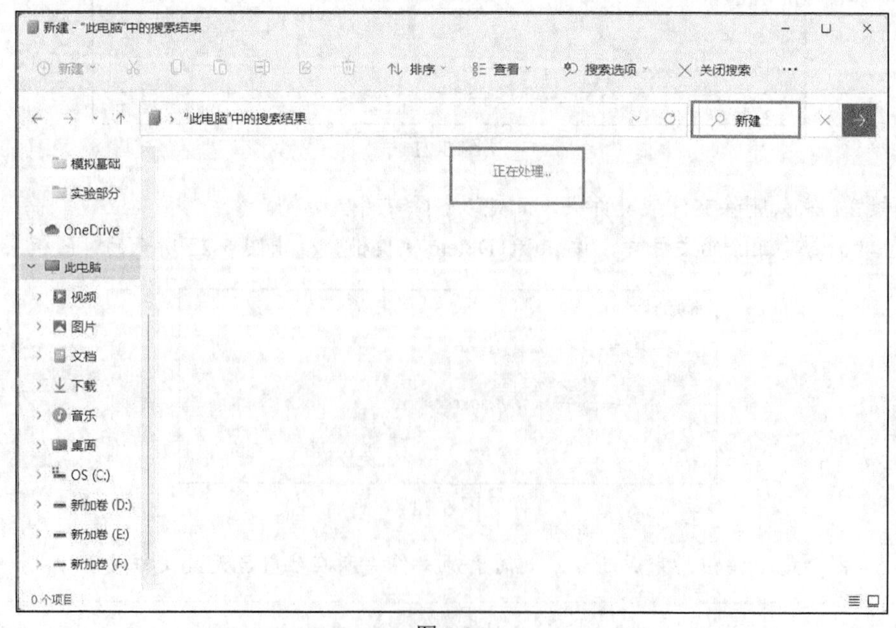

图 5-24

3. 搜索完成后，如果搜索到结果，搜索结果会在结果区列出来，如图 5-25 所示。

图 5-25

5.3　文件与文件夹的设置

文件和文件夹都是 Windows 11 中重要的基本概念，在我们日常的计算机操作中，几乎所有的操作对象都是文件和文件夹。下面就来介绍文件和文件夹的设置。

5.3.1　设置文件属性

文件属性定义了文件的某种独特性质。常见的文件属性有系统属性、隐藏属性、只读属性和归档属性，下面一一进行介绍。

一、系统属性

文件的系统属性是针对系统文件的，它将被隐藏起来。在一般情况下，系统文件不能被查看，也不能被删除。系统属性是操作系统对重要文件的保护属性，防止这些文件被意外损坏。

二、隐藏属性

在查看磁盘文件的名称时，系统一般不会显示具有隐藏属性的文件，具有隐藏属性的文件不能被删除、复制和更名。

三、只读属性

对于具有只读属性的文件，可以查看它的名字，它能被应用，也能被复制，但不能被修改和删除。如果将可执行文件设置为只读文件，不会影响它的正常执行，但可以避免被意外删除和修改。

四、存档属性

一个文件被创建之后，系统会自动为其设置存档属性，这个属性常用于文件的备份。

下面以文件夹为例来介绍如何设置属性，具体操作步骤如下。

1. 右击需要设置属性的文件夹，在弹出的快捷菜单中选择“属性”命令，如图 5-26 所示。

图 5-26

2. 在弹出的对话框中，可以设置文件夹的各种属性，如图 5-27 所示。

3. 选择“常规”选项卡，查看文件夹的基本属性内容，如文件夹的类型、所在位置、大小、占用的磁盘空间、文件夹内包含的文件及子文件夹个数。勾选“只读”“隐藏”复选框，可以设置文件的“只读”“隐藏”属性，如图 5-28 所示。

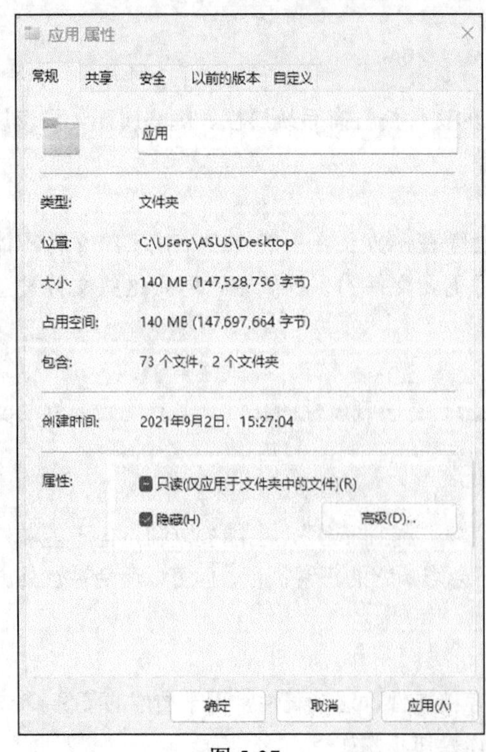

图 5-27

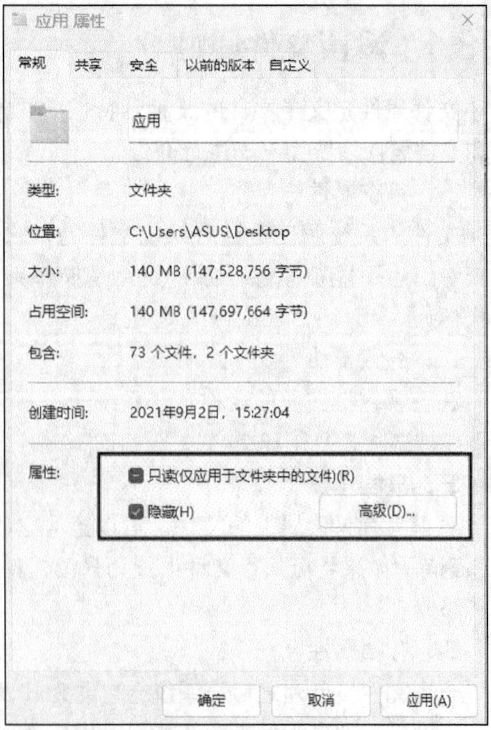

图 5-28

4. 单击“高级”按钮，弹出“高级属性”对话框，如图 5-29 所示。在该对话框中可以设置存档文件夹、索引文件夹、压缩属性等。

- 选择“共享”选项卡，可以设置文件夹的共享属性，如图 5-30 所示。

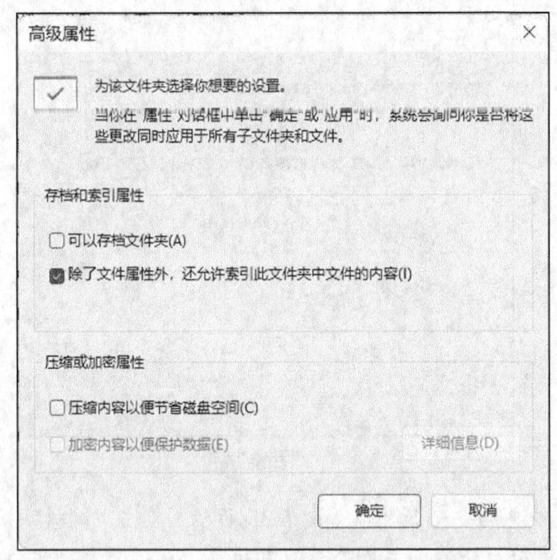

图 5-29

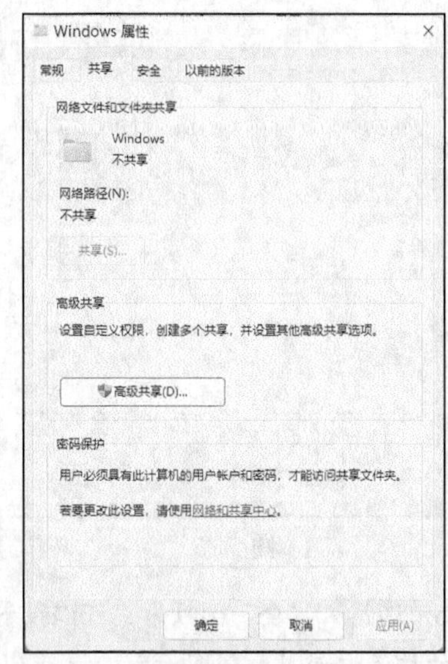

图 5-30

- 单击“共享”按钮，弹出“网络访问”对话框，如图 5-31 所示。在文本框内输入想要共享的用户名称，单击“添加”按钮，即可将该用户添加到共享用户清单中，单击“共享”按钮即可共享此文件夹。
- 单击“高级共享”按钮，弹出“高级共享”对话框，如图 5-32 所示。勾选“共享此文件夹”复选框，可以进行共享名、同时共享用户数量限制、注释的设置。单击“权限”按钮，弹出“新建文件夹的权限”对话框，如图 5-33 所示，可以针对不同用户，分别设置“完全控制”“更改”“读取”权限。在“高级共享”对话框中，单击“缓存”按钮，弹出“脱机设置”对话框，如图 5-34 所示，可以设置脱机用户可用的文件和程序（如果有）的相关属性。

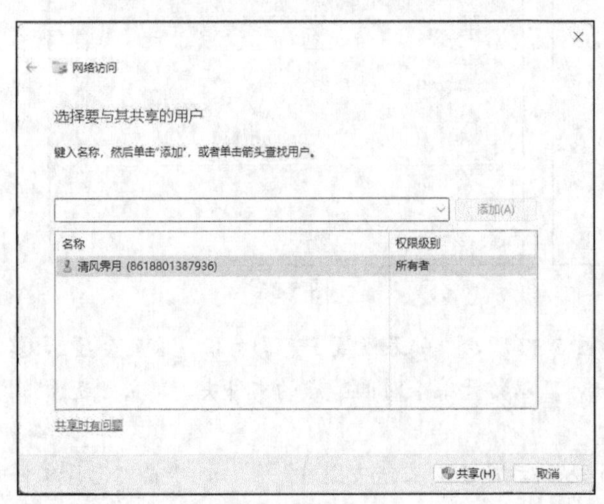

图 5-31

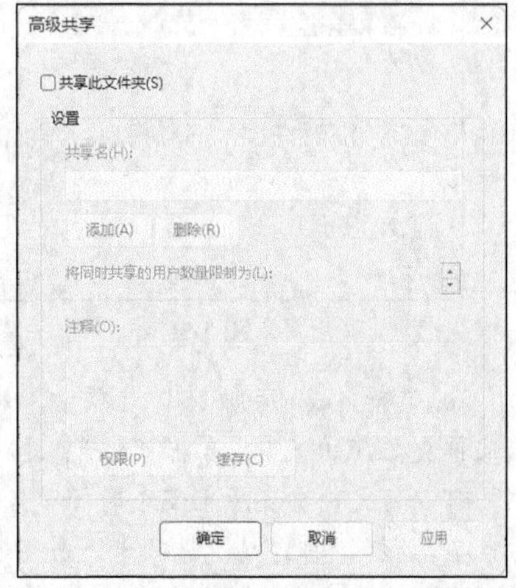

图 5-32

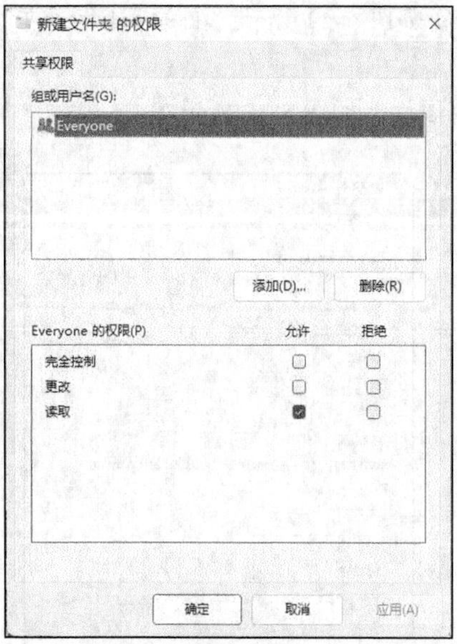

图 5-33

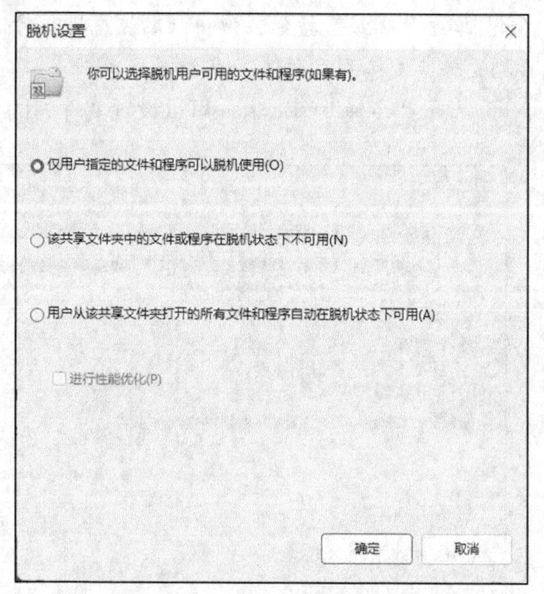

图 5-34

5. 选择“安全”选项卡，可以设置文件夹的安全属性，如图 5-35 所示。单击“编辑”按钮，弹出的对话框如图 5-36 所示，在此可以设置用户的添加与删除，以及权限“允许”与“拒绝”。

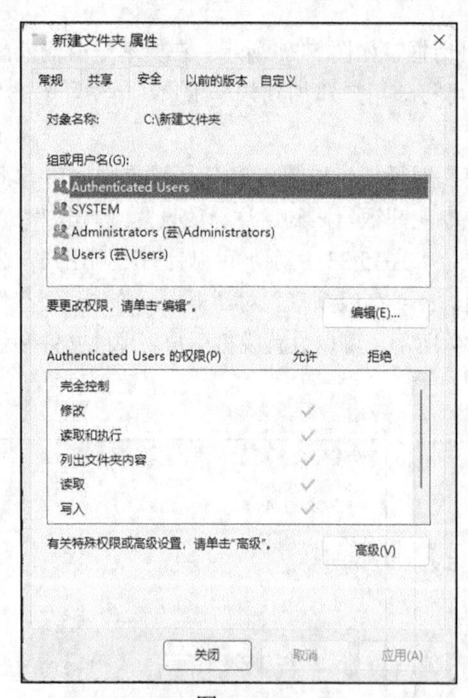

图 5-35

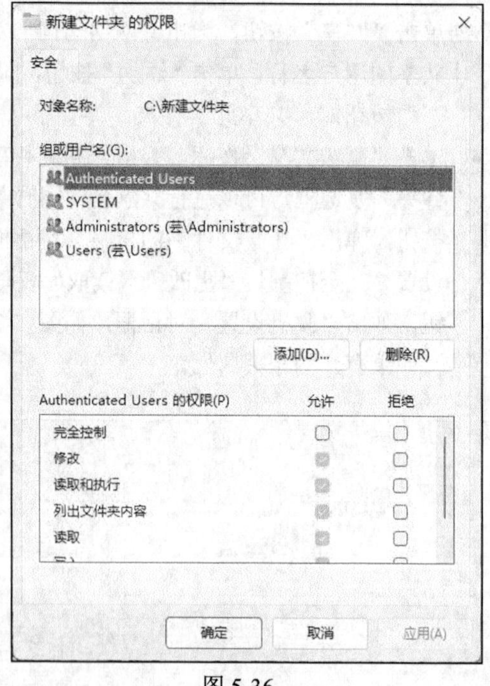

图 5-36

6. 选择“以前的版本”选项卡，如图 5-37 所示。如果设置了卷影备份，这里会显示文件或文件夹之前的版本，单击“打开”按钮，可以打开某个时间节点的文件夹，单击“还原”按钮，可以将文件夹还原至某个时间节点。

7. 选择“自定义”选项卡，如图 5-38 所示。在“文件夹图片”区域，单击“选择文件”按钮，在弹出的对话框中选择图片，单击“打开”按钮，可以设置所选图片为该文件夹默认显示的缩略图，设置后的效果如图 5-39 所示。

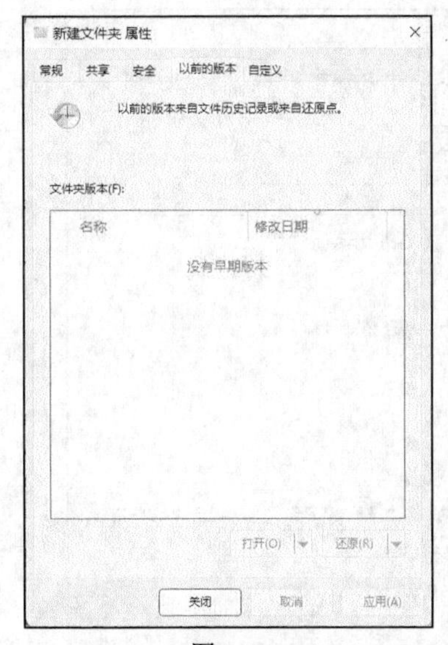

图 5-37

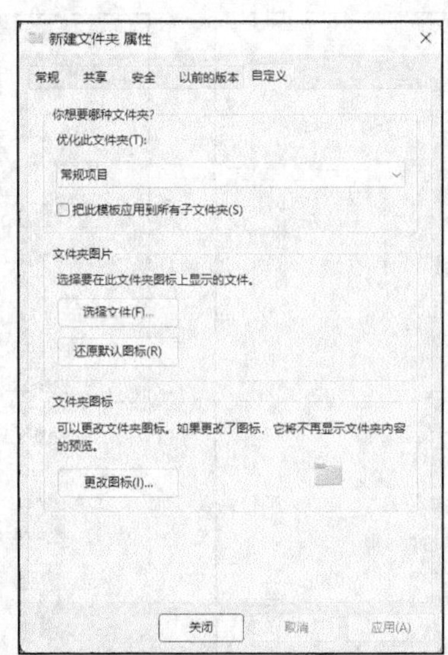

图 5-38

图 5-39

- 单击“还原默认图标”按钮，即可还原文件夹默认显示的缩略图。
- 单击“更改图标”按钮，弹出的对话框如图 5-40 所示。在该对话框中可以设置文件夹的图标样式，或者还原文件夹默认图标样式。

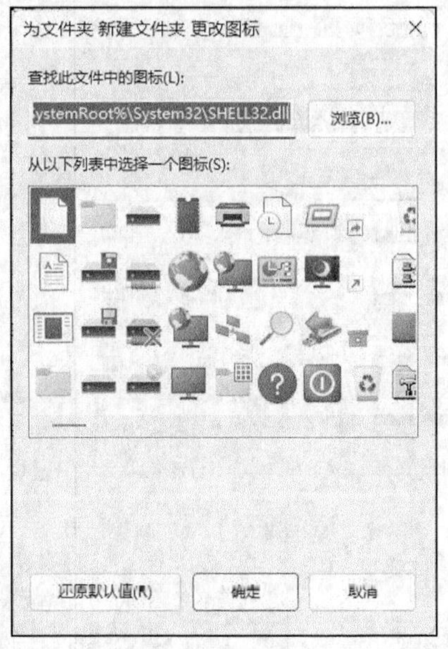

图 5-40

5.3.2 设置个性化的文件夹图标

系统默认的文件夹图标只有一种，我们可以对其进行个性化设置，具体操作步骤如下。

1. 右击文件夹，在弹出的快捷菜单中选择“属性”命令，弹出的对话框如图 5-41 所示。

2. 选择“自定义”选项卡，如图 5-42 所示。单击“更改图标”按钮，弹出的对话框如图 5-43 所示，选择想要的图标后，单击“确定”按钮，返回属性设置对话框，单击“应用”按钮后，再单击“确定”按钮，完成设置，最终效果如图 5-44 所示。

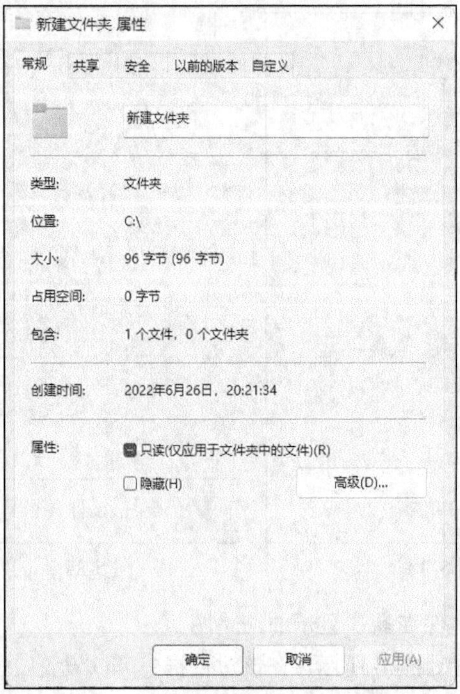

图 5-41

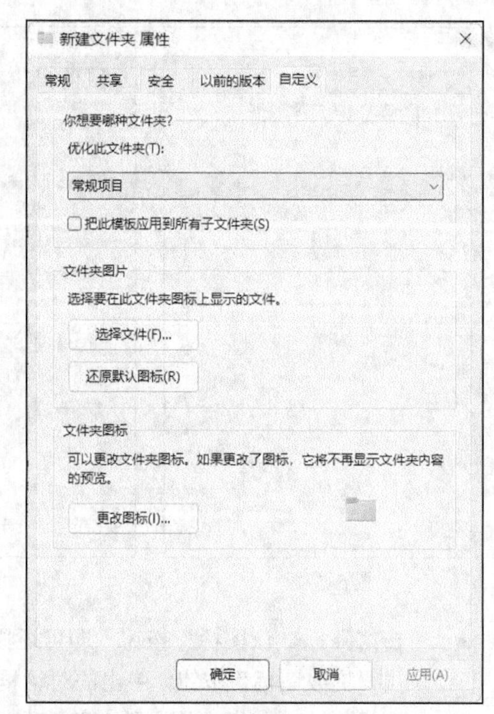

图 5-42

图 5-43

图 5-44

5.4 通过库管理文件

如果用户的计算机中有很多文件夹，这些文件夹中又有许多子文件夹，这样整理起来会很麻烦。Windows 11 沿袭了“库”的概念，用户可以通过库这种方式更方便地管理文件。下面就来详细介绍一下库的使用。

5.4.1 库式存储和管理

库把搜索功能和文件管理功能整合在一起，改变了 Windows 传统的资源管理器烦琐的管理模式。库所倡导的是通过搜索和索引方式来访问所有资源，抛弃原先使用文件路径、文件名进行访问的方式。

库实际上是一个特殊的文件夹，不过系统并不是将所有的文件保存到库里，而是将分布在硬盘上不同位置的同类型文件进行索引，将文件信息保存到库中。

在 Windows 11 中，库默认是不显示的，我们需要将它显示出来，具体操作步骤如下。

1. 在桌面上双击“此电脑”图标，打开资源管理器，在窗口的上部，单击 ··· 图标，然后选择“选项”命令，如图 5-45 所示，弹出的对话框如图 5-46 所示。

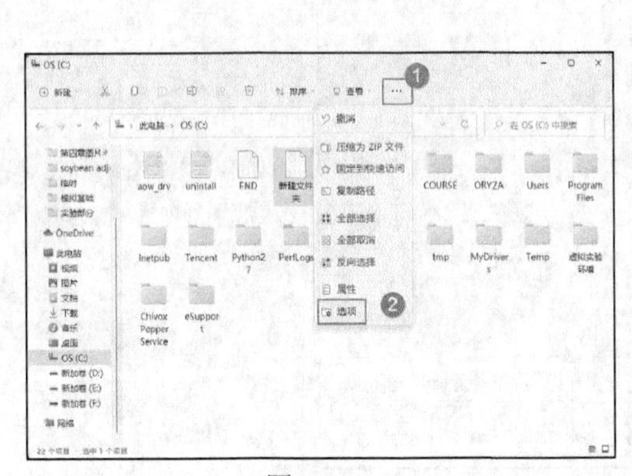

图 5-45

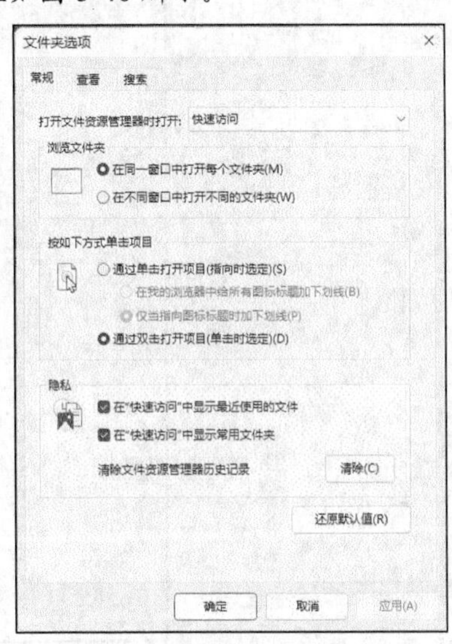

图 5-46

2. 选择“查看”选项卡，在“高级设置”区域，勾选“显示库”复选框，如图 5-47 所示。单击“确定”按钮，完成设置，此时在资源管理器左侧的导航窗格中，即可看到“库”文件夹，如图 5-48 所示。

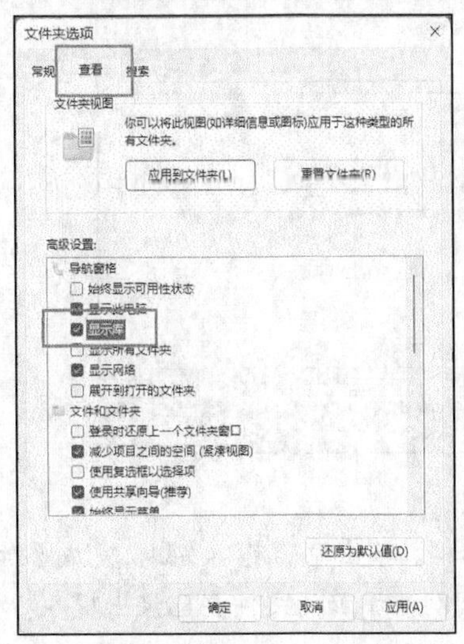

图 5-47

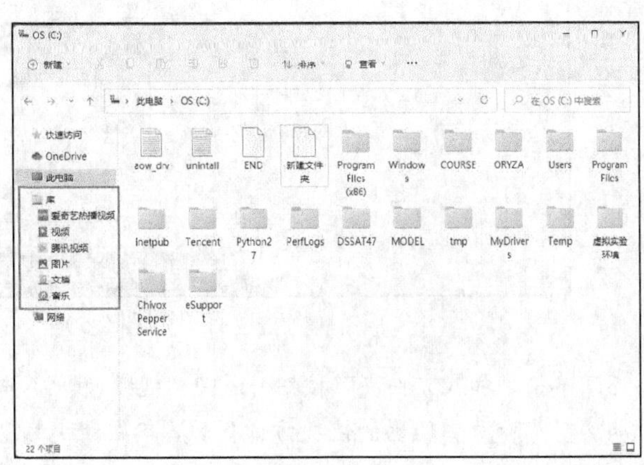

图 5-48

5.4.2　活用库分类管理文件

Windows 11 的库提供了强大的文件管理功能，可以将散落在磁盘各个地方的文件或文件夹整合到一起，且不影响原来文件和文件夹的位置，那么如何利用库来管理文件呢？

下面以视频库为例进行库的介绍，具体操作步骤如下。

1. 在桌面上双击“此电脑”图标，打开资源管理器，右击“视频”，在弹出的快捷菜单中选择“属性”命令，弹出的对话框如图 5-49 所示。

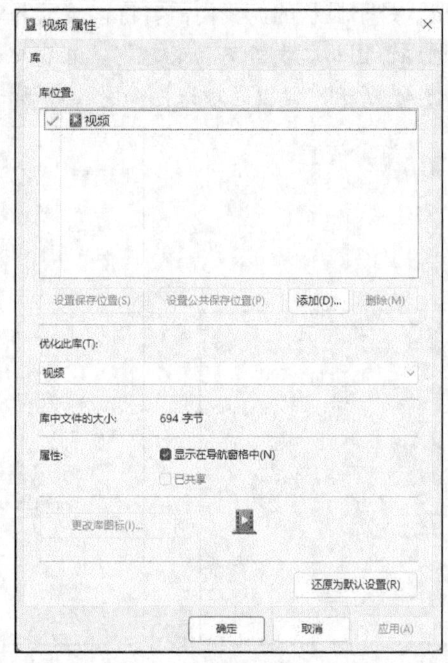

图 5-49

2. 单击“添加”按钮，在弹出的对话框中选择要加入的文件夹，如图 5-50 所示。

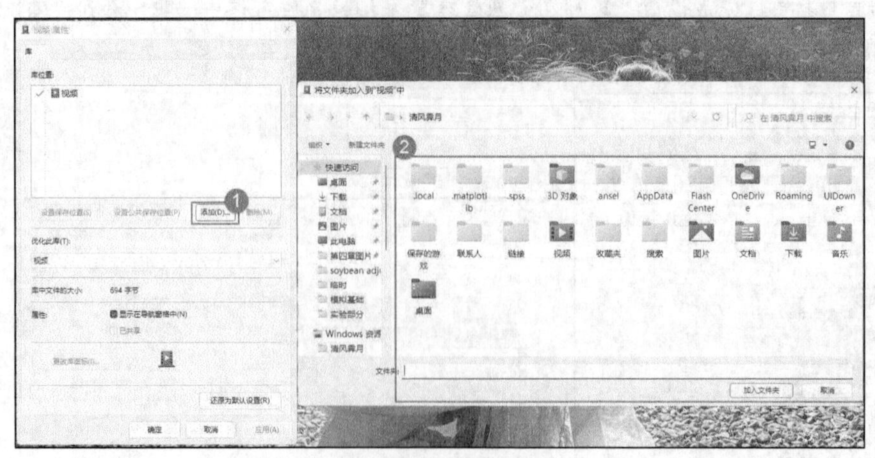

图 5-50

3. 单击“加入文件夹”按钮，返回“视频 属性”对话框，单击“确定”按钮，完成添加。

4. 查看资源管理器的快捷方式区域，单击“视频”，刚刚新添加的文件夹已经出现在“视频”库里。

5.4.3　库的建立与删除

Windows 11 自带库的文件夹里面一开始只有默认的几个库，我们可以根据实际需要自定义新的库，具体操作步骤如下。

一、新建库

1. 在桌面上双击“此电脑”图标，弹出资源管理器，在窗口左侧区域右击“库”，在弹出的快捷菜单中选择“显示更多选项”命令，如图 5-51 所示；再选择“新建”/“库”命令，如图 5-52 所示。

图 5-51

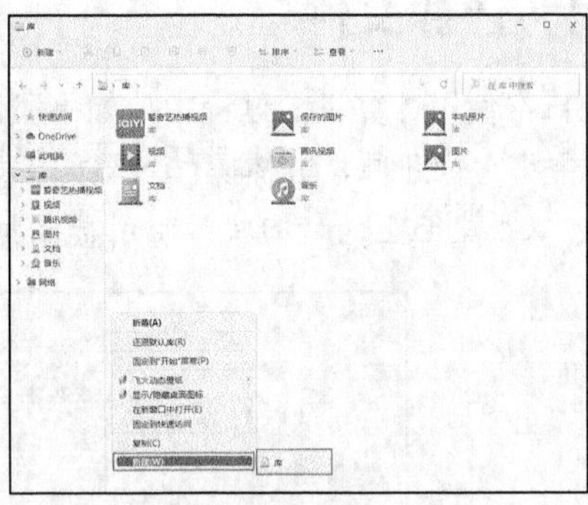

图 5-52

2. 输入库的名称，然后按 Enter 键，即可完成库的新建，如图 5-53 所示。

图 5-53

二、删除库

选中不需要的库，右击，在弹出的快捷菜单中单击 图标，如图 5-54 所示。

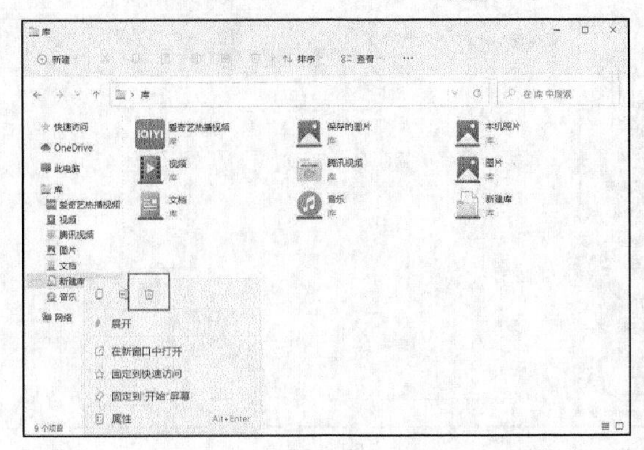

图 5-54

5.5 管理回收站

回收站是微软 Windows 操作系统里的一个系统文件夹，主要用来存放用户临时删除的文档资料、应用软件等，存放在回收站的文件可以恢复。用好、管理好回收站，以及打造富有个性功能的回收站可以更加方便我们进行日常的文档维护工作，下面我们就来介绍回收站的基本使用方法。

5.5.1 还原文件

在日常使用计算机的过程中，如果我们不小心将文件删除了（还在回收站里面），可以在回收站中将它们还原，具体操作步骤如下。

1. 双击桌面上的“回收站”图标，打开“回收站”窗口，如图 5-55 所示。

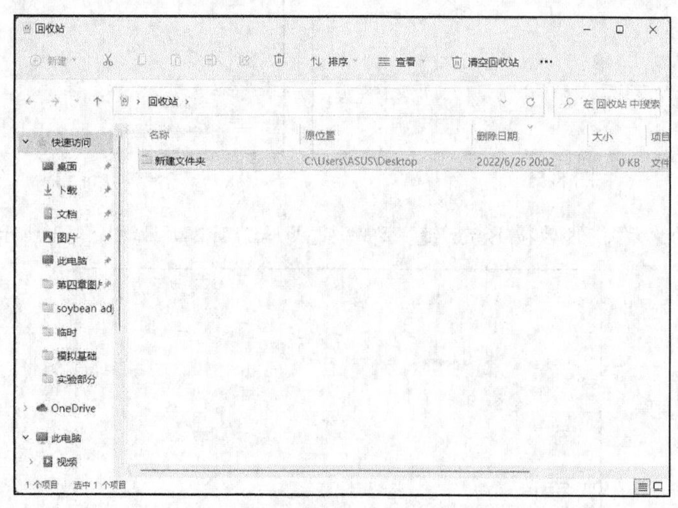

图 5-55

2. 选中需要还原的文件，右击，在弹出的快捷菜单中选择“还原”命令，如图 5-56 所示，即可完成资源的还原。

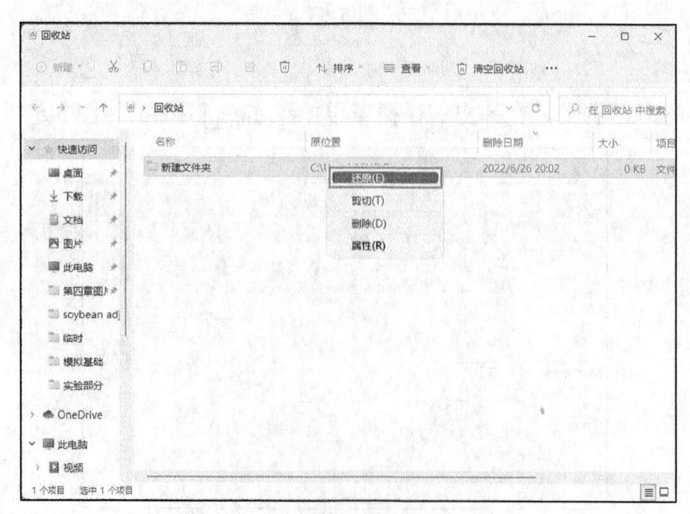

图 5-56

3. 如果单击功能区中的“还原所有项目”按钮，则该回收站内的所有内容，将被还原到原位置，如图 5-57 所示。

图 5-57

5.5.2 彻底删除文件

在日常使用计算机的过程中，多数在回收站中的文件都是我们不需要、可以进行彻底删除的，下面来介绍如何彻底删除回收站中的内容，具体操作步骤如下。

1. 双击桌面上的“回收站”图标，打开“回收站”窗口，如图 5-58 所示。

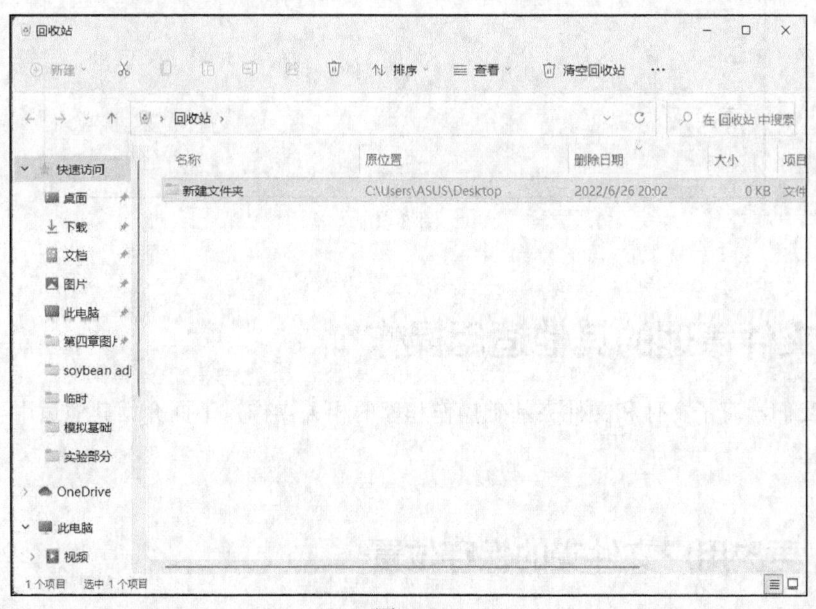

图 5-58

2. 选择需要彻底删除的资源，右击，在弹出的快捷菜单中选择“删除”命令，如图 5-59 所示，在弹出的对话框中，单击“是”按钮，即可完成资源的彻底删除。

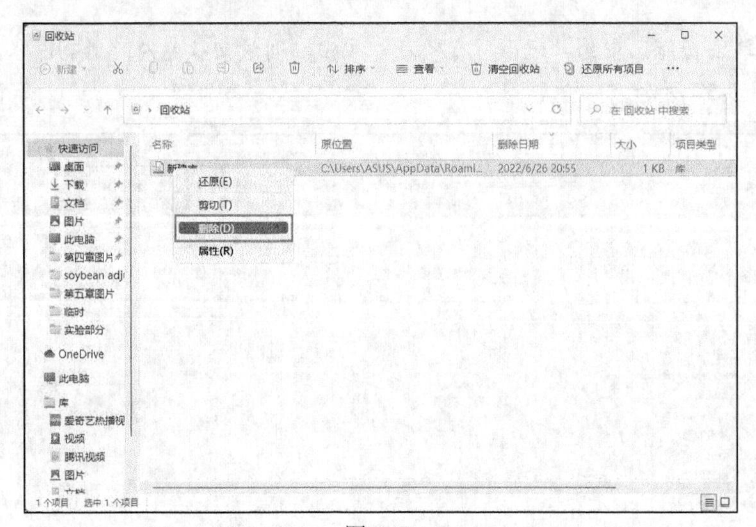

图 5-59

3. 如果在功能区中单击“清空回收站”按钮，如图 5-60 所示，则可以一次性删除“回收站”中的所有资源。

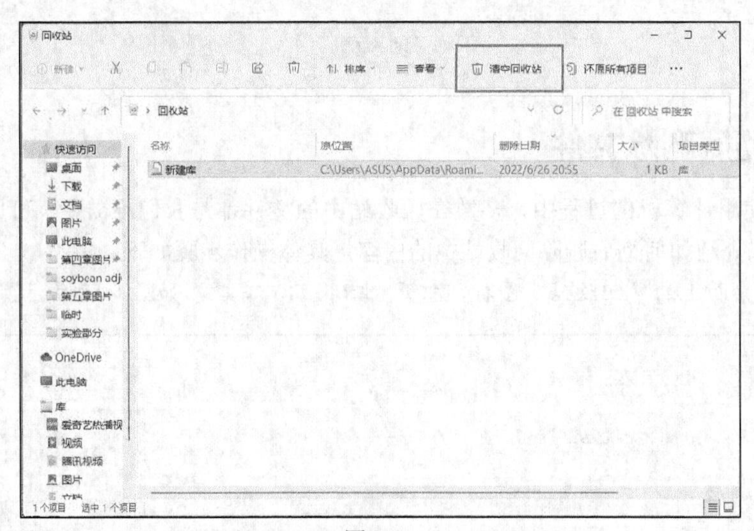

图 5-60

5.6　文件管理的其他适用操作

前面我们学习了文件和文件夹基础操作和库的相关操作，下面介绍其他适用于文件管理的操作。

5.6.1　更改用户文件夹的保存位置

在 Windows 11 中，用户的文件夹默认保存在 C 盘里面。如果我们经常需要重新安装操作系统或者进行其他格式化 C 盘的操作，则文件很容易被删除，因此我们可以更改用户文件夹的保存位置，避免文件的丢失。那么修改 Windows 11 个人文件夹的位置应该怎么做呢？有两种方法。

方法 1。

以个人文件夹内的音乐文件夹为例，默认的个人文件夹是建立在 C 盘的 Users 文件夹内的，如图 5-61 所示。

1. 右击需要更改位置的文件夹，在弹出的快捷菜单中选择“属性”命令打开“音乐 属性”对话框，如图 5-62 所示。

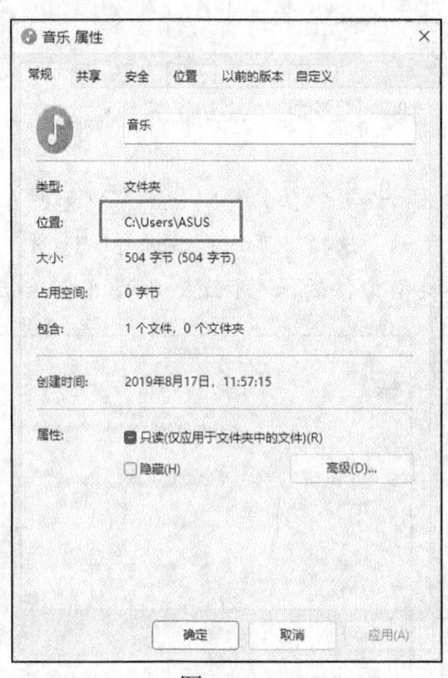

图 5-61

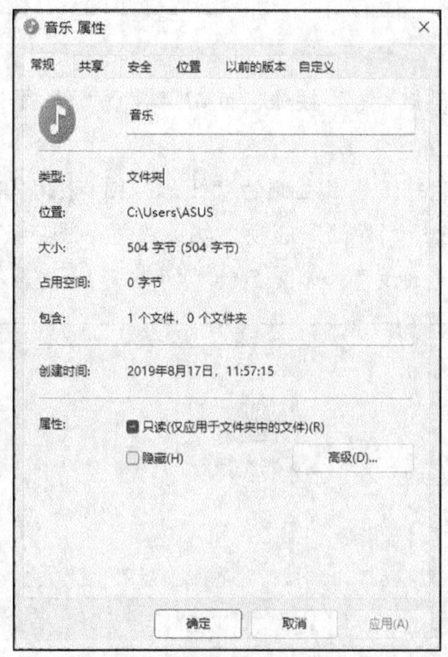

图 5-62

2. 在弹出的对话框中选择“位置”选项卡，然后单击“移动”按钮，如图 5-63 所示。

3. 在弹出的对话框中，选择要移动到的目标文件夹，然后单击“选择文件夹”按钮，返回“位置”选项卡，如图 5-64 所示。

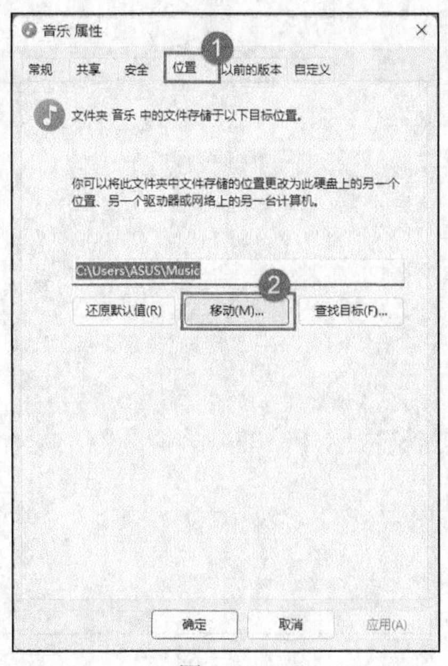

图 5-63

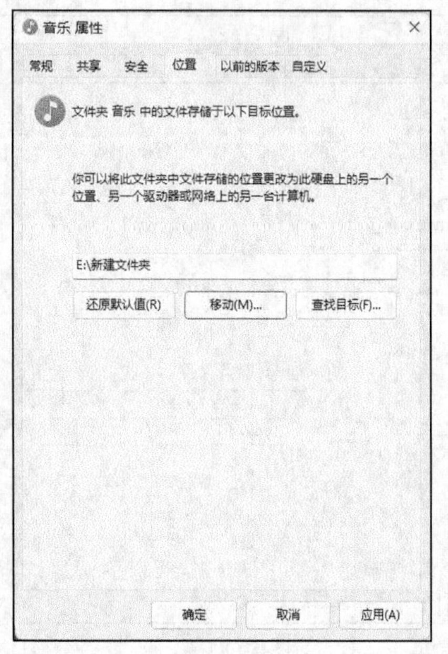

图 5-64

4. 单击“应用”按钮，弹出的对话框如图 5-65 所示。

图 5-65

5. 单击“是”按钮，返回“位置”选项卡，单击“确定”按钮，完成设置。

方法 2。

1. 单击任务栏左侧的“开始”图标，单击“设置”按钮，弹出的窗口如图 5-66 所示。

2. 选择“存储”选项，相关设置如图 5-67 所示。选择“高级存储设置”选项，选择“保存新内容的地方”，如图 5-68 所示；可以设置各类型文件的保存位置，如图 5-69 所示。

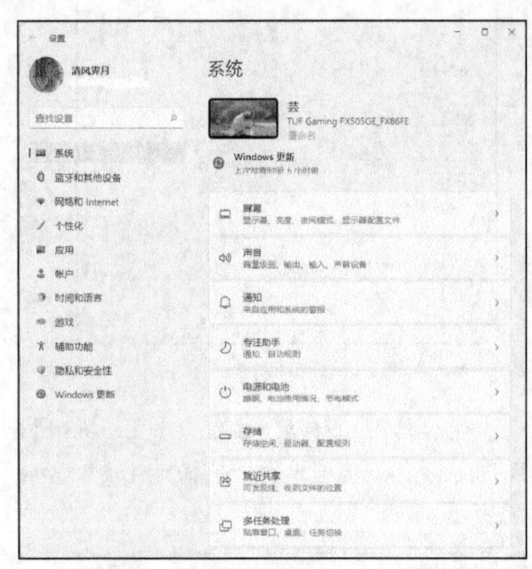

图 5-66

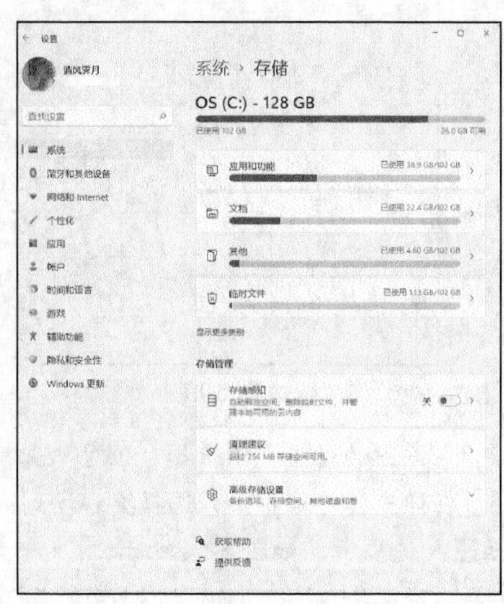

图 5-67

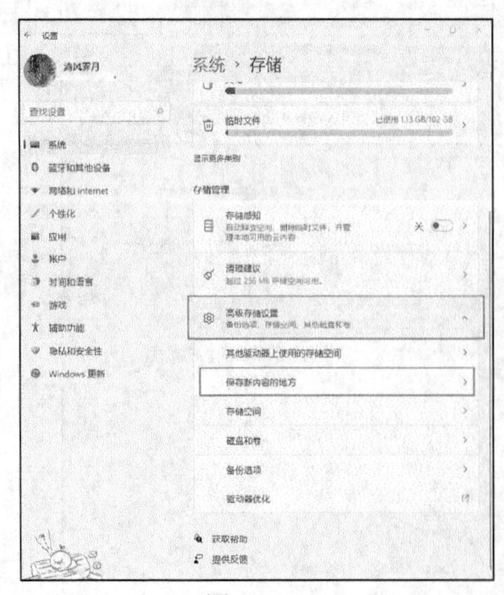

图 5-68

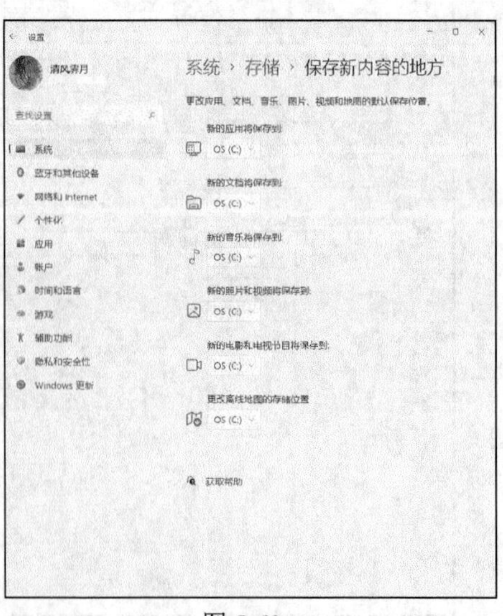

图 5-69

5.6.2 修改文件的默认打开方式

有时候计算机上的同类软件有很多，比如视频软件就有很多种。我们在安装视频软件的时候，软件会自动关联计算机内的所有视频文件；当以后我们打开视频文件的时候，系统会自动使用此软件。而有时候我们并不喜欢用默认软件打开相应的文件，那么我们应该如何修改某个文件的默认打开方式呢？具体操作步骤如下。

1. 右击文件，在弹出的快捷菜单中选择“属性”命令，弹出的对话框如图 5-70 所示。
2. 在“常规”选项卡中，单击“更改”按钮，弹出的对话框如图 5-71 所示。

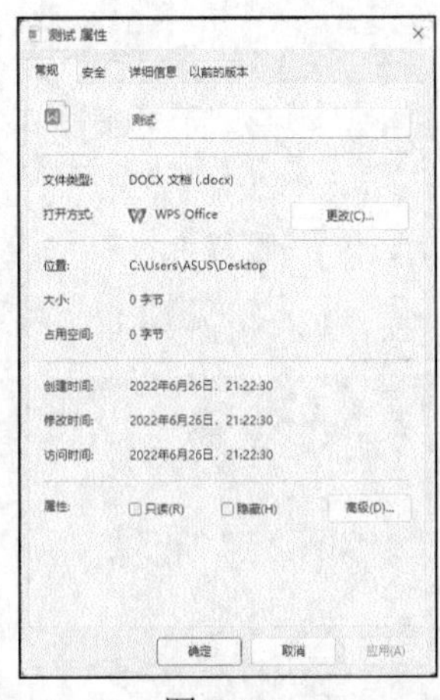

图 5-70

图 5-71

3. 在弹出的对话框的列表中，选择一种软件作为该文件的默认打开软件，单击“确定”按钮，完成设置。

5.6.3 批量重命名文件

在日常操作计算机中文件的过程中，有时会需要同时修改很多同类型文件的文件名，一个个地重命名是个体力活，且效率低下，那么有没有批量重命名的方法呢？答案是有的。下面就给大家介绍一下批量重命名文件的方法，具体操作步骤如下。

1. 选择需要重命名的全部文件，然后单击“重命名”按钮，如图 5-72 所示。

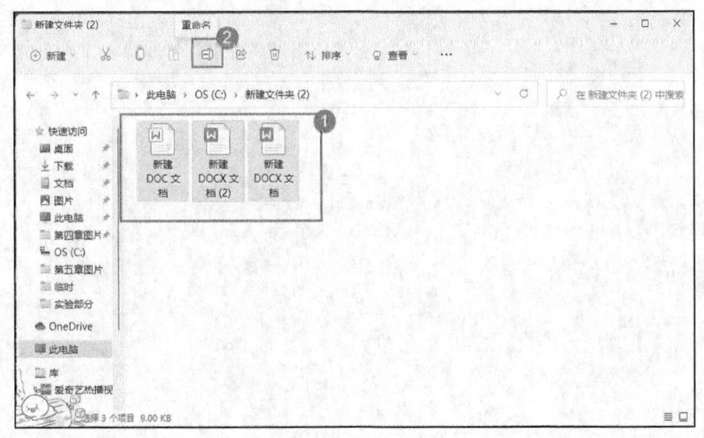

图 5-72

2. 输入新的名称，按 Enter 键，可以看见，所有文件均被重命名了，如图 5-73 所示。

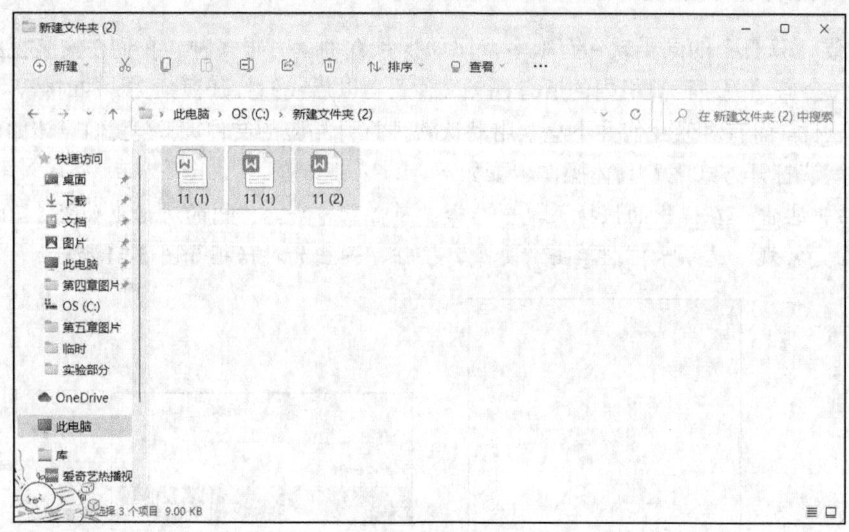

图 5-73

第6章 精通 Windows 11 文件系统

文件系统是 Windows 11 十分核心的概念，我们之前介绍的文件和文件夹的管理和操作都是基于文件系统来实现的，用户无须关心文件在操作系统中是如何存储的，只需要知道在文件系统中如何根据规则和方法来查找和操作文件即可。Windows 11 支持多种类型的文件系统，本章将详细介绍有关文件系统的高级管理操作。

6.1 文件系统简介

文件系统是操作系统用于明确存储设备（常见的是磁盘，也有基于 NAND Flash（与非型闪存）的固态硬盘）或分区的文件的方法和数据结构，即在存储设备上组织文件的方法。操作系统中负责管理和存储文件信息的软件机构称为文件管理系统，简称文件系统。文件系统由 3 部分组成：文件系统的接口、对象操纵和管理的软件集合、对象及属性。从系统角度来看，文件系统是对文件存储设备的空间进行组织和分配，负责文件存储并对存入的文件进行保护和检索的系统。具体地说，它负责为用户建立文件，存入、读出、修改、转储文件，控制文件的存取，当用户不再使用时撤销文件等。下面介绍几种在 Windows 11 中常用的文件系统。

6.1.1 FAT 文件系统

FAT 是 File Allocation Table（文件分配表）的缩写，是微软在 DOS/Windows 系列操作系统中共用的一种文件系统的总称。它几乎被所有的操作系统所支持。

FAT 文件系统又分为 3 种，分别是 FAT12、FAT16 和 FAT32。

（1）FAT12。

FAT12 是伴随着 DOS 诞生的“老”文件系统了。它采用 12 位文件分配表，并因此得名。而以后的 FAT 文件系统都按照这样的方式在命名。FAT12 在 DOS 3.0 以前使用，但是在现在，我们都还能找得到这个文件系统：用于软盘驱动器。当然，其他地方的确基本上不使用这个文件系统了。FAT12 可以管理的磁盘容量是 8MB。在当时没有硬盘的情况下，这个磁盘管理能力是非常强大的。

（2）FAT16。

在 DOS 2.0 的使用过程中，对更大的磁盘进行管理的能力需求已经出现了，所以在 DOS 3.0 中，微软推出了新的文件系统 FAT16。除了采用 16 位字长的分区表外，FAT16 和 FAT12 在其他地方都非常相似。实际上，随着字长增加 4 位，可以使用的簇的总数增加到了 65536。在总的簇数在 4096 之下的时候，应用的还是 FAT12 的分区表，当实际需要超过 4096 簇的时候，应用的是 FAT16 的分区表。刚推出的 FAT16 所能管理的磁盘容量实际上是 32MB。这在当时看来是足够大的。1987 年，硬盘的发展推动了文件系统的发展，DOS 4.0 之后的 FAT16 可以管理 128MB 的磁盘。然后这个数字不断增大，一直到 2GB。在整整 10 年中，2GB 的磁盘管理能力都大大高于实际的需要。需要指出的是，在 Windows 95 系统中，采用了一种比较独特的技术——虚拟文件分配表（Virtual File Allocation Table，VFAT）来解决长文件名等问题。

FAT16 分区格式存在严重的缺点：大容量磁盘的利用效率低。在微软的 DOS 和 Windows 系列中，磁盘文件的分配以簇为单位，一个簇只分配给一个文件使用，不管这个文件占用整个簇容量的多少。这样，即使一个很小的文件也要占用一个簇，剩余的簇空间便全部被闲置，造成磁盘空间的浪费。由于分区表容量的限制，FAT16 分区创建得越大，磁盘上每个簇的容量也越大，从而造成的浪费就越大。所以，为了解决这个问题，微软推出了一种全新的磁盘分区格式 FAT32，并在 Windows 95 OSR2 及以后的 Windows 版本中提供支持。

（3）FAT32。

FAT32 是 FAT 系列文件系统的最后一个产品。FAT32 采用 32 位的文件分配表，磁盘的管理能力大大增强，突破了 FAT16 2GB 的分区容量的限制。由于现在的硬盘生产成本下降，其容量越来越大，运用 FAT32 的分区格式后，我们可以将一个大硬盘定义成一个分区，这大大方便了对磁盘的管理。

FAT32 推出时，主流硬盘空间并不大，所以微软设计在一个不超过 8GB 的分区中，FAT32 分区格式的每个簇都固定为 4KB，与 FAT16 相比，大大减少了磁盘空间的浪费，这就提高了磁盘的利用率。

FAT16 和 FAT32 的优点是兼容性好，可以被绝大部分操作系统识别和使用。但是由于出现得比较早，它们也有很多不足的地方。

- 单文件最大的尺寸：FAT32 支持 4GB，FAT16 只支持 2GB，在高清视频逐渐普及的今天，单个视频文件大小已经远远超出了 4GB。
- FAT16 和 FAT32 都不支持对文件进行高级管理，比如加密、压缩存储、磁盘配额等功能。

6.1.2 NTFS

为了规避 FAT16/FAT32 安全性差、容易产生碎片、难以恢复等缺点，微软在 Windows NT 操作系统和之后的基于 NT 内核的操作系统中使用了新的文件系统，即新技术文件系统（New Technology File System，NTFS）。Windows 11 中提供的高级文件管理功能都是基于 NTFS 来实现的，如图 6-1 所示，这个磁盘使用的文件系统就是 NTFS。

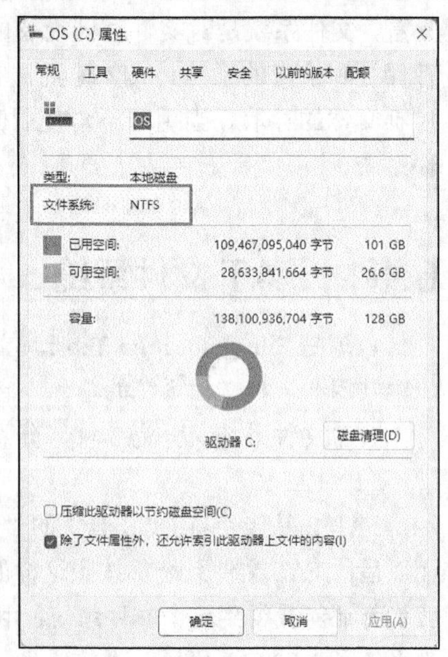

图 6-1

一、NTFS 结构总览

当用户将硬盘的一个分区格式化成 NTFS 分区时，就建立了一个 NTFS 结构。NTFS 与 FAT 文件系统一样，也是以簇为基本单位对磁盘空间和文件存储进行管理的。一个文件总是有若干个簇，即使在最后一个簇没有完全放满的情况下，也是占用了整个簇的空间，这也是造成磁盘空间浪费的主要原因。文件系统通过簇来进行磁盘管理，并不需要知道磁盘扇区的大小，这样就使 NTFS 保持了与磁盘扇区大小的独立性，同时也能让不同大小的磁盘占有合适数量的簇。

NTFS 分区也被称为 NTFS 卷，卷上簇的大小，又称为卷因子，是用户在创建 NTFS 卷时确定的。和 FAT 文件系统一样，卷因子和文件系统的性能有着非常直接的关系。当一个簇占用的空间太小时，会出现太多的磁盘碎片，这样在空间和文件访问时间上会造成浪费；相反，当一个簇占用的空间太大时，直接造成了磁盘空间的浪费。因此，最大限度地优化系统对文件的访问速度和最大限度地减少磁盘空间的浪费是确定簇的大小的主要因素。簇的大小一定是扇区大小的整数倍，通常是 2^n（n 为整数）。

NTFS 使用了逻辑簇号（Logical Cluster Number，LCN）和虚拟簇号（Virtual Cluster Number，VCN ）对卷进行管理。其中 LCN 是卷上第一个簇到最后一个簇的编号，只要知道 LCN 和簇的大小以及 NTFS 卷在物理磁盘中的起始扇区就可以对簇进行定位，而这些信息在 NTFS 卷的引导扇区中可以找到，在系统底层也是用这种方法对文件的簇进行定位的。找到簇在磁盘中的物理位置的计算公式如下。

簇的起始绝对扇区号=每簇扇区数×簇号+卷的隐含扇区数（卷之前的扇区总数）

而 VCN 则是特定文件从头到尾的簇的编号。这样做的原因是方便系统对文件中的数据进行引用。VCN 并不要求在物理上是连续的，要确定 VCN 的磁盘上的定位需先将其转换为 LCN。

NTFS 的主文件表中还记录了一些非常重要的系统数据，这些数据被称为元数据，其中包括用于文件定位和恢复数据结构、引导程序数据及整个卷的分配位图等信息。NTFS 将这些数据都当作文件进行管理，这些文件是用户不能访问的，它们的文件名的第一个字符都是“$”，表示该文件是隐藏的。在 NTFS 中，这样的文件主要有 16 个，包括主文件表（Master File Table，MFT）本身（$MFT）、MFT 镜像、日志文件、卷文件、属性定义表、根目录、位图文件、引导文件、坏簇文件、安全文件、大写文件、扩展元数据文件、重解析点文件、变更日志文件、配额管理文件、对象 ID 文件等，这 16 个元文件总是占据着 MFT 的前 16 项记录，在 16 项以后就是用户建立的文件和文件夹的记录了。

每个文件记录在主文件表中占据的磁盘空间一般为 1KB，也就是两个扇区，NTFS 分配给主文件表的区域大约占据磁盘空间的 12.5%，剩余的磁盘空间用来存放其他元文件和用户的文件。

二、NTFS 的优点

NTFS 的优点如下。

- 更安全的文件保障，提供文件加密，能够大大提高信息的安全性。
- 更好的磁盘压缩功能。
- 支持最大达 2TB 的硬盘，并且随着磁盘容量的增大，NTFS 的性能不像 FAT 那样随之降低。
- 可以赋予单个文件和文件夹权限。对同一个文件或者文件夹可以为不同用户指定不同的权限。在 NTFS 中，可以为单个用户设置权限。
- NTFS 中设计的恢复能力无须用户在 NTFS 卷中运行磁盘修复程序。在系统崩溃事件中，NTFS 使用日志文件和复查点信息自动恢复文件系统的一致性。
- NTFS 文件夹的 B-Tree 结构使得用户在访问较大文件夹中的文件时，速度甚至比访问卷中较小的文件夹中的文件还快。
- 可以在 NTFS 卷中压缩单个文件和文件夹。NTFS 的压缩机制可以让用户直接读写压缩文件，而不需要使用解压软件将这些文件解压。

- 支持活动目录和域。此特性可以帮助用户方便、灵活地查看和控制网络资源。
- 支持稀疏文件。稀疏文件是应用程序生成的一种特殊文件，文件尺寸非常大，但实际上只需要很少的磁盘空间，也就是说，NTFS 只需要为这种文件实际写入的数据分配磁盘存储空间。
- 支持磁盘配额。磁盘配额可以管理和控制每个用户所能使用的最大磁盘空间。

6.1.3 exFAT 文件系统

由于 NTFS 是针对机械硬盘设计的，对闪存来说不太实用。为了解决这个问题，出现了 exFAT 文件系统。exFAT（Extended File Allocation Table，扩展 FAT，也称作 FAT64，即扩展文件分配表）文件系统是微软在 Windows Embeded 5.0 以上（包括 Windows CE 5.0、6.0、Windows Mobile 5/6/6.1）中引入的一种适用于闪存的文件系统，是为了解决 FAT32 等不支持 4GB 及更大的文件而推出的。

相对 FAT 文件系统，exFAT 文件系统有如下优点。

- 增强了台式计算机与移动设备的互操作能力。
- 单文件大小大大超过了 4GB 的限制，最大可达 16EB。
- 簇大小可高达 32MB。
- 采用了剩余空间分配表，剩余空间分配性能改进。
- 同一目录下文件最多可达 2796202 个。
- 支持访问控制。
- 支持 macOS。

6.1.4 ReFS

ReFS（Resilient File System，弹性文件系统）是在 Windows Server 2012 中引入的一种文件系统。目前只能应用于存储数据，还不能引导系统，并且在移动媒介上也无法使用。

ReFS 是与 NTFS 大部分兼容的，其主要目的是保持较高的稳定性，可以自动验证数据是否损坏，并尽力恢复数据。如果和引入的 Storage Spaces（存储空间）联合使用，可以提供更佳的数据防护，同时对于上亿级别的文件处理也有性能提升。

ReFS 的优点如下。

- 单个文件的最大规模：$2^{64}-1$B。
- 单个卷的最大规模：格式支持带有 16KB 群集规模的 2^{78}B（$2^{64}\times16\times2^{10}$）。Windows 堆栈寻址允许 2^{64}B。
- 目录中的最大文件数量：2^{64}。
- 卷中的最大目录数量：2^{64}。
- 最大文件名长度：32KB Unicode 字符。
- 最大路径长度：32KB。
- 任何存储池的最大规模：4PB。
- 系统中存储池的最大数量：无限制。
- 存储池中空间的最大数量：无限制。

6.2 转换文件系统

使用 NTFS 可以更好地管理磁盘及提高系统的安全性，当硬盘为 NTFS 格式时，碎片整理也快很多。当我们从旧的系统升级到新系统时，旧的磁盘格式可能为 FAT 格式，这时候我们可以用下面两种办法来把它转换成 NTFS 格式。

方法 1：通过格式化磁盘转换。

如果磁盘中的数据我们不再需要或者我们已经进行过备份，格式化转换是比较快捷的方式，具体操作步骤如下。

1. 右击要格式化的磁盘，在弹出的快捷菜单中选择“格式化”命令，如图 6-2 所示。

2. 在弹出的格式化对话框中，在“文件系统”下拉列表中选择“NTFS(默认)”选项，然后单击“开始”图标，如图 6-3 所示，等待格式化完成即可。

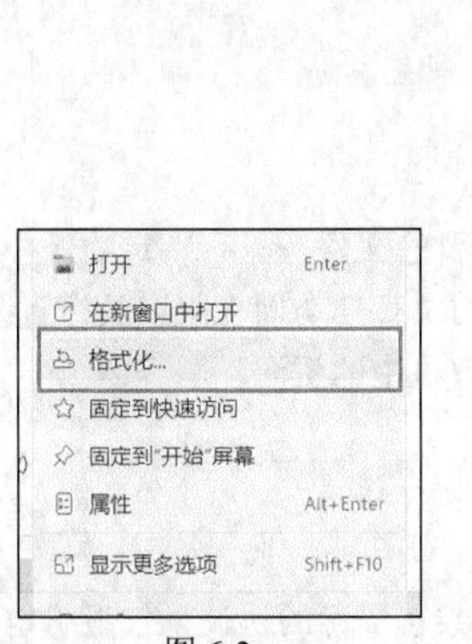

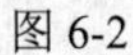
图 6-2

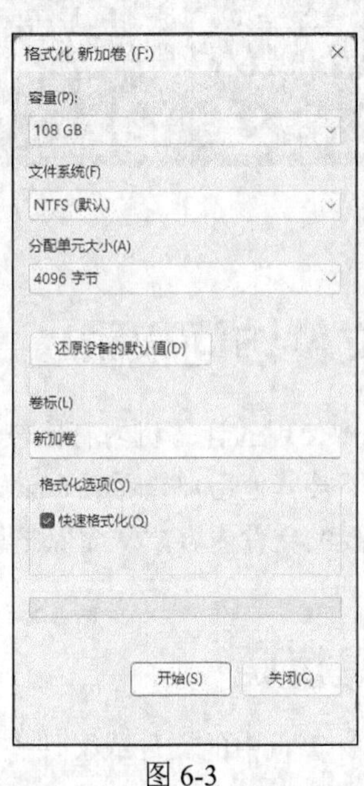

图 6-3

方法 2：通过 Convert 命令转换。

如果磁盘上的内容很多，并且不想进行格式化，那么可以使用 Windows 10 自带的 Convert 命令来进行格式的转换。Convert 命令只能将 FAT 格式转换为 NTFS 格式，并且不能反向转换，具体操作方法如下。

1. 按 Win+R 快捷键，在弹出的“运行”对话框中，输入“cmd”，如图 6-4 所示，然后按 Enter 键。

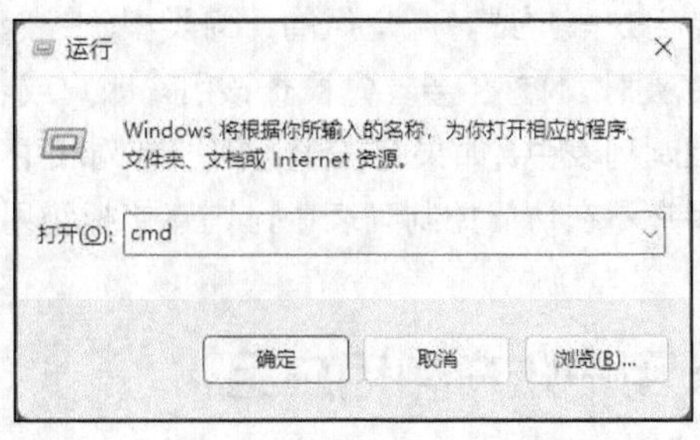

图 6-4

2. 以 I 盘为例，在弹出的窗口中输入“Convert I: /fs:ntfs”，然后按 Enter 键，等待命令执行完成即可，如图 6-5 所示。

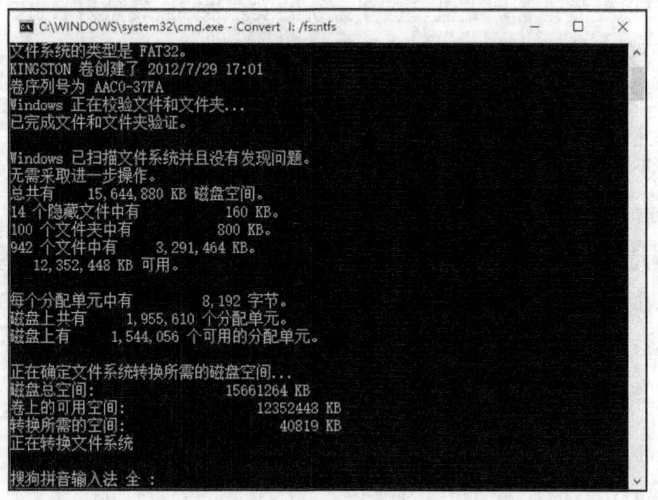

图 6-5

6.3 设置文件访问权限

如果我们工作中使用的计算机内有比较重要的文件，只有特定的人才可以查看，那么我们应该如何保护它不被其他用户查看呢？设置对文件的访问权限以及访问级别，可以防止其他用户查看或修改重要的文件内容，从而保护计算机中的资源。

6.3.1 什么是权限

权限是指访问计算机中的文件或文件夹及共享资源的协议，权限确定是否可以访问某个对象，以及对该对象可执行的操作范围。

6.3.2 NTFS 权限

NTFS 权限其实就是访问控制列表的内容。NTFS 分区通过为每个文件和文件夹设定访问控制列表的方法来控制相关的权限。访问控制列表包括可以访问该文件或文件夹的用户账户、用户组和访问类型。在访问控制列表中，每个用户账户或者其所属的用户组都对应一组访问控制项。访问控制项用来存储用户账户或者用户组的访问类型。

当用户访问文件或文件夹时，NTFS 会首先检查该用户账户或者其所属的用户组是否存在于此文件或文件夹的访问控制列表中。如果存在于访问控制列表中，则进一步检查访问类型来确定用户访问权限。如果用户不在访问控制列表中，则直接拒绝用户访问此文件或文件夹。

6.3.3 Windows 用户账户和用户组

大部分人提起 Windows 用户账户都会想到登录系统时需要输入密码的那个用户账户。

Windows 11 中还有许多用于系统管理的账户，下面来详细介绍一下。

Windows 11 包含 4 种默认的内置用户账户，如图 6-6 所示。

名称	全名	描述
Administrator		管理计算机(域)的内置帐户
DefaultAcco...		系统管理的用户帐户。
excellent		
Guest		供来宾访问计算机或访问域的内...
WDAGUtilit...		系统为 Windows Defender 应用...

图 6-6

- Administrator 账户：超级管理员账户，默认情况下是禁用的。该账户拥有最多的权限，包括以管理员身份运行任何程序、完全控制计算机、访问计算机上的任何数据，以及更改计算机的设置。由于该账户权限过高，如果启用后被其他用户盗用，进行破坏性的操作，可能造成系统崩溃，所以不建议启用此账户。
- DefaultAccount 账户：系统管理的用户账户，是微软为了防止 OOBE 出现问题准备的。
- Guest 账户：来宾账户，在公用计算机上为客人准备的账户。该账户受到的限制较多，不能更改计算机的设置。
- WDAGUtilityAccount 账户：Windows 操作系统具有的默认情况下禁用的内置管理员账户和默认情况下禁用的来宾账户。如果我们使用的是 Windows 11，则还将具有 WDAGUtilityAccount 账户，该账户链接到 Windows Defender 并由 Windows Defender 管理保护我们的计算机。

Windows 11 包含十几种内置的用户组，如图 6-7 所示，下面介绍一下常用的几种。

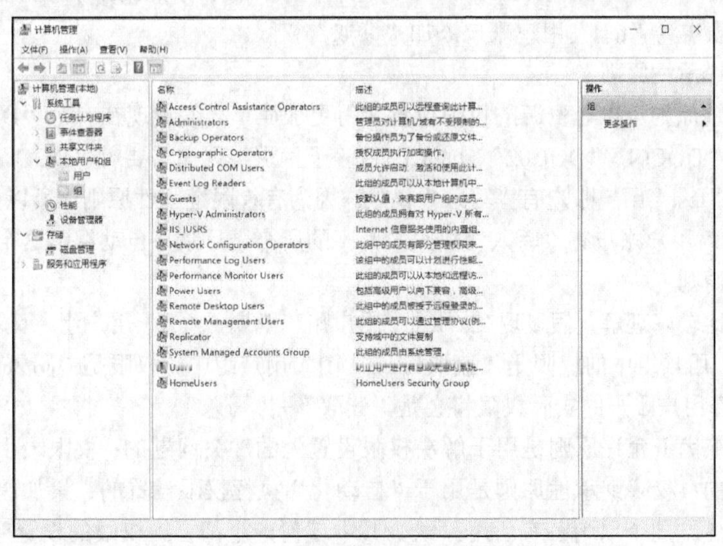

图 6-7

- Administrators 用户组：该组的成员就是系统管理员，如果将用户账户加入这个用户组，用户账户就会拥有管理员权限。
- Users 用户组：所有的用户账户都属于 Users 组，通常使用 Users 组对用户的权限设置进行分配。
- HomeUsers 用户组：成员包括所有的家庭组账户。

6.3.4 权限配置原则

在 Windows 11 中，针对权限的管理有 4 项基本原则，即拒绝优于允许原则、权限最小化原则、权限继承性原则和累加原则，这 4 项基本原则对于权限的设置，会起到非常重要的作用，下面一一进行介绍。

一、拒绝优于允许原则

拒绝优于允许原则是一条非常重要且基础性的原则，它可以非常完美地处理好因用户账户在用户组的归属方面引起的权限“纠纷”。例如，“test”用户账户既属于“a”用户组，又属于“b”用户组，当我们对“b”用户组中的某个资源进行“写入”权限的集中分配时，“b”用户组中的“test”用户账户将自动拥有“写入”的权限。

但令人奇怪的是，“test”用户账户明明拥有对这个资源的“写入”权限，为什么在实际操作中却无法执行呢？原来，在“a”用户组中同样也对“test”用户账户进行了针对这个资源的权限设置，但设置的权限是“拒绝写入”。基于拒绝优于允许原则，“test”用户账户在“a”用户组中的“拒绝写入”权限优先于“b”用户组赋予其的“写入”权限，因此，在实际操作中，“test”用户账户无法对这个资源进行“写入”操作。

二、权限最小化原则

Windows 操作系统将保持用户最小的权限作为一条基本原则来执行，这一点是非常有必要的。这条原则可以确保资源得到最大的安全保障，尽量让用户不能访问或不必要访问的资源得到有效的权限赋予限制。

基于这条原则，在实际的权限赋予操作中，我们就必须为资源明确赋予允许或拒绝的权限。例如，系统中新建的受限用户账户“test”，在默认状态下对“DOC”目录是没有任何权限的，现在需要为这个用户账户赋予对“DOC”目录有“读取”的权限，那么就必须在“DOC”目录的权限列表中为“test”用户账户添加“读取”权限。

三、权限继承性原则

权限继承性原则可以让资源的权限设置变得更加简单。假设现在有个“DOC”目录，在这个目录中有“DOC01”“DOC02”“DOC03”等子目录，现在需要对“DOC”目录及其中的子目录均设置“test”用户账户有“写入”权限。因为有权限继承性原则，所以只需对“DOC”目录设置“test”用户账户有“写入”权限，其下的所有子目录将自动继承这个权限的设置。

四、累加原则

累加原则比较好理解，假设现在“test”用户账户既属于“A”用户组，又属于“B”用户组，它在“A”用户组中的权限是“读取”，在“B”用户组中的权限是“写入”，那么根据累加原则，“test”用户账户的实际权限将会是“读取”+“写入”。

显然，拒绝优于允许原则是用于解决权限设置上的冲突问题的；权限最小化原则是用于保障资源安全的；权限继承性原则是用于“自动化”执行权限设置的；累加原则让权限的设置更加灵活多变。几个原则各有所用，缺少其中任何一个都会给权限的设置带来很多麻烦。

说明 在 Windows 11 中，Administrators 用户组的全部成员都拥有“取得所有者身份”（Take Ownership）的权力，也就是该组的成员可以从其他用户账户“夺取”其身份的权力。例如受限用户账户“test”建立了一个“DOC”目录，并只赋予自己拥有读取权力，这看似周到的权限设置，实际上 Administrators 用户组的全部成员都可以通过“取得所有者身份”等方法获得这个权限。

6.3.5 文件权限的获取

经常看到有人问文件删不掉怎么办，其实 Windows 操作系统中文件删不掉的主要原因有两个：一是文件正在使用或者已经被打开，二是用户没有权限。对于第一种原因，解决办法就是关闭正在使用或已经打开的文件，之后就可以正常删除了。对于第二种原因，我们只要获得此文件（或文件夹）的最高权限即可将其删除，具体操作步骤如下。

1. 右击要删除的文件或文件夹，在弹出的快捷菜单中选择“属性”命令，在弹出的对话框中选择“安全”选项卡，如图 6-8 所示。

2. 单击“高级”按钮，弹出的窗口如图 6-9 所示。

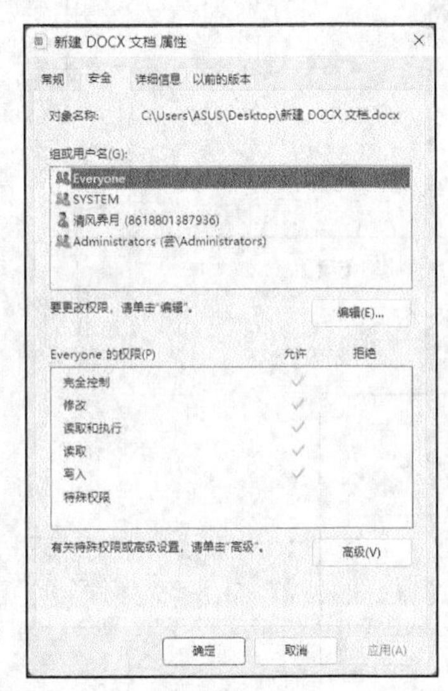

图 6-8

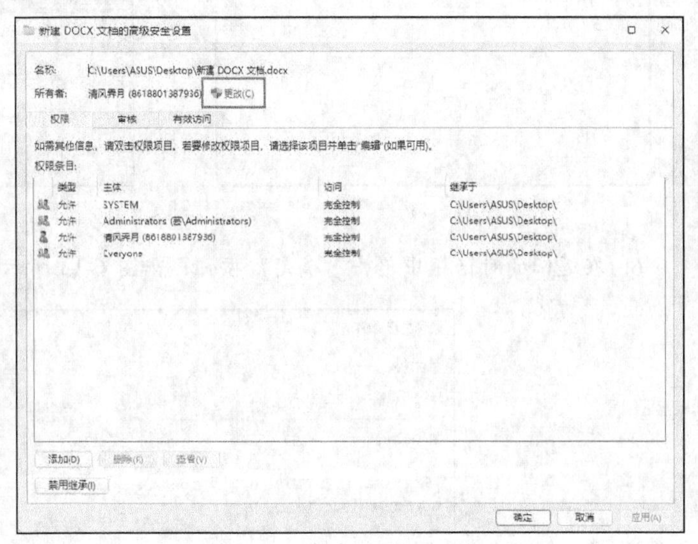

图 6-9

3. 单击“更改”按钮，弹出的对话框如图 6-10 所示。

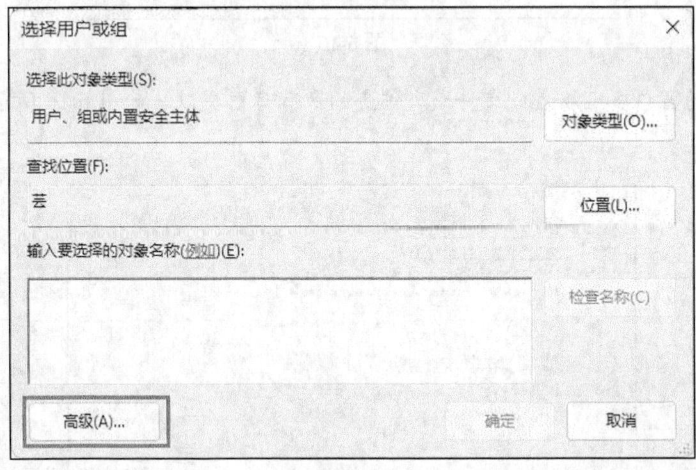

图 6-10

4. 单击“高级”按钮，弹出的对话框如图 6-11 所示。

5. 单击“立即查找”按钮，如图 6-12 所示。在搜索结果内，选择要更换的账户，然后单击“确定”按钮，完成设置。

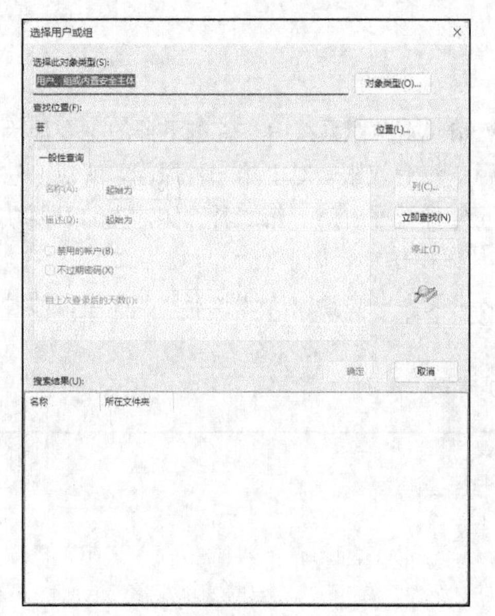

图 6-11

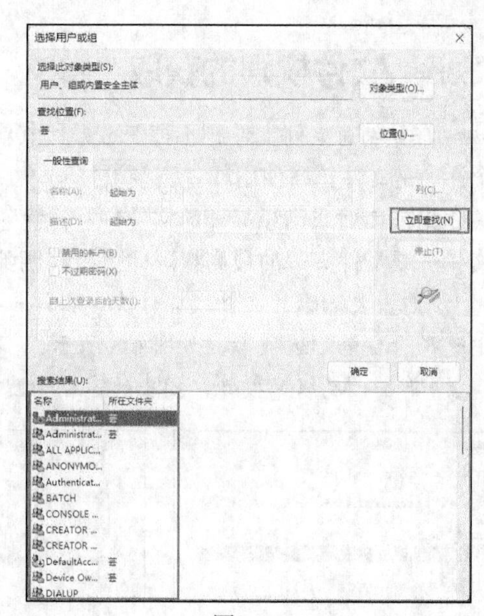

图 6-12

6. 在返回的对话框中单击“确定”按钮，如图 6-13 所示。

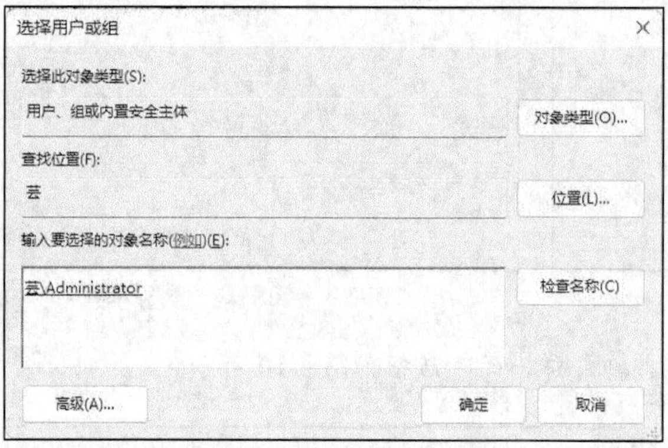

图 6-13

7. 在返回的窗口中可以看到文件或文件夹的所有者已更改，如图 6-14 所示，单击“确定”按钮。

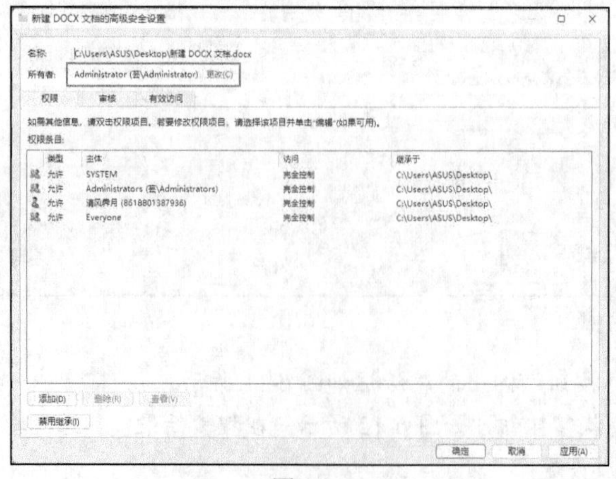

图 6-14

8. 在返回的对话框中，单击“编辑”按钮，如图 6-15 所示。

9. 在弹出的对话框中，选中要修改权限的用户账户，勾选相应的“允许”复选框，如图 6-16 所示，再单击“应用”按钮。

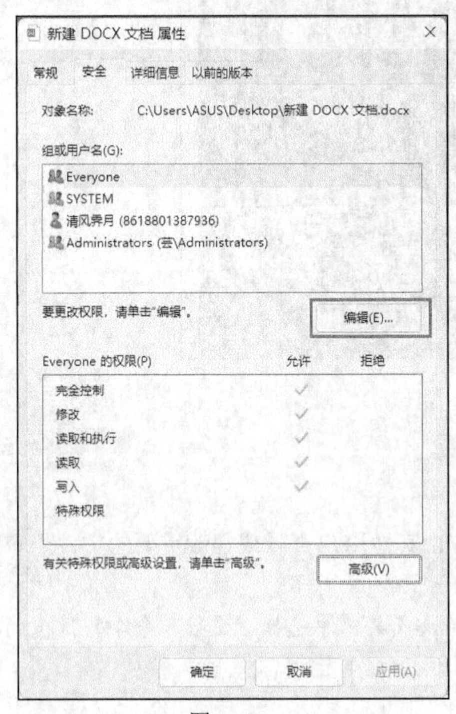

图 6-15

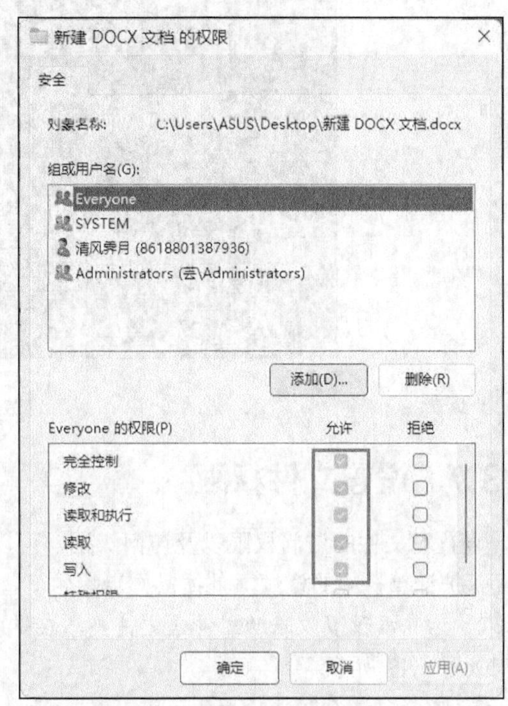

图 6-16

这时候我们已经取得文件或文件夹的完全控制权，可以执行删除操作了。

6.3.6 恢复原有权限配置

如果 Windows 中的文件夹或文件的权限被设置乱了，连我们自己都不知道哪些文件有特殊权限了，这时候我们可以通过 Windows 自带的 icacls 命令来恢复其默认的权限。以我们刚才修改的文件的权限为例，具体操作步骤如下。

1. 按 Win+R 快捷键，弹出的对话框如图 6-17 所示。

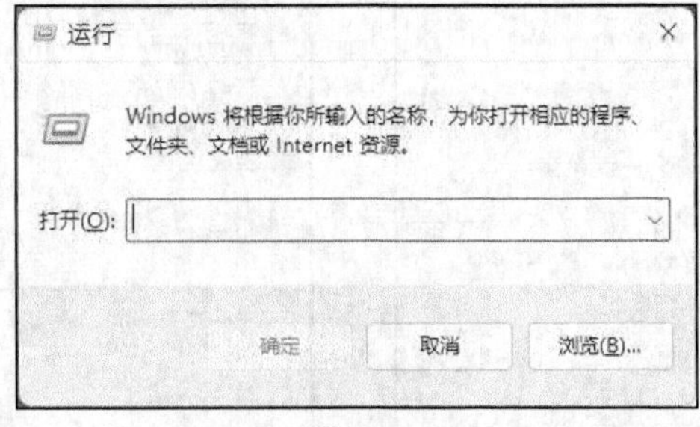

图 6-17

2. 在弹出的对话框中输入“cmd”并按 Enter 键，进入命令提示符窗口，然后输入“icacls "c:\Windows\System32\dfrgui. exe" /reset”并执行，等待系统操作完成即可，如图 6-18 所示。

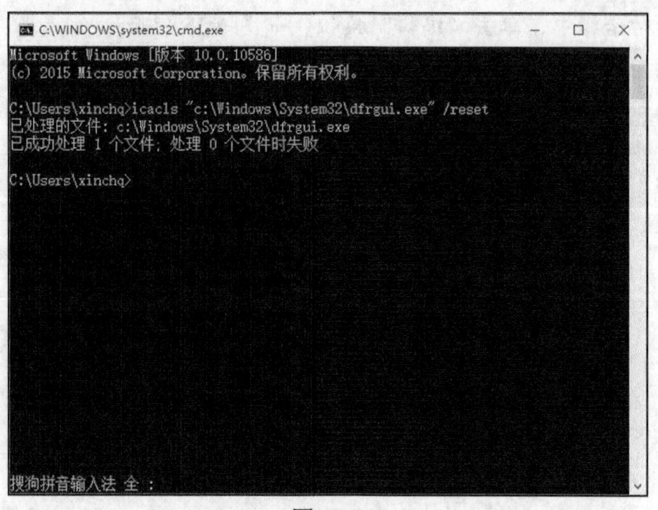

图 6-18

6.3.7 设置文件权限

设置对文件的访问权限以及访问级别，可以防止其他用户查看或修改重要的文件内容，从而保护计算机中的资源，具体操作步骤如下。

1. 右击要设置权限的文件或文件夹，在弹出的快捷菜单中选择“属性”命令，弹出的对话框如图 6-19 所示。

2. 选择“安全”选项卡，如图 6-20 所示。

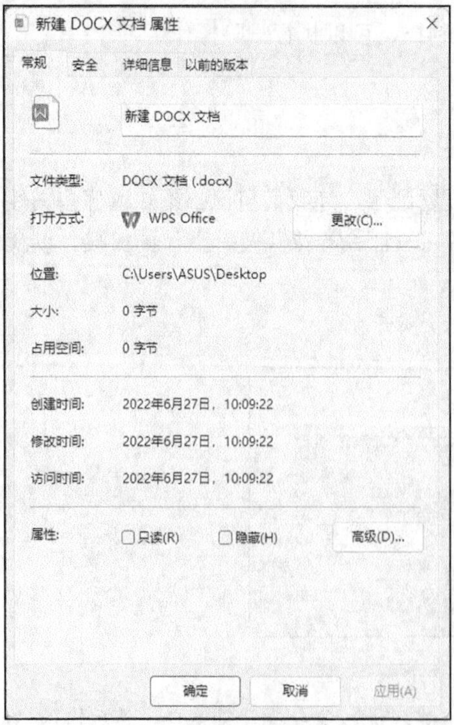

图 6-19

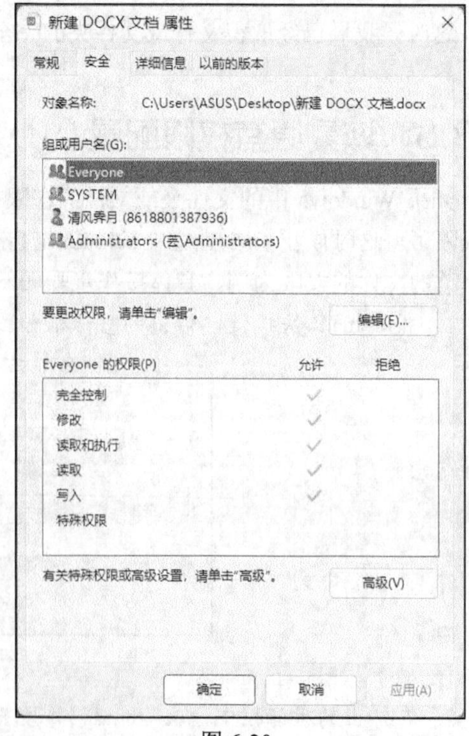

图 6-20

3. 单击“编辑”按钮，弹出的对话框如图 6-21 所示。

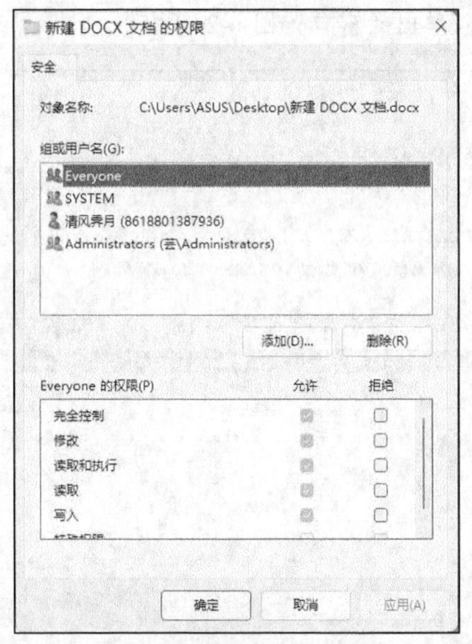

图 6-21

4. 在“组或用户名”列表框中选择需要编辑的用户账户，在下方的权限编辑区域，勾选相应的权限复选框并单击“应用”按钮，进行权限的设置。

6.3.8 设置文件的高级权限

6.3.7 节中关于文件权限的设置，只能处理基本的 6 种权限，如果我们要设置更为复杂的权限，则可以使用高级权限设置，具体操作步骤如下。

1. 右击需要设置权限的文件或文件夹，在弹出的快捷菜单中选择“属性”命令，弹出的对话框如图 6-22 所示。

2. 选择“安全”选项卡，如图 6-23 所示。

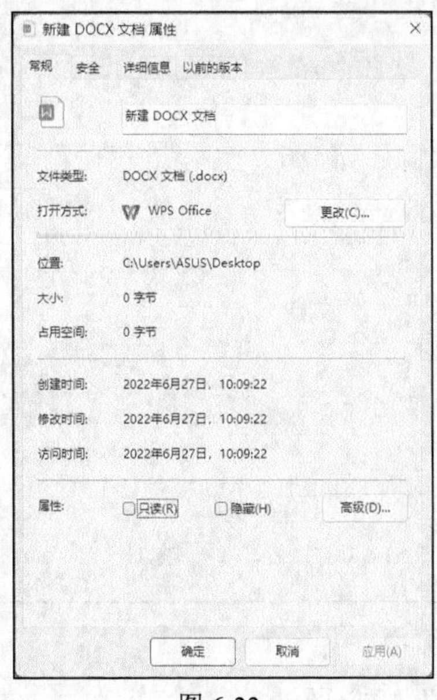

图 6-22

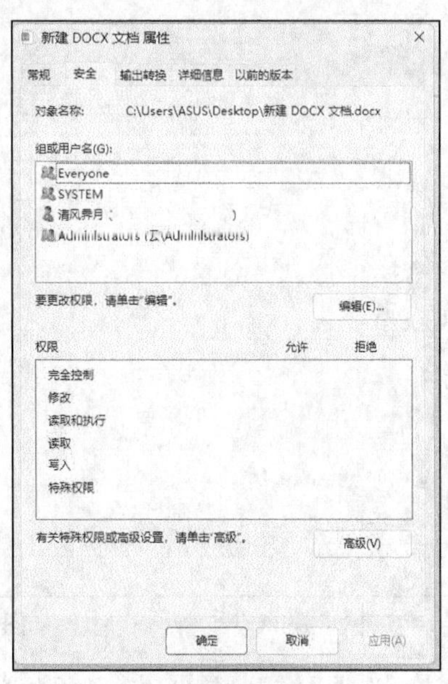

图 6-23

3. 单击“高级”按钮，弹出的窗口如图 6-24 所示。

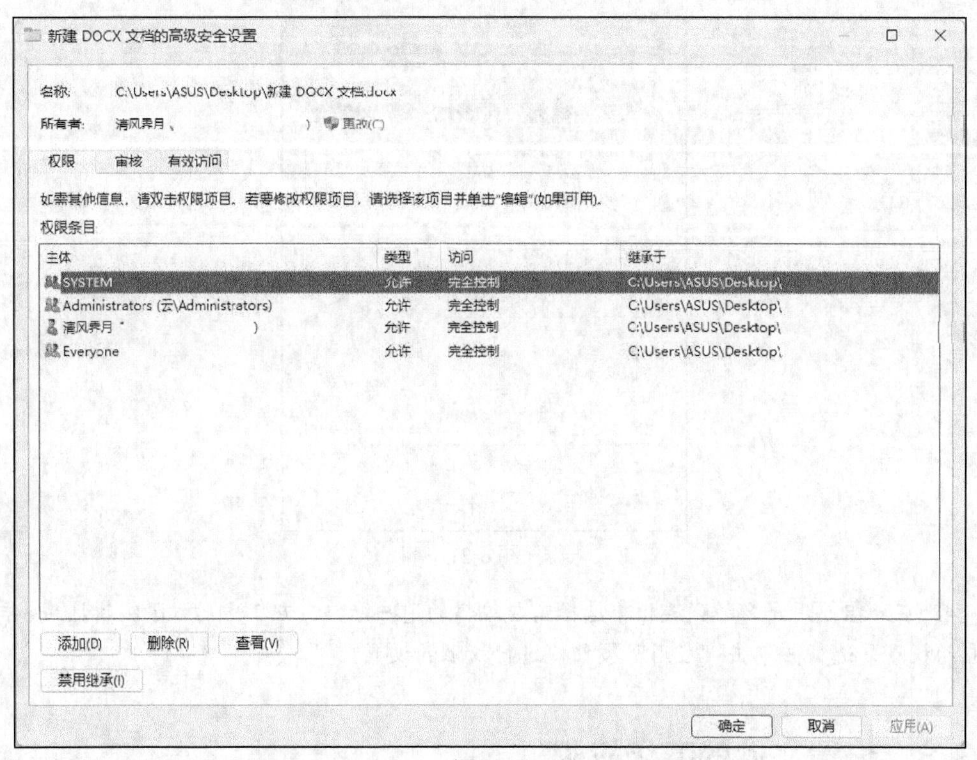

图 6-24

4. 单击“添加”按钮，弹出的对话框如图 6-25 所示。

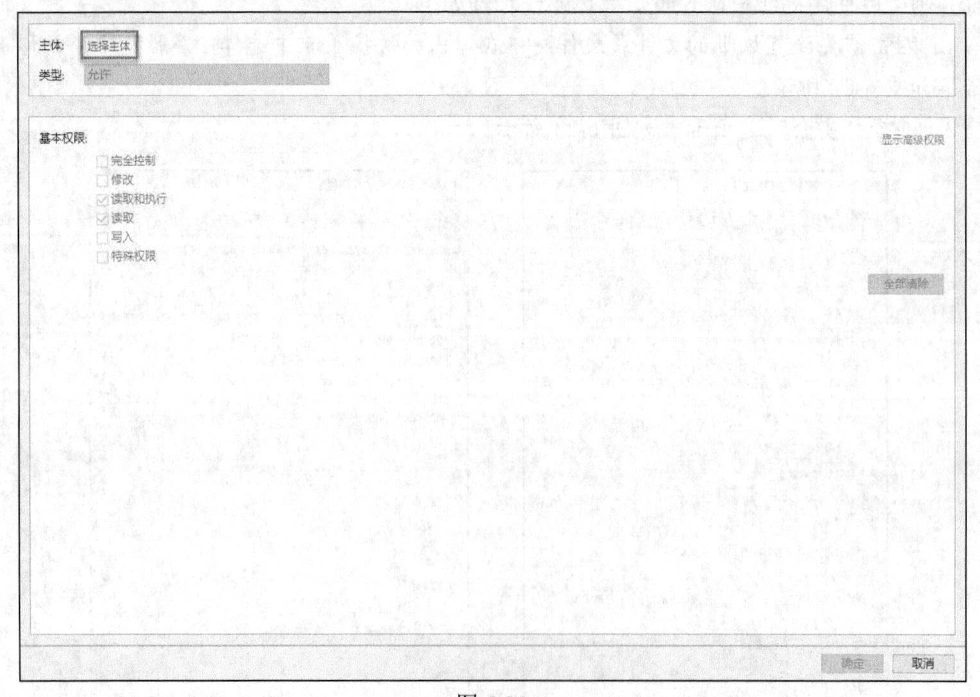

图 6-25

5. 单击“选择主体”，弹出的对话框如图 6-26 所示。

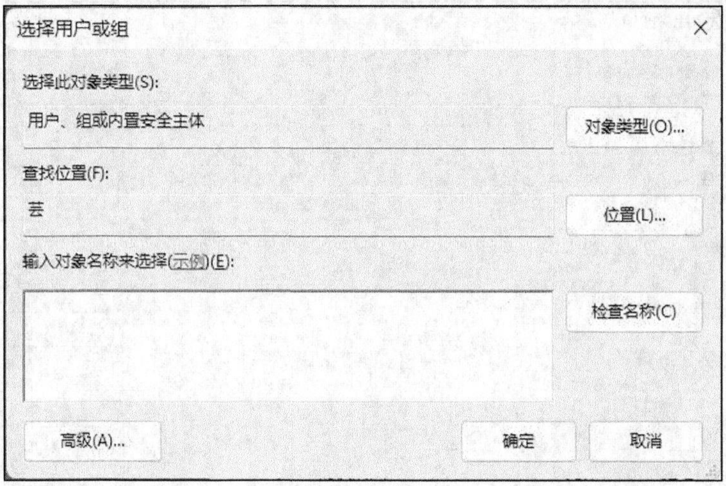

图 6-26

6. 单击“高级”按钮，弹出的对话框如图 6-27 所示。

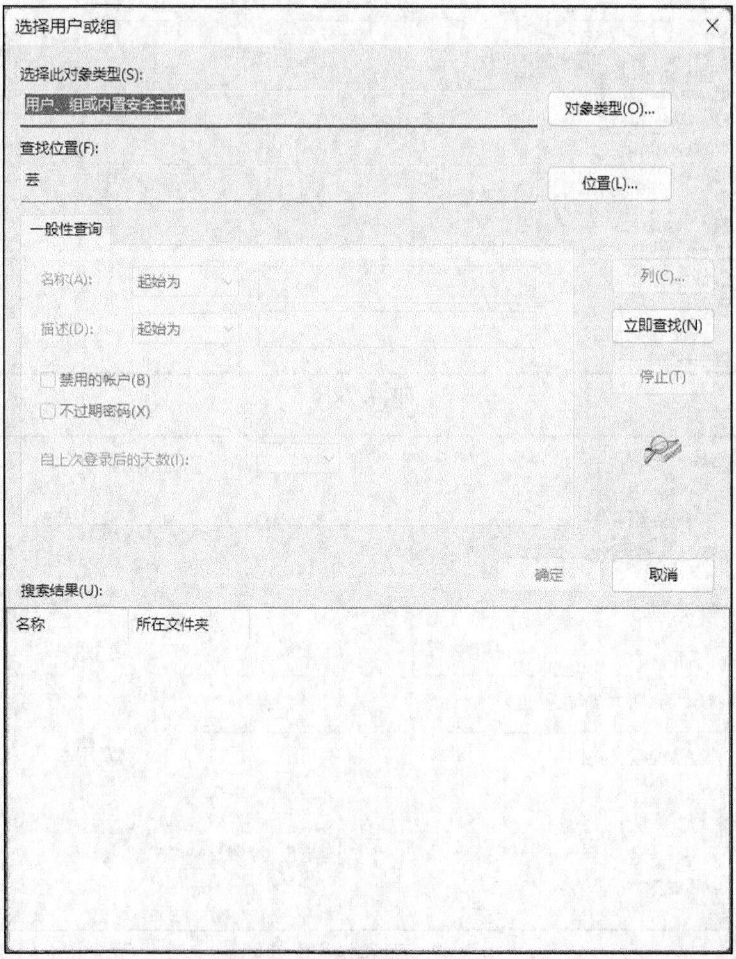

图 6-27

7. 单击“立即查找”按钮，在搜索结果中选择需要设置权限的用户账户，如图 6-28 所示。单击“确定”按钮，返回上一级对话框，如图 6-29 所示。

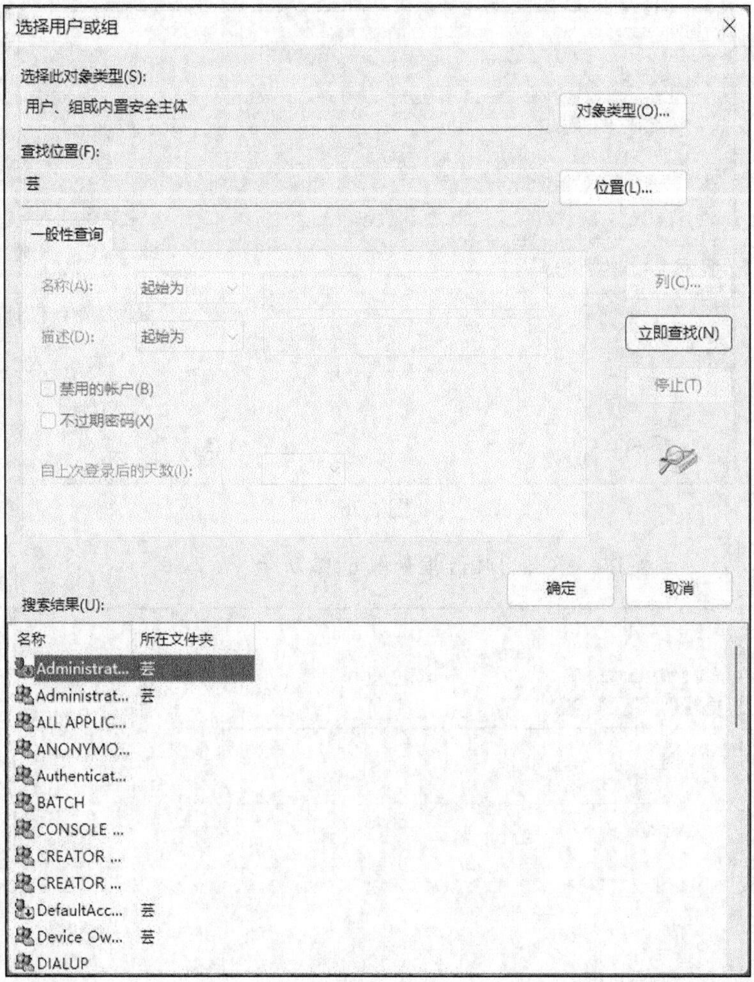

选择用户或组

选择此对象类型(S):
用户、组或内置安全主体
对象类型(O)...
查找位置(F):
芸
位置(L)...
一般性查询
名称(A): 起始为
列(C)...
描述(D): 起始为
立即查找(N)
禁用的帐户(B)
停止(T)
不过期密码(X)
自上次登录后的天数(I):
确定 取消
搜索结果(U):

名称	所在文件夹
Administrat...	芸
Administrat...	芸
ALL APPLIC...	
ANONYMO...	
Authenticat...	
BATCH	
CONSOLE ...	
CREATOR ...	
CREATOR ...	
DefaultAcc...	芸
Device Ow...	芸
DIALUP	

图 6-28

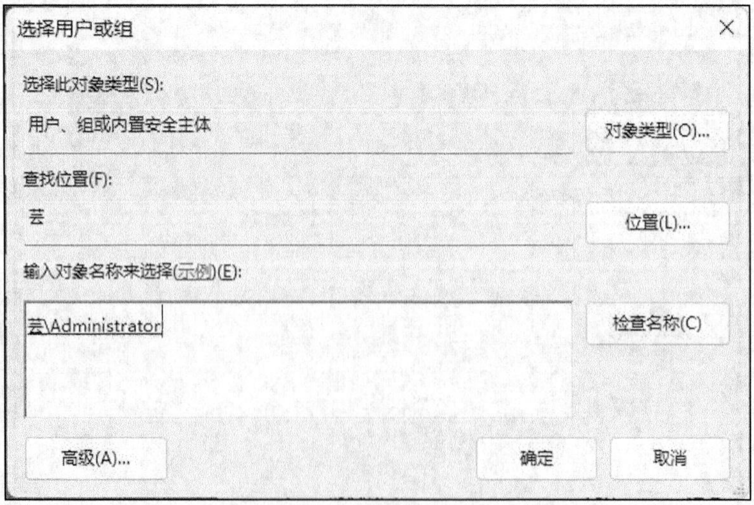

选择用户或组

选择此对象类型(S):
用户、组或内置安全主体
对象类型(O)...
查找位置(F):
芸
位置(L)...
输入对象名称来选择(示例)(E):
芸\Administrator
检查名称(C)
高级(A)... 确定 取消

图 6-29

8. 单击“确定”按钮，返回上一级窗口，如图 6-30 所示。
9. 在下方的权限编辑区域，可以修改权限，如图 6-31 所示。

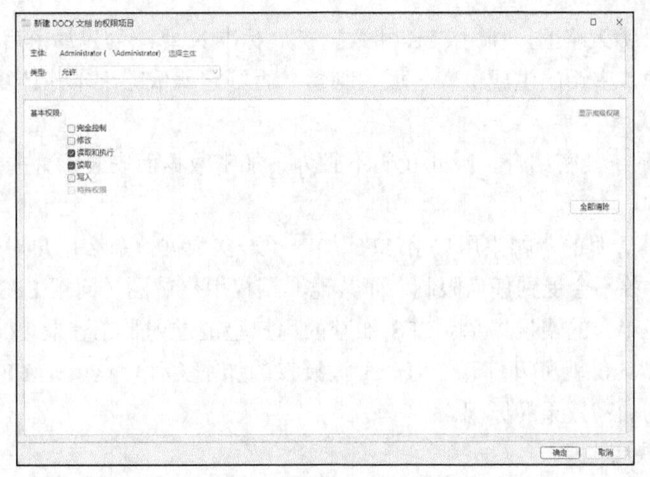

图 6-30

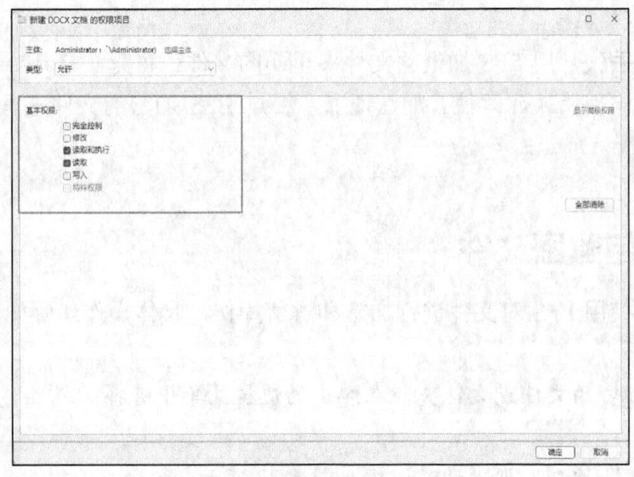

图 6-31

10. 勾选需要修改的权限对应的复选框，单击“确定”按钮，完成设置。

6.4 加密文件系统

对很多计算机用户来说，如何给保存在计算机磁盘中的一些重要文件加密已成为急需了解的知识。由于复杂的计算机使用环境极容易引起个人数据的外泄，因此为了防患于未然，每一位计算机用户都应该学会有效保护个人数据。无论是文件还是文件夹，加密的核心都在于保护个人数据安全，不让其他人未经允许就打开、查看，但是要做到这一点我们该如何操作呢？本节就来详细介绍一下。

6.4.1 什么是加密文件系统

Windows 11 提供了加密文件系统（Encrypting File System，EFS）来保护用户的数据，使用 EFS 可以将文件进行加密然后存储起来。EFS 是基于 NTFS 来实现的，而且不是所有版本的 Windows 11 都提供加密功能，只有 Windows 11 专业版和 Windows 10 企业版支持该项功能。

EFS 是基于公钥策略的，利用 FEK 和数据扩展标准 X 算法创建加密后的文件。如果用户登录到了域环境中，密钥的生成依赖于域控制器，否则它就依赖于本地计算机。

一、EFS 的优点

EFS 和操作系统紧密结合，因此我们不必为了加密数据而安装额外的加密软件，这节约了我们的使用成本。

EFS 对用户是透明的，如果用户用 EFS 加密了一些数据，那么用户对这些数据的访问将是被完全允许的，并不会受到任何限制。而其他非授权用户试图访问用 EFS 加密过的数据时，就会收到“访问拒绝”的错误提示。EFS 加密的用户验证过程是在登录 Windows 时进行的，只要登录到 Windows，就可以打开任何一个被授权的加密文件，这就是 EFS 加密后的文件夹或文件用户看不到加密效果的原因。

二、EFS 的缺点

（1）如果在重装系统前没有备份加密证书，重装系统后，用 EFS 加密过的文件夹里面的文件将无法打开。

（2）如果证书丢失，用 EFS 加密的文件夹里面的文件也将无法打开。

（3）如果系统出现错误，即使有加密证书，经过 EFS 加密的文件夹里面的文件打开后可能会出现乱码的情况。

6.4.2 加密与解密文件

下面介绍如何使用 EFS 对文件进行加密和解密操作，具体操作步骤如下。

一、文件加密

1. 右击需要加密的文件或文件夹，在弹出的快捷菜单中选择“属性”命令，弹出的对话框如图 6-32 所示。

2. 单击“高级”按钮，弹出的对话框如图 6-33 所示。

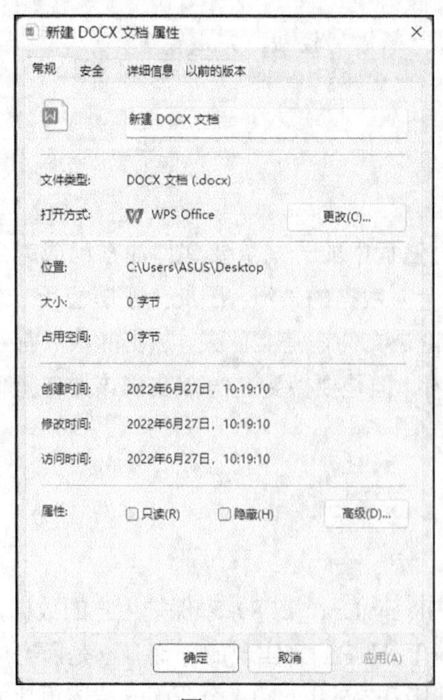

图 6-32

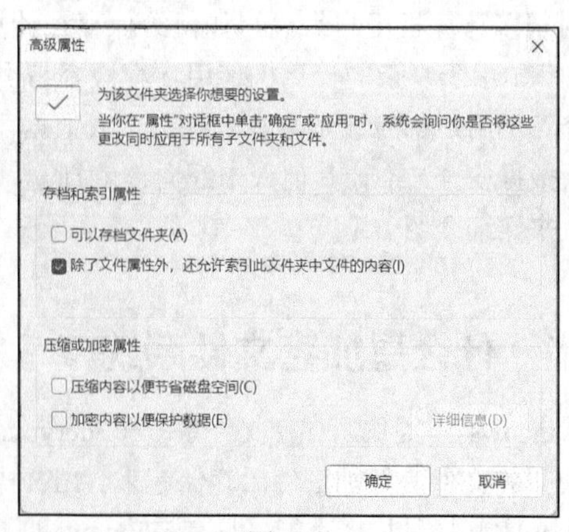

图 6-33

3. 勾选“加密内容以便保护数据”复选框，单击“确定”按钮，如图 6-34 所示，完成设置。

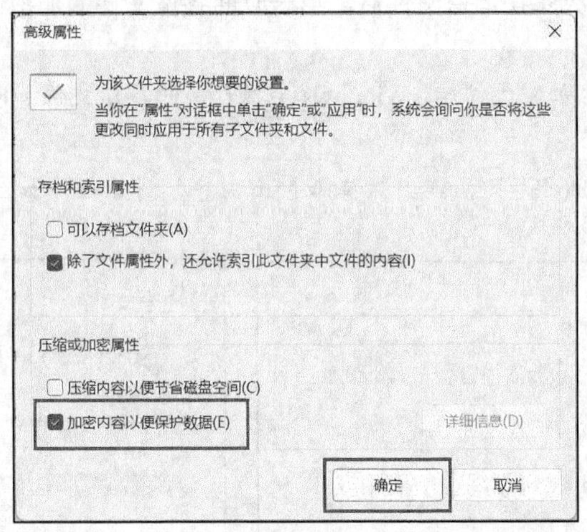

图 6-34

二、文件解密

1. 右击需要解密的文件或文件夹，在弹出的快捷菜单中选择“属性”命令，弹出的对话框如图 6-35 所示。

2. 单击“高级”按钮，在弹出的对话框中取消勾选“加密内容以便保护数据”复选框，单击“确定”按钮，如图 6-36 所示，完成设置。

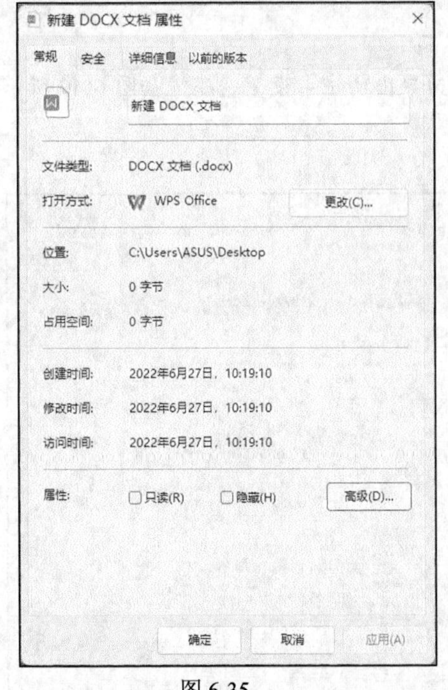

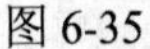
图 6-35

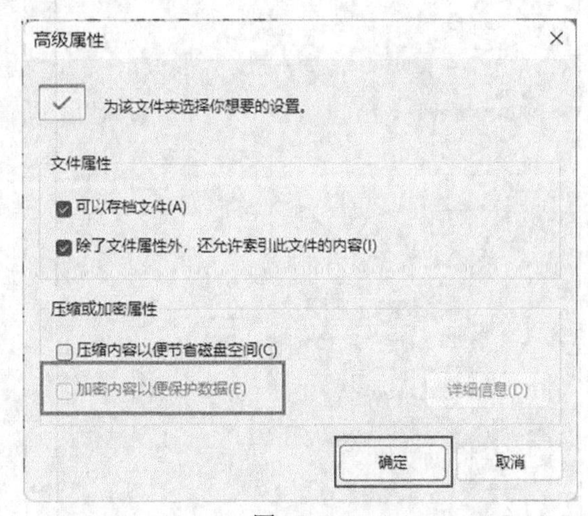

图 6-36

6.4.3 EFS 证书的导出与导入

文件加密后如果其他用户想查看文件或者需要在其他计算机上查看文件，可以将含有密钥的证书导出。此外，如果用户重新安装了操作系统，则必须使用含有密钥的证书才可以打开原来的文件。因此建议大家在加密文件后，第一时间备份文件的加密证书和密钥。

一、证书的导出

1. 第一次使用 EFS 加密文件后，Windows 会提示用户备份文件加密证书和密钥，如图 6-37 所示。

2. 单击“现在备份(推荐)”，弹出“证书导出向导”对话框，如图 6-38 所示。

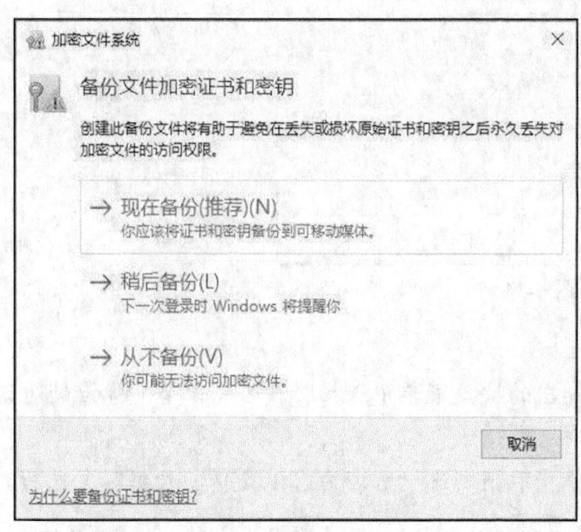

图 6-37

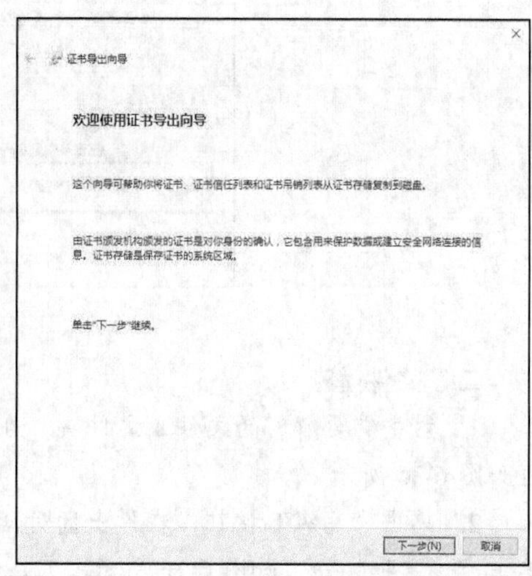

图 6-38

3. 单击“下一步”按钮，进入图 6-39 所示的界面。

4. 保持默认设置不变，单击“下一步”按钮，为导出的证书设置密码，如图 6-40 所示，单击“下一步”按钮。

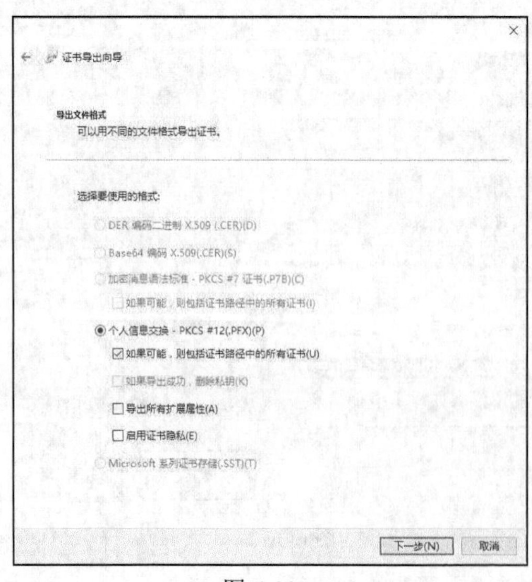

图 6-39

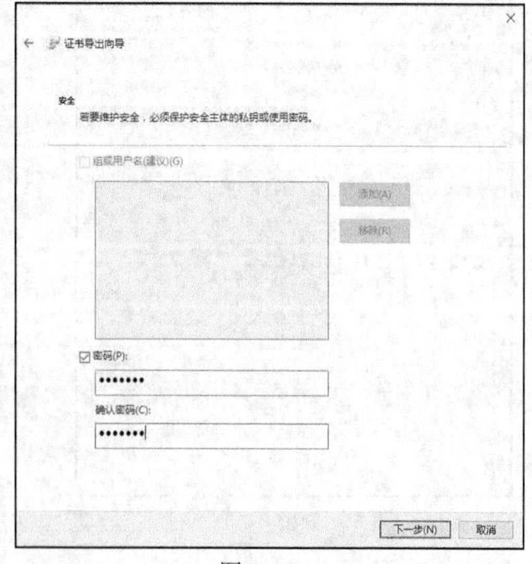

图 6-40

5. 单击“浏览”按钮，选择要保存证书的位置，如图 6-41 所示，然后单击“下一步”按钮。

6. 界面中显示了导出证书的信息，如图 6-42 所示，单击“完成”按钮，完成证书的导出。

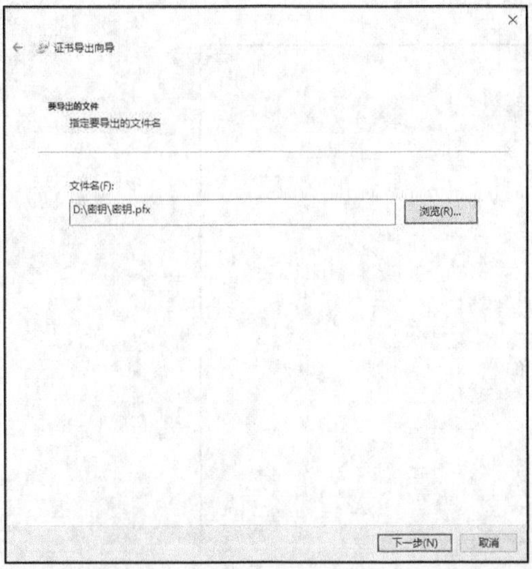

图 6-41

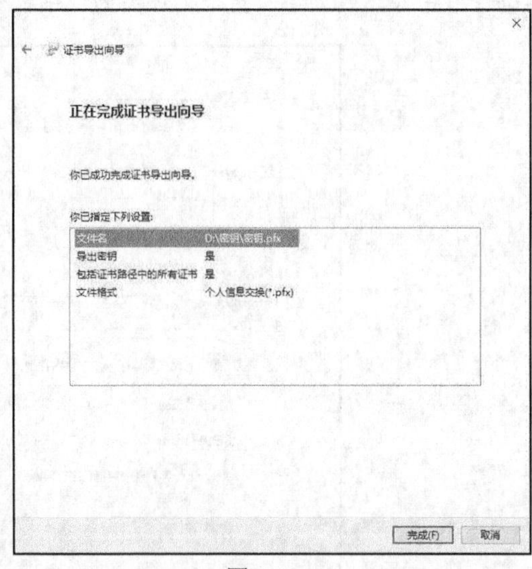

图 6-42

二、证书的导入

当其他用户需要打开加密的文件或者需要在其他计算机上打开加密的文件时，需要先将证书导入，才能够正常查看，具体操作步骤如下。

1. 双击要导入的证书文件，弹出“证书导入向导”对话框，选择要存储的位置，如图 6-43 所示。当存储位置为“当前用户”时，只有当前用户可以使用密钥打开文件；当存储位置为“本地计算机”时，本地计算机上的所有用户都可以使用密钥打开文件。

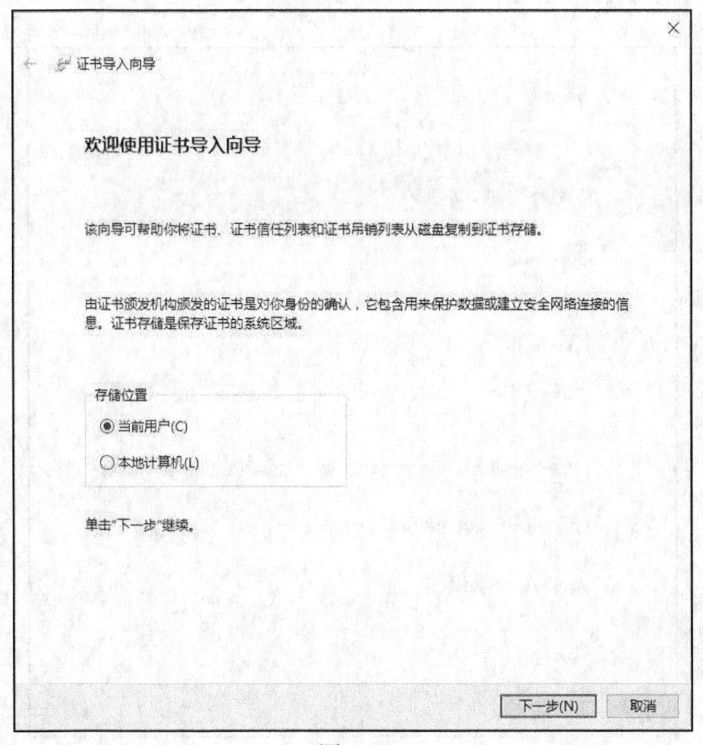

图 6-43

2. 单击“下一步”按钮，在“要导入的文件”界面中单击“浏览”按钮，此时可以选择单个证书导入，或者导入整个文件夹的证书，如图 6-44 所示。

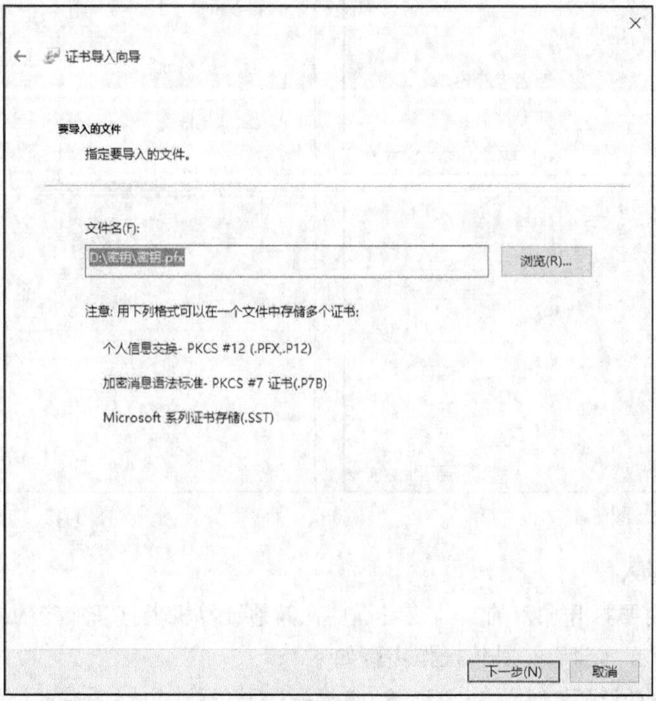

图 6-44

3. 单击“下一步”按钮，在“私钥保护”界面中输入此密钥的密码，然后勾选要导入的选项的复选框，如图 6-45 所示。

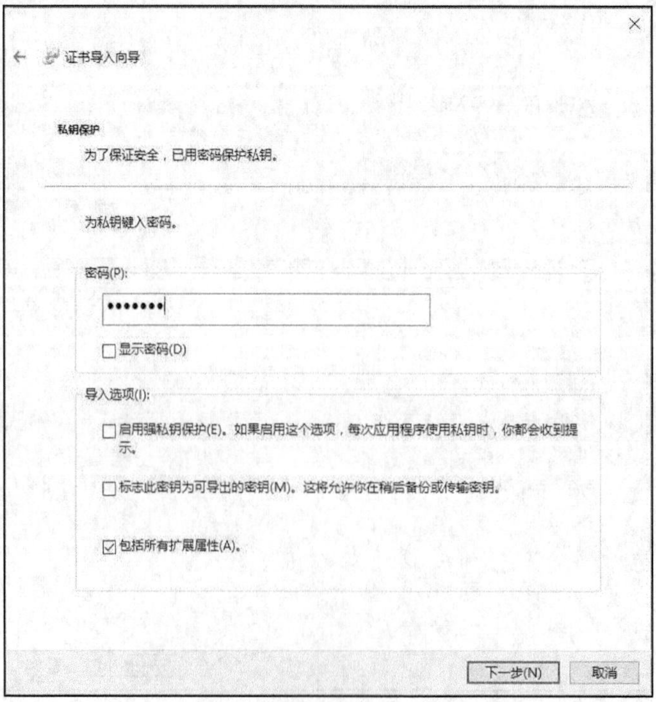

图 6-45

4. 单击“下一步”按钮，选择证书存储的位置，保持默认设置即可，如图 6-46 所示。

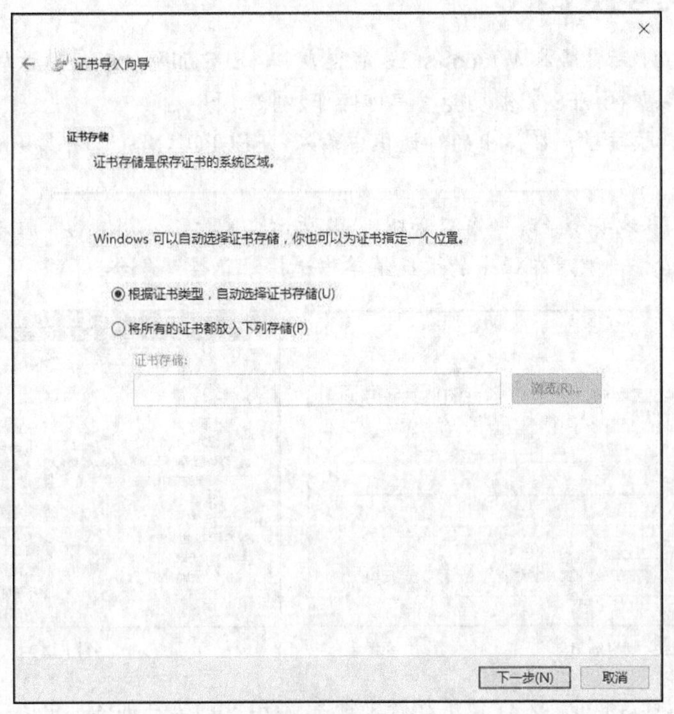

图 6-46

5. 单击“下一步”按钮，界面如图 6-47 所示。

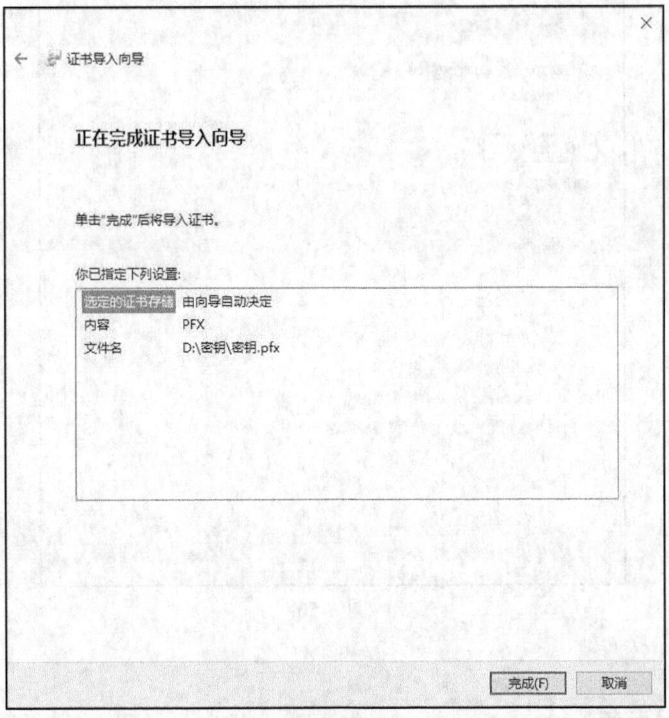

图 6-47

6. 单击“完成”按钮，完成设置。

6.4.4 如何停用 EFS

在 Windows 11 专业版和 Windows 11 企业版中，EFS 加密功能是默认启用的，如果不想启用此功能，可以关闭 EFS 加密功能，具体操作步骤如下。

1. 按 Win+R 快捷键，在弹出的对话框中输入“SECPOL.MSC”并按 Enter 键，如图 6-48 所示。

2. 弹出的“本地安全策略”窗口如图 6-49 所示。展开“公钥策略”栏，选中“加密文件系统”文件夹并右击，然后在弹出的快捷菜单中选择“属性”命令。

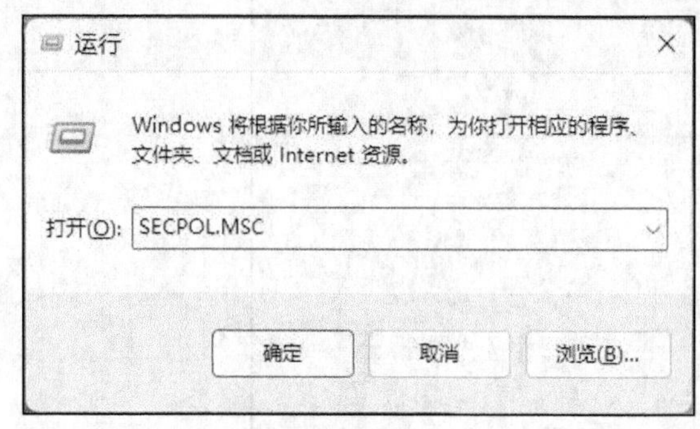

图 6-48

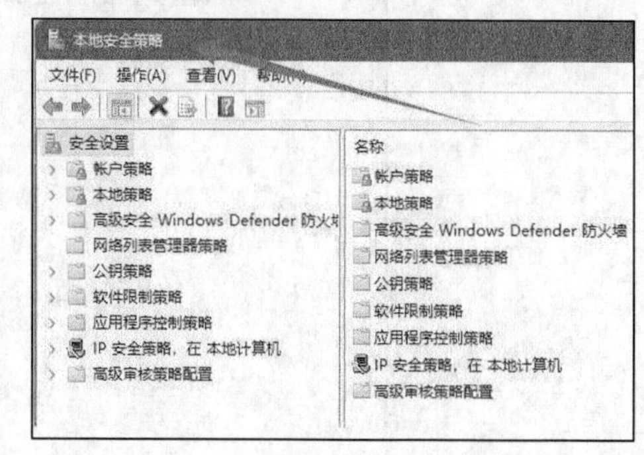

图 6-49

3. 在弹出的对话框中，在“使用加密文件系统(EFS)的文件加密”中选择“不允许”单选项，单击“确定”按钮，如图 6-50 所示。

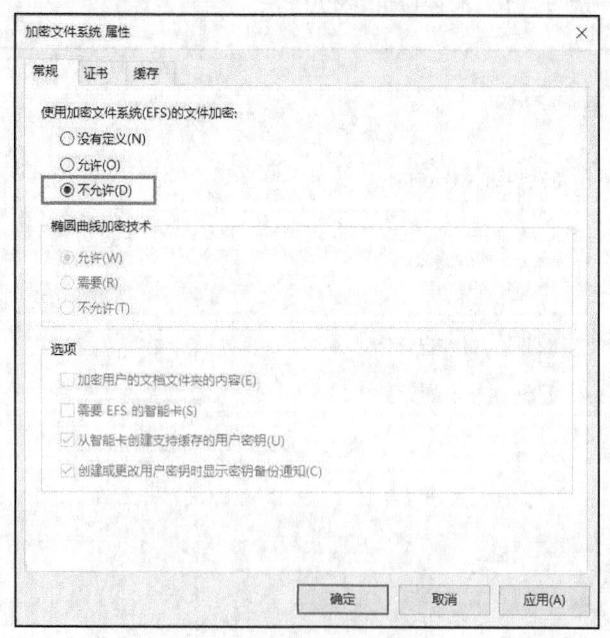

图 6-50

6.5 文件压缩

随着使用时间的增加，计算机的磁盘剩余空间会越来越小。为了清理空间，我们一般会使用压缩软件来压缩一些文件以节约磁盘空间。NTFS 提供了一种基于操作系统层级的压缩功能，下面来具体介绍一下。

6.5.1 文件压缩概述

NTFS 的压缩功能作为 NTFS 优秀功能之一，不仅能节约磁盘空间，还能大幅度提升读取性能。提升的性能和压缩比例有关，最高能实现 50%的性能提升。因为压缩后的文件排放、位置得到优化，体积减小，所以读取速度更快。

NTFS 压缩文件使用多种 LZ77 算法，在 4 KB 的簇大小下，文件将以 64 KB 为区块大小进行压缩。如果压缩后区块尺寸从 64 KB 减小到 60 KB 或者更小，则 NTFS 就认为多余的 4 KB 是空白的稀疏文件簇，即认为它们没有内容。因此，这种模式将会有效提升随机访问的速度，但是在随机写入的时候，大文件可能会被分区成非常多的小片段，片段之间会有许多很小的空隙。

压缩文件十分适用于很少写入、平常顺序访问、本身没有被压缩的文件，压缩小于 4 KB 或者本身已经被压缩过（如.zip、.jpg 或者 .avi 格式）的文件可能会导致文件比原来更大。此外，应该尽量避免压缩可执行文件，如.exe 和.dll 格式的文件，因为它们可能在内部也会使用 4 KB 对内容进行分页。不要压缩引导系统需要的系统文件，例如驱动程序，或者 NTDLR、winload.exe、BOOTMGR。

压缩高压缩比的文件，例如超文本标记语言（ Hyper text Markup Language，HTML）文件或者文本文件，可能会加快对它们的访问速度，因为解压缩所需的时间要少于读取完整数据所花费的时间。

建议避免在保存远程配置文件的服务器系统或者网络共享位置上使用压缩功能，因为这会显著地增加处理器的负担。

硬盘空间受限的单用户操作系统可以有效地利用 NTFS 压缩。由于在计算机中访问速度最慢的不是 CPU 而是硬盘，因此 NTFS 压缩可以同时提高受限制的、慢速存储空间的空间利用率和访问速率。

当某个程序（如下载管理器）无法创建没有内容的稀疏文件的时候，NTFS 压缩也可以作为稀疏文件的替代实现方式。

微软认为，NTFS 更适用于客户端，比如经常读但写入较少的文件；不适合频繁写入的应用（比如服务器），因为会增加 CPU 的负担，对于服务器这种“CPU 饥渴性应用”，还是不要使用压缩好一些。

6.5.2 文件压缩功能的启用与关闭

在 Windows 11 中如何打开和关闭 NTFS 文件压缩功能呢？下面来详细介绍一下，具体操作步骤如下。

一、文件压缩功能的启用

1. 右击文件或文件夹，在弹出的快捷菜单中选择“属性”命令，弹出的对话框如图 6-51 所示。

2. 单击“高级”按钮，弹出的对话框如图 6-52 所示。

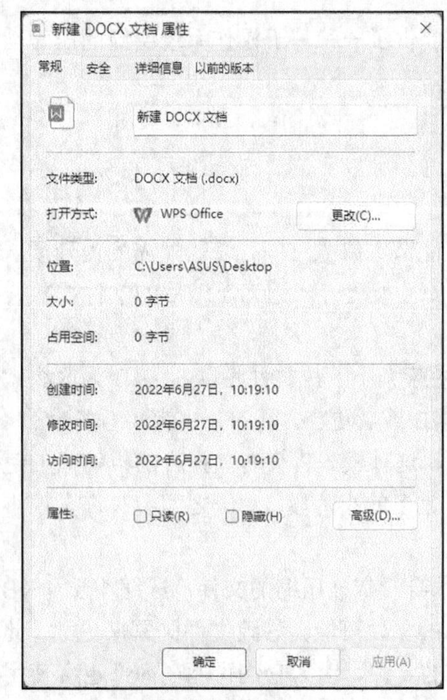

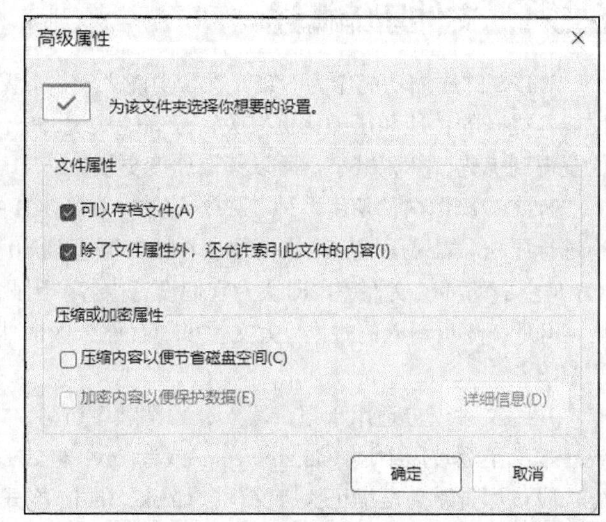

图 6-51　　　　图 6-52

3. 在“高级属性”对话框中，勾选“压缩内容以便节省磁盘空间”复选框，表示启用 NTFS 文件压缩功能，如图 6-53 所示。

4. 单击“确定”按钮，完成设置。

二、文件压缩功能的关闭

1. 右击文件或文件夹，在弹出的快捷菜单中选择“属性”命令，弹出的对话框如图 6-54 所示。

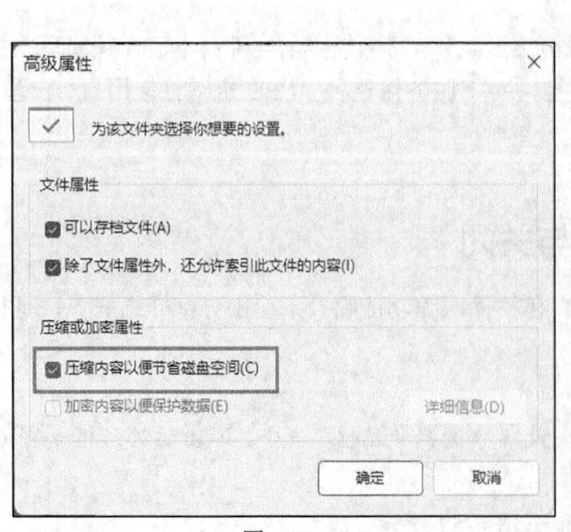

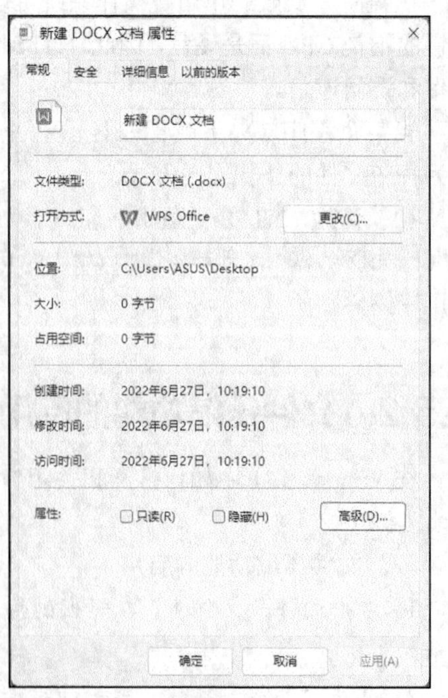

图 6-53　　　　图 6-54

2. 单击“高级”按钮，弹出的对话框如图 6-55 所示。

3. 在“高级属性”对话框中，取消勾选“压缩内容以便节省磁盘空间”复选框，关闭 NTFS 文件压缩功能，如图 6-56 所示。

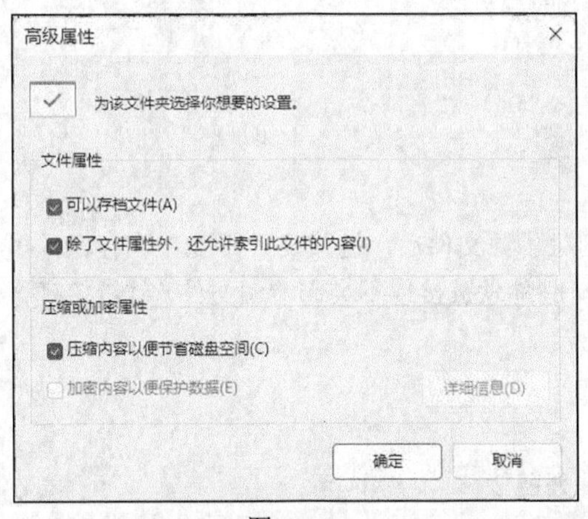

图 6-55

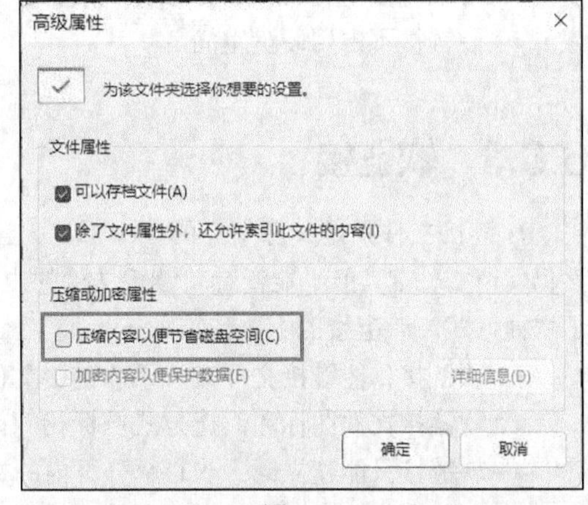

图 6-56

4. 单击“确定”按钮，完成设置。

6.6 文件链接

文件链接的概念最初是在 Linux 操作系统上提出的，自 Windows 2000 开始，微软开始部分支持文件链接功能。随着操作系统版本的更新，对文件链接的支持越来越完善。

简单来说，文件链接就是同一个文件或目录，可以用多个路径来表示，而不需要占用额外的存储空间，类似于快捷方式。Windows 11 中的文件链接包含 3 种方式，分别是硬链接、软链接、符号链接。

6.6.1 文件链接概述

文件链接对用户的使用而言与使用普通文件或文件夹一样，但是其最大的好处之一是不占用硬盘的实际物理空间，其只是作为一个标记而存在。例如，当某个磁盘（如 D 盘）的存储空间已经不足，但是仍然需要将内容存储到 D 盘中，该怎么办？这时，我们可以使用符号链接把 E 盘的某个文件链接到 D 盘，这样，数据实际是存储到 E 盘中的，但是数据存储的位置是在 D 盘，变相扩充了 D 盘的存储空间。

6.6.2 硬链接

硬链接就是让多个不在或者同在一个目录下的文件名，同时能够修改同一个文件，其中一个修改后，所有与其有硬链接的文件都一起被修改了，但是删除任意一个文件名下的文件，对另外的文件名没有影响。硬链接的主要特点如下。

- 硬链接只能链接非空文件，不能链接文件夹。
- 硬链接文件图标和普通文件图标相同，硬链接属于透明过程。

- 硬链接只能建立同一 NTFS 分区内的文件链接。
- 移除源文件不会影响硬链接。
- 删除其中一个硬链接不会影响源文件。
- 对硬链接中的文件进行任何更改都会影响源文件。
- 硬链接不占用硬盘空间。

6.6.3 软链接

软链接文件只是其源文件的一个标记。当删除了源文件后，链接文件不能独立存在，虽然仍保留文件名，但不能查看软链接文件的内容，删除软链接也不会影响源文件，软链接类似于快捷方式。软链接的主要特点如下。

- 软链接只能链接文件夹，不能链接文件。
- 软链接文件图标和快捷方式图标相同。
- 软链接只能建立同一 NTFS 分区内的文件夹链接。
- 移除源文件夹会导致软链接无法访问。
- 删除软链接不会影响源文件夹。
- 对软链接中的文件进行任何更改都会影响源文件。
- 软链接不占用硬盘空间。

6.6.4 符号链接

符号链接在功能上和快捷方式有些类似，区别在于打开快捷方式会跳转回源文件路径，符号链接则不会跳转，而使用创建后的路径。符号链接在创建的时候可以使用相对路径和绝对路径，创建链接后所对应的也是相对路径和绝对路径。绝对路径在源文件不移动的情况下允许使用，而相对路径是相对于两个文件的路径，所以两个文件的相对位置没有改变就不会导致链接错误。符号链接主要特点如下。

- 符号链接可以链接文件和文件夹。
- 符号链接文件或文件夹图标和快捷方式图标相同。
- 符号链接可以跨 NTFS 分区创建文件或文件夹链接。
- 删除或移动源文件或源文件夹，符号链接失效。
- 删除或移动符号链接中的文件或文件夹不会影响源文件或源文件夹。
- 对符号链接中的文件或文件夹进行任何更改都会影响源文件或源文件夹。
- 符号链接可以指向不存在的文件或文件夹。创建符号链接时，操作系统不会检查文件或文件夹是否存在。
- 符号链接不占用硬盘空间。

第 7 章 Windows 11 软硬件管理

我们在使用计算机的过程中，会产生各种各样的需求，这些需求如果靠当前的软件或硬件不能得到满足时，就需要对软件和硬件进行添加和管理。如果有些软件或硬件不再使用，为了节约计算机资源，我们需要将它们删除。本章针对计算机的软件和硬件管理进行详细介绍。

7.1 软件的安装

在使用计算机的过程中，用户经常会接触到各种类型的软件。计算机系统本身会自带一些软件，但是这些软件有时并不能满足用户的需求，这时我们就可以自行安装一些软件，来满足我们日常使用的需求。

7.1.1 软件的分类

计算机软件按照用途可以分为系统软件和应用软件两类。

一、系统软件

系统软件泛指那些为了有效地使用计算机系统、给应用软件开发与运行提供支持或能为用户管理与使用计算机提供方便的一类软件，例如基本输入输出系统（BIOS）、操作系统（如 Windows）、程序设计语言处理系统（如 C 语言编译器）、数据库管理系统（如 Oracle、Access 等）、常用的实用程序（如磁盘清理程序、备份程序等）等都是系统软件。

二、应用软件

应用软件泛指那些专门用于解决各种具体应用问题的软件。由于计算机的通用性和应用的广泛性，应用软件比系统软件更丰富多样。按照应用软件的开发方式和适用范围，应用软件可再分为通用应用软件和定制应用软件两大类。

（1）通用应用软件。

生活在现代社会，不论是学习还是工作，不论从事何种职业、处于什么岗位，人们都需要阅读、书写、通信、娱乐和查找信息，有时可能还要做演讲、发消息等，所有这些活动都有相应的软件能使其更方便、更有效地进行。由于这些软件几乎人人都需要使用，所以把它们称为通用应用软件。

通用应用软件分若干类，如文字处理软件、信息检索软件、游戏软件、媒体播放软件、网络通信软件、个人信息管理软件、演示软件、绘图软件、电子表格软件等。这些软件设计得很精巧，易学易用，多数用户几乎不经培训就能使用，在普及计算机应用的进程中，它们起到了很大的作用。

（2）定制应用软件。

定制应用软件是按照不同领域用户的特定应用需求而专门设计、开发的软件，如超市的销售管理和市场预测系统、汽车制造厂的集成制造系统、大学教务管理系统、医院挂号计费系统、酒店客房管理系统等。这类软件专用性强，设计和开发成本相对较高，只有一些专业机构用户需要购买，因此价格通常比通用应用软件贵得多。

7.1.2 安装软件

如果计算机中没有我们需要的软件，那么使用之前就需要对这个软件进行安装。下面以“网易有道词典”为例给大家介绍安装软件的具体步骤。

1. 打开浏览器，进入“网易有道词典”的官方网站，找到“有道词典”的下载入口，如图 7-1 所示。

2. 单击“立即下载”按钮，将软件下载到桌面，如图 7-2 所示。

图 7-1

图 7-2

3. 双击桌面上下载完的安装程序，弹出的对话框如图 7-3 所示。

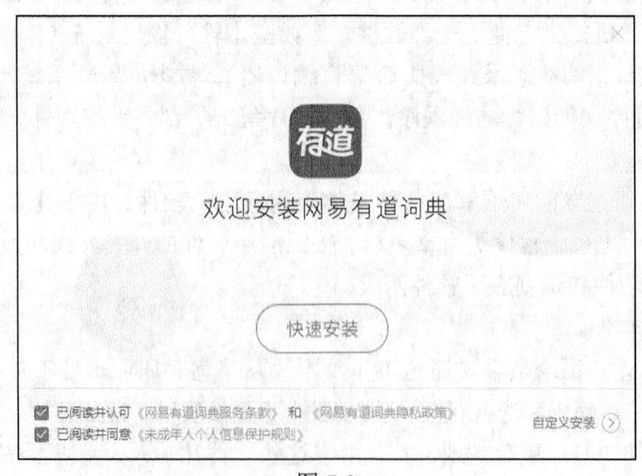

图 7-3

4. 默认已勾选“已阅读并认可”“已阅读并同意”复选框，单击“快速安装”按钮，进入安装状态，如图 7-4 所示。

5. 安装完成后如图 7-5 所示。

图 7-4

图 7-5

6. 单击“查词去”按钮，即可进入查词界面，如图 7-6 所示。同时，在桌面上会看到“网易有道词典”的快捷方式，如图 7-7 所示，它可以用来快速启动“网易有道词典”。

图 7-6

图 7-7

7.1.3 运行安装的软件

“网易有道词典”安装完成后，就可以运行使用了。软件的启动通常有两种方法，具体如下。

方法 1：直接双击桌面上的“网易有道词典”快捷方式，如图 7-8 所示，即可运行软件。

方法 2：如果桌面上没有快捷方式，可以单击任务栏左侧的“开始”图标，在弹出的菜单中单击“所有应用”，找到“网易有道词典”，如图 7-9 所示，单击即可运行软件。

图 7-8

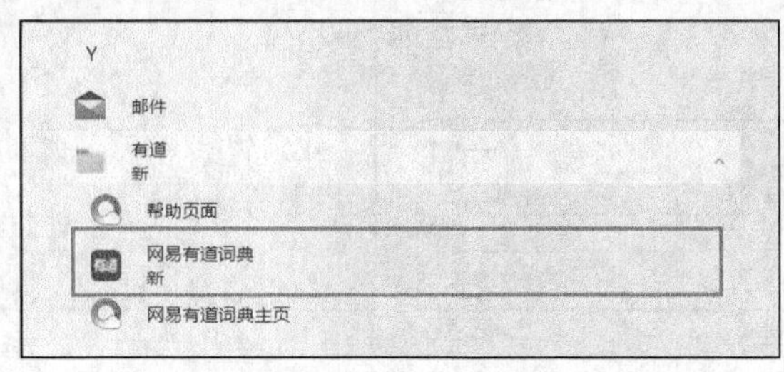

图 7-9

7.1.4 修复安装的软件

如果软件在使用过程中出现了问题，我们可以使用 Windows 11 自带的修复安装功能来修复软件。并不是所有的软件都支持该功能，只有支持该功能的软件才可以进行这项操作。下面以 Microsoft Office Professional Plus 2010 为例，介绍具体的操作步骤。

1. 单击任务栏左侧的“开始”图标，然后单击“设置”按钮，在弹出的窗口中选择“系统”选项，如图 7-10 所示。

2. 选择“应用”选项，然后选择“应用和功能”选项,会看到图 7-11 所示的界面。

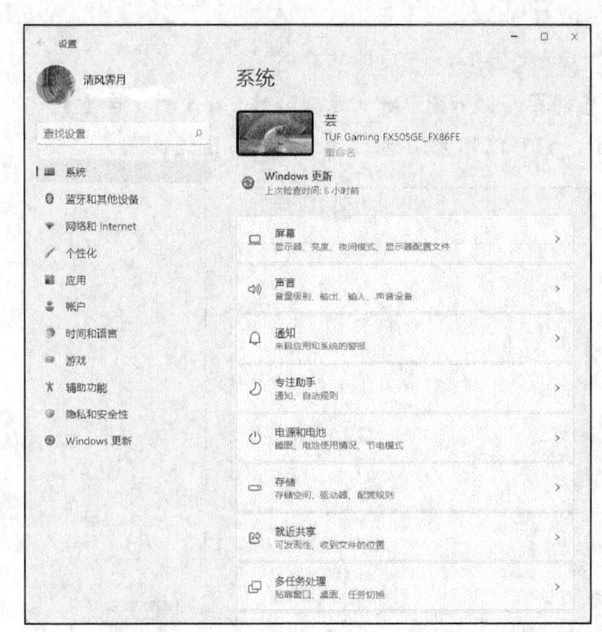

图 7-10

图 7-11

3. 单击按钮，在弹出的菜单中选择“修改”命令，如图 7-12 所示。

4. 在弹出的对话框中选中“修复”单选项，单击“继续”按钮，如图 7-13 所示。

图 7-12

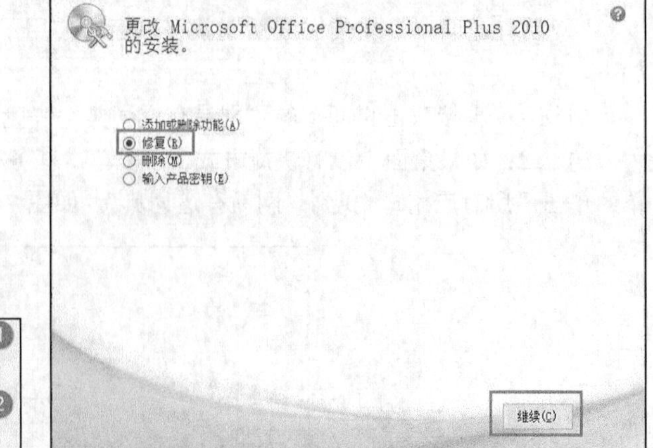

图 7-13

5. 这时 Microsoft Office Professional Plus 2010 开始进行修复工作，如图 7-14 所示。

6. 程序修复完成后，出现图 7-15 所示的界面，单击“关闭”按钮。

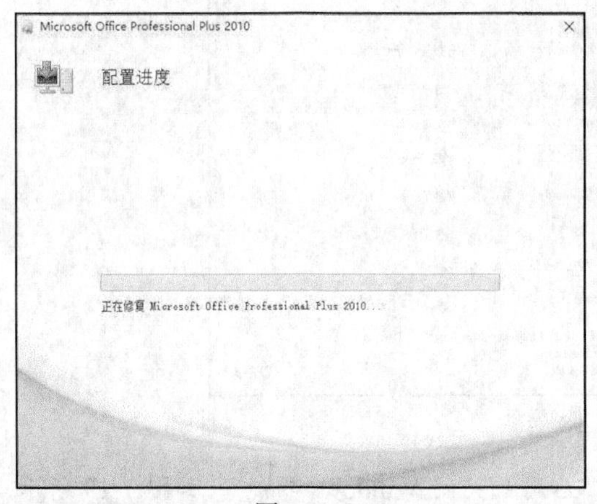

图 7-14

图 7-15

7. 此时弹出询问是否需要重启系统的对话框，如图 7-16 所示。关闭其他正在运行的程序，然后单击“是”按钮，开始重启。

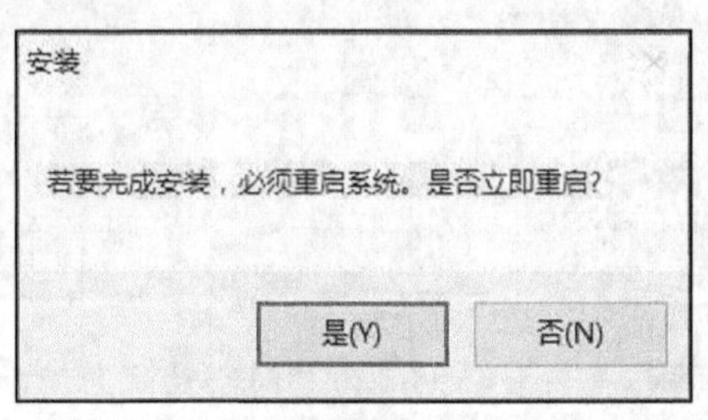

图 7-16

7.1.5 启用或关闭 Windows 功能

Windows 11 默认附带了一些非常实用的组件，但是默认没有全部安装，如果需要其中的功能，可以自行添加，具体操作步骤如下。

1. 在任务栏左侧单击“开始”图标，在弹出的菜单中搜索“控制面板”，如图 7-17 所示。

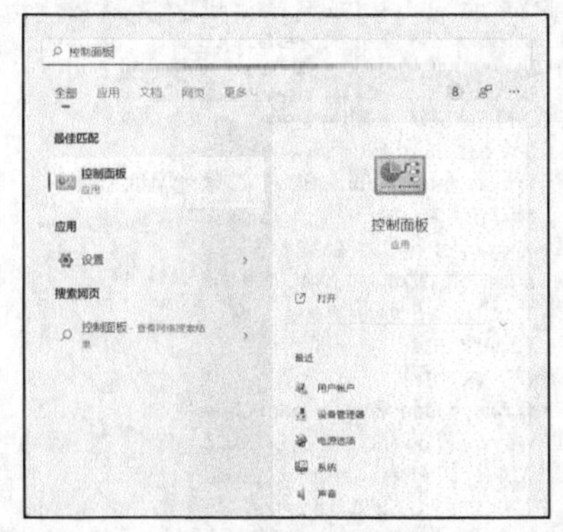

图 7-17

2. 进入控制面板窗口，单击“程序和功能”，如图 7-18 所示。

图 7-18

3. 在弹出的“程序和功能”窗口中，单击“启用或关闭 Windows 功能”，如图 7-19 所示。

图 7-19

4. 在弹出的窗口中，勾选需要添加的功能对应的复选框，如图 7-20 所示。

图 7-20

5. 单击“确定”按钮，进入启动状态，如图 7-21 所示。

6. Windows 功能启动完成后，如图 7-22 所示，单击“关闭”按钮即可。

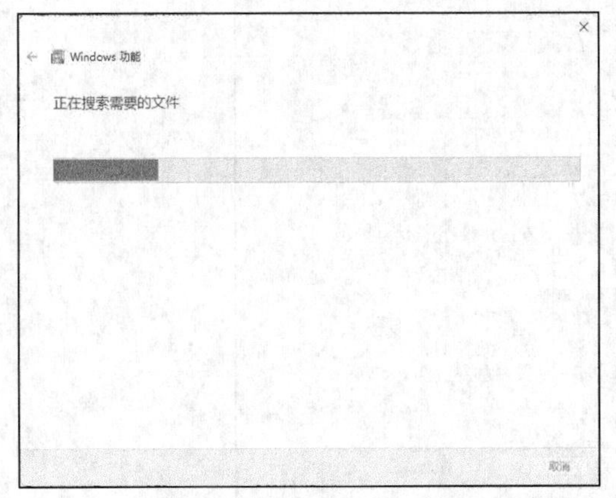

图 7-21

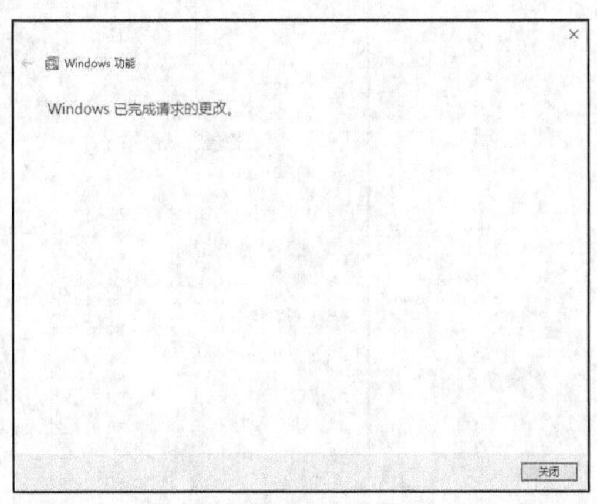

图 7-22

7.1.6 卸载已经安装的软件

如果有些软件我们不再继续使用，可以通过卸载它们来节约磁盘空间和释放系统资源，具体操作步骤如下。

1. 在任务栏左侧单击“开始”图标，在弹出的菜单中单击“设置”按钮，弹出的窗口如图 7-23 所示。

图 7-23

2. 选择“应用”选项，窗口如图 7-24 所示。

图 7-24

3. 选择“应用和功能”选项，相关设置如图 7-25 所示。

图 7-25

4. 例如，单击“网易有道词典”后的 ⋮ 按钮，弹出的菜单如图 7-26 所示。

图 7-26

5. 选择“卸载”选项，开始卸载，等待卸载完成即可。

7.2 了解硬件设备

计算机硬件是指计算机系统中由电子、机械和光电元件等组成的各种物理装置的总称。这些物理装置按系统结构的要求构成一个有机整体，为计算机软件运行提供物质基础，简言之，计算机硬件的功能是输入并存储程序和数据，以及执行程序把数据加工成可以利用的形式。从外观上来看，计算机由主机箱和外部设备组成。主机箱内主要包括 CPU、内存、主板、硬盘驱动器、光盘驱动器、各种扩展卡、连接线、电源等，外部设备包括鼠标、键盘等。按照安装的类型，计算机硬件可以分为即插即用型硬件和非即插即用型硬件。

7.2.1 即插即用型硬件

我们的计算机在装上一些新硬件以后，必须安装相应的驱动程序并配置相应的中断、分配资源等才能使新硬件正常使用。因为多媒体技术的发展，我们需要的硬件越来越多，安装新硬件后的配置工作就成了让人头痛的事。为了解决这一问题，出现了“即插即用”技术。这些硬件连接到计算机之后，无须配置即可进行使用。使用即插即用标准的硬件也叫即插即用型硬件，比如显示器、USB 设备等。

7.2.2 非即插即用型硬件

一些硬件连接到计算机后，并不能立即使用，需要安装相应的驱动程序才可以使用，这样的硬件叫作非即插即用型硬件，比如打印机、扫描仪等。

7.3 硬件设备的使用和管理

在使用计算机的过程中，根据工作内容的不同，我们需要添加或者删除各种各样的硬件，那么我们如何对这些硬件设备进行使用和管理呢？下面就来介绍一下。

7.3.1 添加打印机

打印机是我们最常使用的硬件设备之一，几乎是办公室必备的设备，下面介绍如何为计算机添加打印机。

打印机按照接口类型可以分为并口打印机、USB 接口打印机、网络打印机这 3 种，下面以十分常用的 USB 接口打印机来说明如何添加打印机。

首先准备好打印机的驱动程序，可以从官网上下载或者使用打印机自带的光盘，然后按照步骤安装驱动程序。

等驱动程序提示将打印机连接到计算机时，将打印机和计算机通过 USB 线连接，打开打印机电源开关，等待安装程序执行，并根据提示完成后续的步骤即可。

7.3.2 查看硬件设备的属性

如果我们需要了解计算机硬件的属性信息，可以通过设备管理器来查看，具体操作步骤如下。

1. 在任务栏左侧单击“开始”图标，单击搜索栏，搜索“控制面板”，如图 7-27 所示。

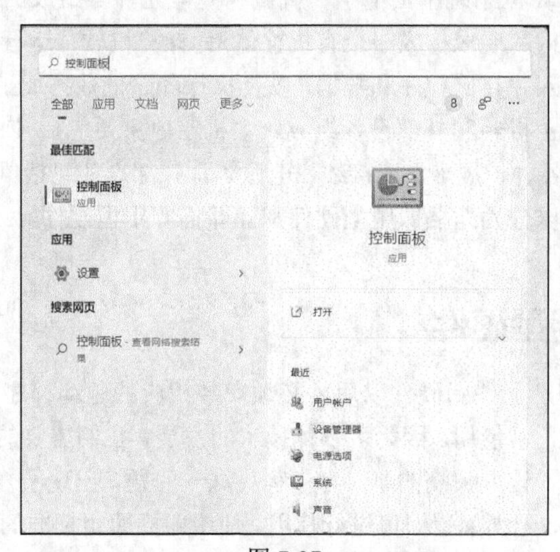

图 7-27

2. 单击“控制面板”，弹出的窗口如图 7-28 所示。

图 7-28

3. 单击“设备管理器”，弹出的窗口如图 7-29 所示。

4. 展开要查看的项目，然后选中要查看的设备，右击，在弹出的快捷菜单中选择“属性”命令，弹出的对话框如图 7-30 所示，在各选项卡中可以查看硬件的各种属性信息。

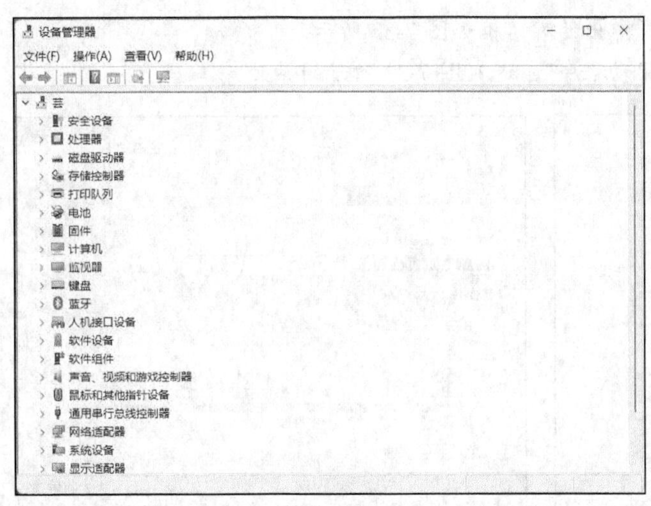

图 7-29

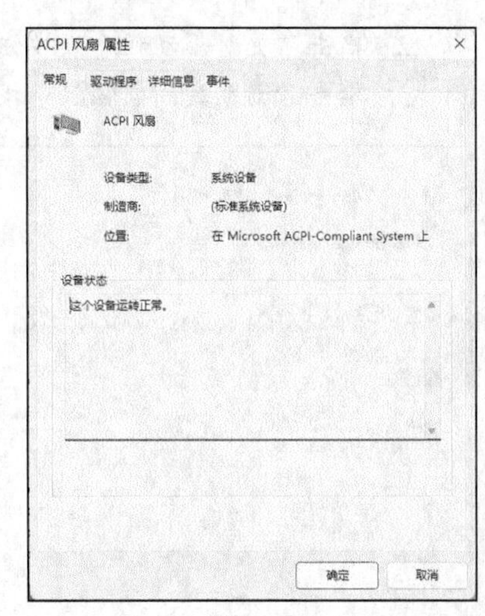

图 7-30

7.3.3 更新硬件设备的驱动程序

计算机硬件通过驱动程序和操作系统实现交互，如果驱动程序出现问题，会导致硬件不能正常使用。另外硬件设备生产厂商也会定期发布新的硬件设备的驱动程序，以使硬件发挥更好的性能，下面就来介绍如何更新硬件设备的驱动程序。

方法 1：如果生产厂商提供的是可执行程序，直接运行安装程序即可完成硬件设备驱动程序的更新。

方法 2：如果生产厂商提供的不是可执行程序，而是.inf 文件，这时候我们可以通过设备管理器来更新硬件设备的驱动程序，具体操作步骤如下。

1. 打开“设备管理器”窗口，并打开硬件设备属性对话框，选择“驱动程序”选项卡，如图 7-31 所示。

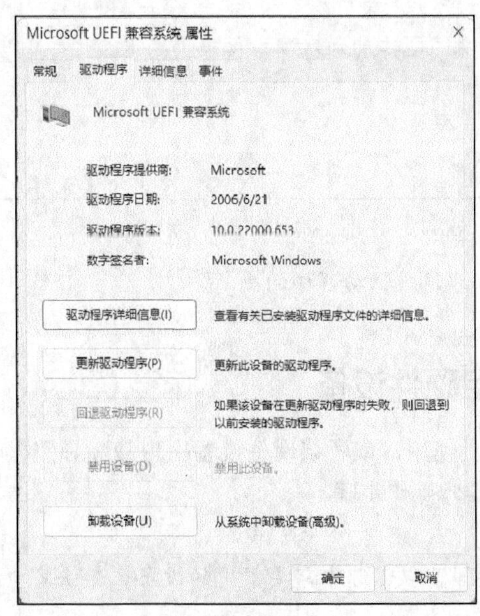

图 7-31

2. 单击“更新驱动程序”按钮，弹出的对话框如图 7-32 所示。

3. 单击“浏览我的电脑以查找驱动程序”，进入图 7-33 所示的界面。

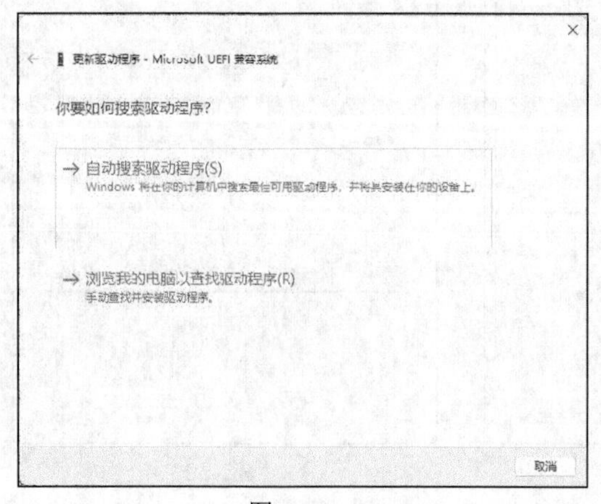

图 7-32

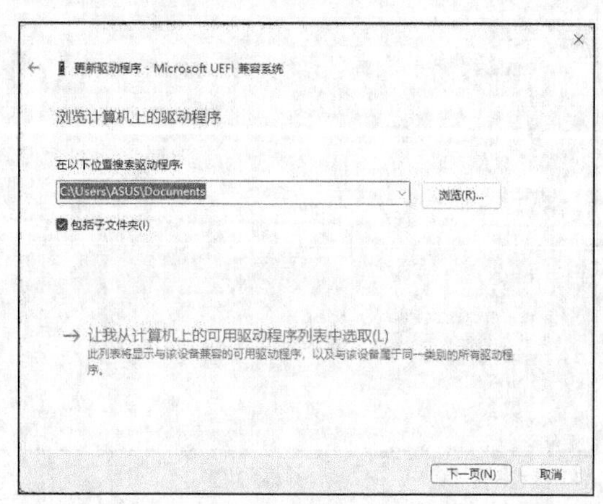

图 7-33

4. 单击“浏览”按钮，选择要更新的驱动程序所在的文件夹，然后单击“下一步”按钮，耐心等待安装完成，如图 7-34 所示。

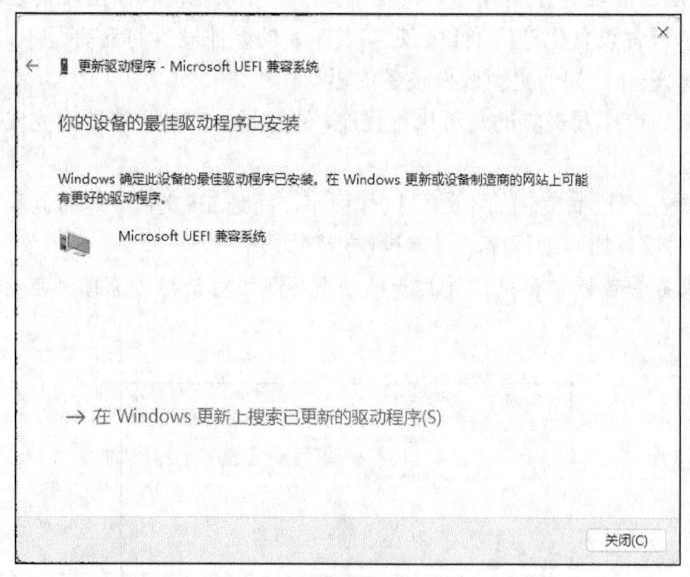

图 7-34

5. 单击“关闭”按钮，完成驱动程序的更新。

7.3.4 禁用和启用硬件设备

如果某个硬件设备不再使用，或者该硬件设备出现故障导致操作系统出现问题，我们就需要禁用它，下面来介绍具体操作步骤。

一、设备禁用

1. 打开“设备管理器”窗口，选中需要禁用的设备，单击窗口上方的“禁用”按钮，如图 7-35 所示。

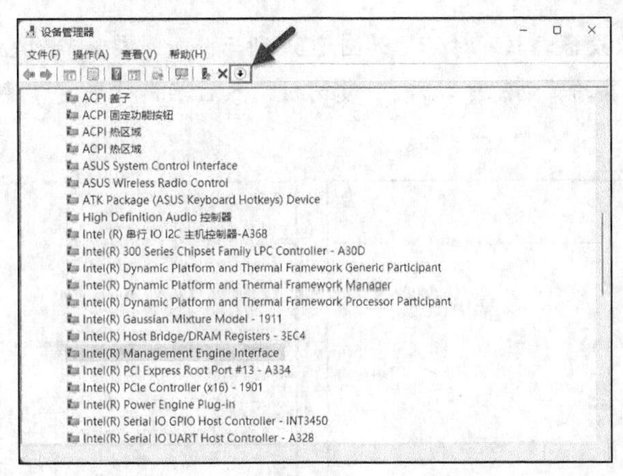

图 7-35

2. 弹出的对话框如图 7-36 所示，单击“是”按钮，即可完成设备的禁用，单击“否”按钮可取消操作。

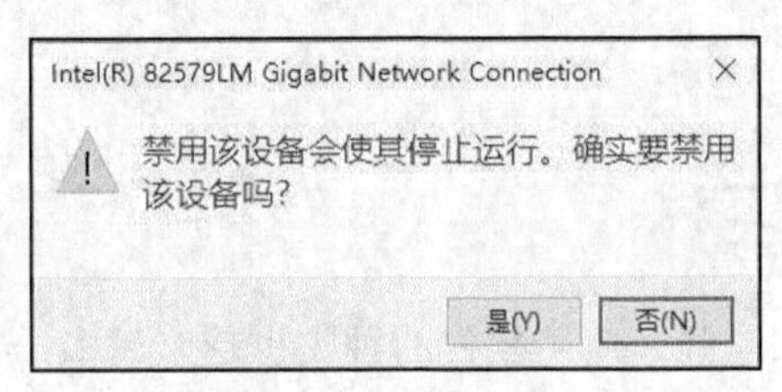

图 7-36

二、设备启用

打开“设备管理器”窗口，选中需要启用的设备，单击窗口上方的“启用”按钮，如图 7-37 所示，即可完成设备的启用。

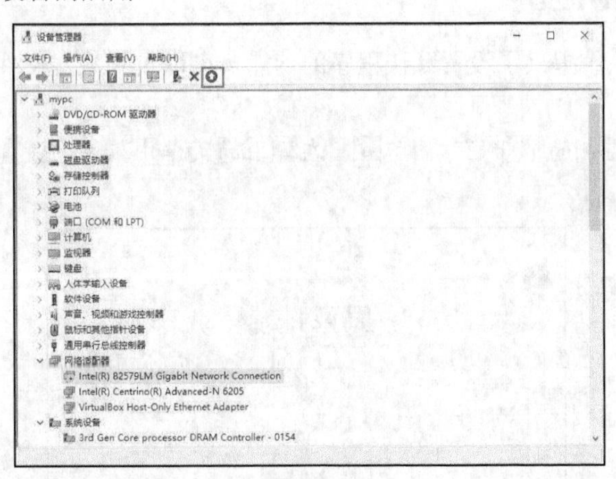

图 7-37

7.3.5　卸载硬件设备

如果我们确定不需要某设备了，可以通过卸载硬件设备来彻底删除硬件设备的驱动程序，具体操作步骤如下。

1. 打开“设备管理器”窗口，选中要卸载的硬件设备，单击窗口上方的“卸载”按钮，如图 7-38 所示。

2. 弹出的“确认设备卸载”对话框如图 7-39 所示。如果要删除对应设备的驱动程序，则可以勾选“删除此设备的驱动程序软件。”复选框，然后单击“确定”按钮，等待卸载操作完成即可。

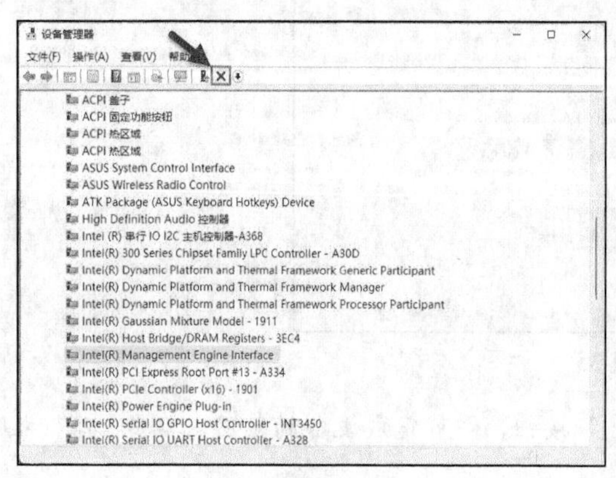

图 7-38

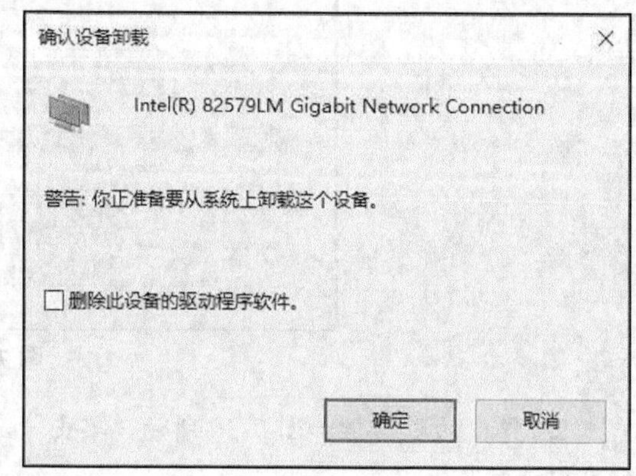

图 7-39

7.4 管理默认程序

现在计算机的功能越来越强，应用软件的种类也越来越多，往往可以实现一个功能的软件安装了多个，这时该怎么设置其中一个为默认的软件呢？比如有两个播放器，需要选择一个为默认播放器。下面就来介绍一下具体设置方法。

7.4.1 设置默认程序

Windows 操作系统提供了设置默认程序的功能，可以设置某些文件的默认打开程序，具体操作步骤如下。

1. 单击任务栏左侧的“开始”图标，在弹出的菜单中单击“设置”按钮，弹出的窗口如图 7-40 所示。

图 7-40

2. 选择“应用”选项，窗口如图 7-41 所示。

3. 选择“默认应用”选项，相关设置如图 7-42 所示。

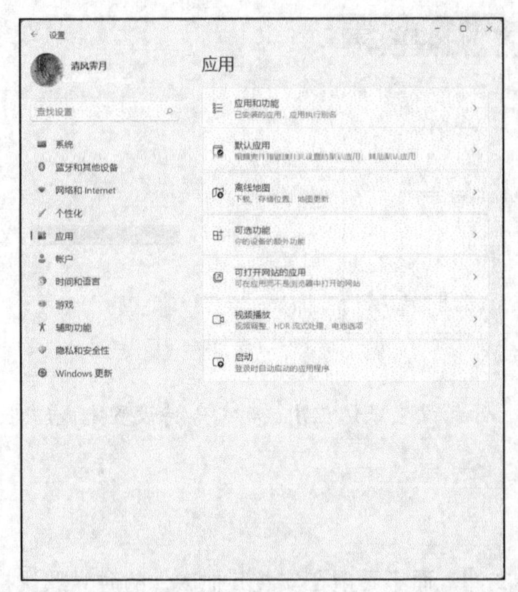

图 7-41

图 7-42

4. Windows 11 提供了一些常用默认应用设置，通过搜索文件类型来选择相应的默认应用，选择需要的应用，即可将其设置为默认应用。

5. Windows 11 还支持“按文件类型指定默认应用”“按应用设置默认值”“按协议设置默认值”。以“按应用设置默认值”为例，在“设置应用程序的默认值”区域（见图 7-43）单击需要设置为默认应用程序的图标，如 Excel 2016，界面如图 7-44 所示。

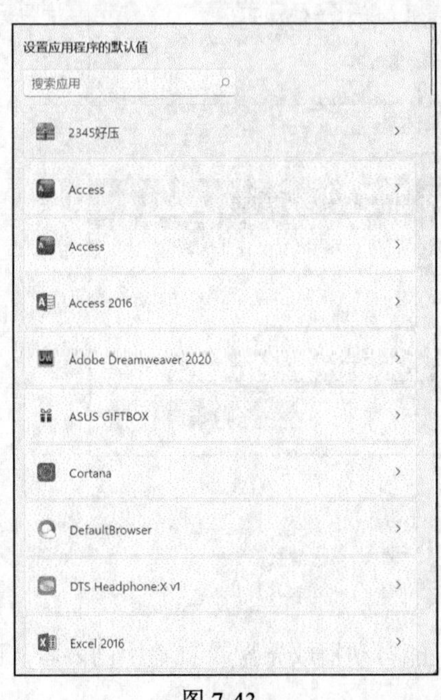

图 7-43

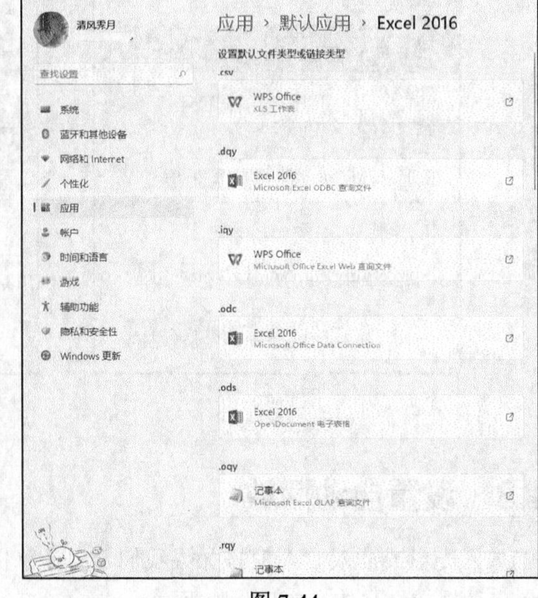

图 7-44

6. 选择一种文件类型，就可以设置该类型的文件默认以 Excel 2016 打开，弹出的提示框如图 7-45 所示。

图 7-45

7. 选择 Excel 2016 后，单击“确定”按钮，开始设置默认应用，耐心等待设置完成即可。

7.4.2 设置文件关联

有时我们习惯总是使用某一软件打开某一文件，而不希望在安装其他软件的时候默认打开方式被修改，这时就可以将此类型文件设置为始终使用某一软件打开，具体操作步骤如下。

1. 以.docx 文件为例，右击文件，在弹出的快捷菜单中选择“打开方式”，然后选择“选择其他应用”，弹出的提示框如图 7-46 所示。

2. 在弹出的提示框中，选择要使用的程序，勾选“始终使用此应用打开.docx 文件”复选框，单击“确定”按钮，即可完成设置，如图 7-47 所示。

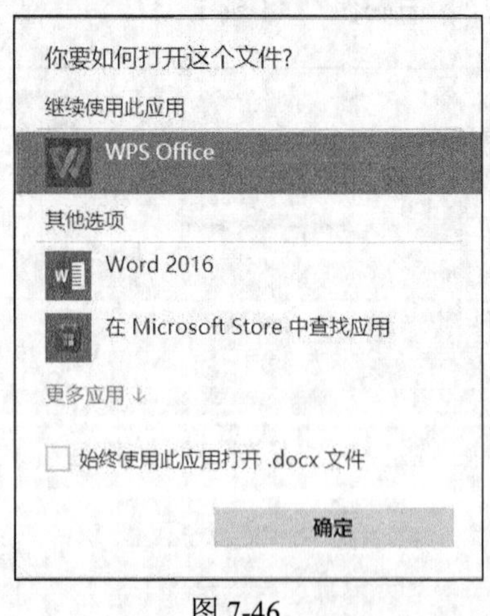

图 7-46

图 7-47

7.4.3 设置自动播放

当放入光盘或插入 U 盘时，如果我们希望计算机能自动播放光盘或 U 盘中的内容，则可以设置自动播放，具体操作步骤如下。

1. 单击任务栏左侧的“开始”图标，在弹出的菜单中单击“设置”按钮，弹出的窗口如图 7-48 所示。

2. 选择“蓝牙和其他设备”选项，窗口如图 7-49 所示。

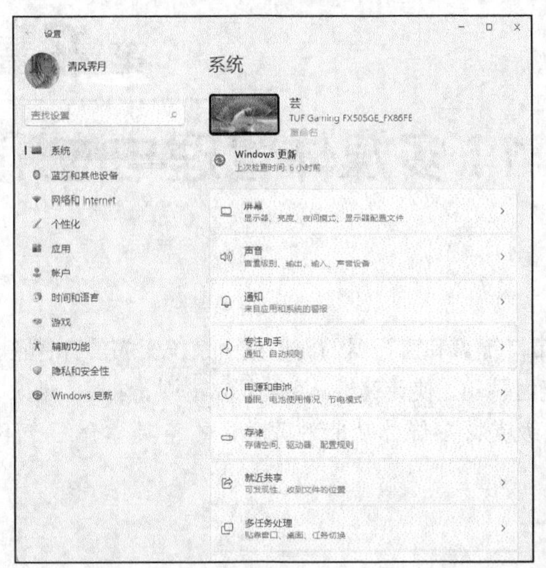

图 7-48

图 7-49

3. 选择“自动播放”选项，相关设置如图 7-50 所示。

4. 开启“在所有媒体和设备上使用自动播放”，如图 7-51 所示，即可打开自动播放功能。

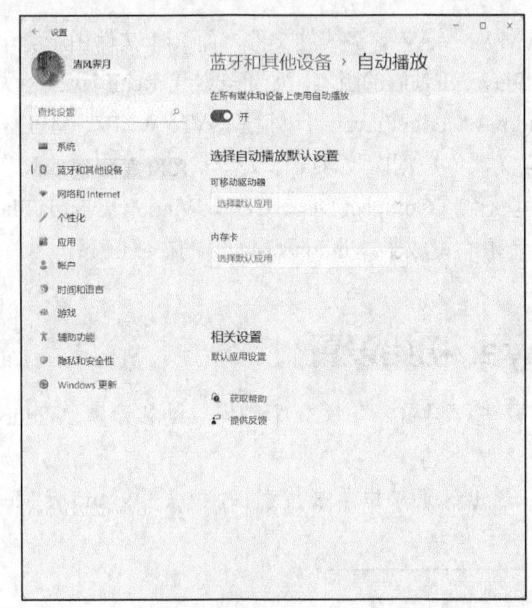

图 7-50

图 7-51

5. 单击“可移动驱动器”下拉列表框，可以设置打开移动驱动器类型设备使用的默认应用程序。

6. 单击“内存卡”下拉列表框，可以设置打开内存卡类型设备使用的默认应用程序。

第 8 章

Windows 11 多媒体管理与应用

多媒体技术的出现与应用，把计算机从带有键盘和监视器的简单桌面系统变成具有音箱、麦克风、耳机、游戏杆和光盘驱动器的多功能组件箱，使计算机具备电影、电视、录音、录像、传真等全面功能。Windows 11 更是从系统级支持多媒体功能的改善，本章具体介绍一下 Windows 11 的多媒体功能。

8.1 使用 Windows Media Player 播放音乐和视频

Windows Media Player 是微软出品的一款免费的播放器，是 Windows 的一个组件，也可称其为“WMP”。

Windows Media Player 可以播放 MP3、WMA、WAV 等格式的文件，而 RM 文件由于竞争关系，微软默认不支持。不过在 Windows Media Player 8 以后的版本，如果安装了 RealPlayer 相关的解码器，就可以播放 RM 文件。视频方面 Windows Media Player 可以播放 AVI、WMV、MPEG-1、MPEG-2、DVD 等格式的文件，用户可以自定义媒体数据库收藏媒体文件，支持建立播放列表，支持从 CD 抓取音轨复制到硬盘，支持刻录小型光碟（Compact Disc，CD），Windows Media Player 9 以后的版本甚至支持与便携式音乐设备同步音乐，集成了 Windows Media 的在线服务。

8.1.1 Windows Media Player 初始设置

初次使用 Windows Media Player 时需要进行设置。下面介绍如何启动和设置 Windows Media Player，具体操作步骤如下。

1. 单击任务栏左侧的“开始”图标，在弹出的菜单中单击搜索栏，搜索“Windows Media Player”，如图 8-1 所示。

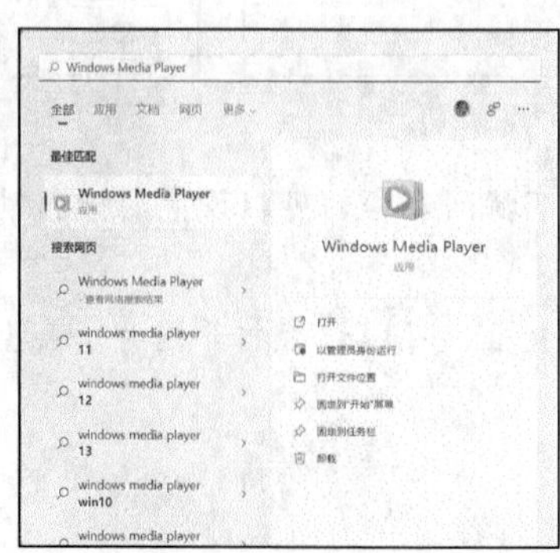

图 8-1

2. 选择“Windows Media Player”，弹出的对话框如图 8-2 所示。

3. 如果希望使用推荐设置，可以选中“推荐设置”单选项，这里我们选择“自定义设置”单选项，单击“下一步”按钮，进入图 8-3 所示的界面。

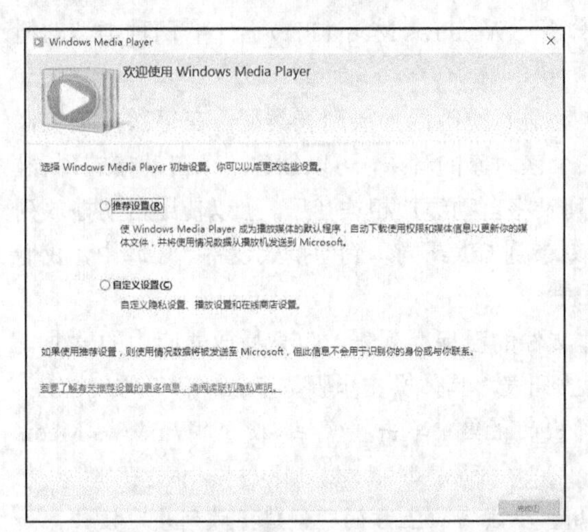

图 8-2

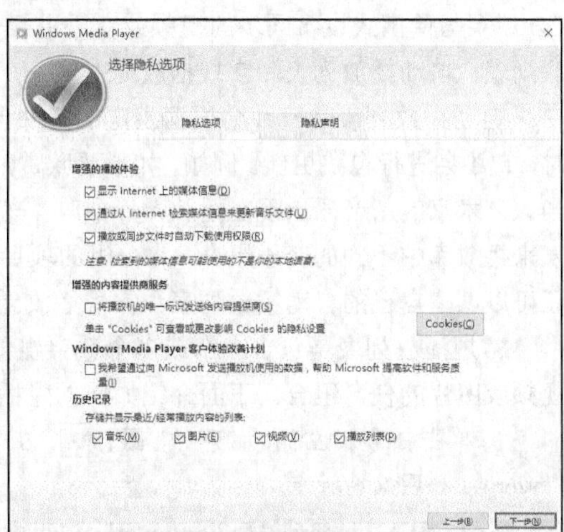

图 8-3

4. 该界面提供了两个选项卡，一个选项卡是“隐私声明”，包含微软对隐私数据的保护声明；另一个选项卡是“隐私选项”，在其中用户可以进行以下几个方面的设置。

- 增强的播放体验：关于播放体验的隐私内容的设置，用户可以根据需要勾选相应复选框，默认是全部勾选的。
- 增强的内容提供商服务：勾选其下相应复选框，可以让内容提供商获取播放器的唯一标识，便于内容提供商提供个性化的服务。
- Windows Media Player 客户体验改善计划：勾选其下相应复选框，播放器会向微软发送播放器的相关使用数据，以帮助微软提升客户体验。
- 历史记录：用于设置是否允许 Windows Media Player 存储媒体播放历史记录。

5. 设置完隐私相关内容，单击“下一步”按钮，进入图 8-4 所示的界面。

6. 选择如何使用 Windows Media Player，单击“完成”按钮，完成设置。此时会弹出“Windows Media Player”窗口，这时就可以开始正式使用 Windows Media Player 了，如图 8-5 所示。

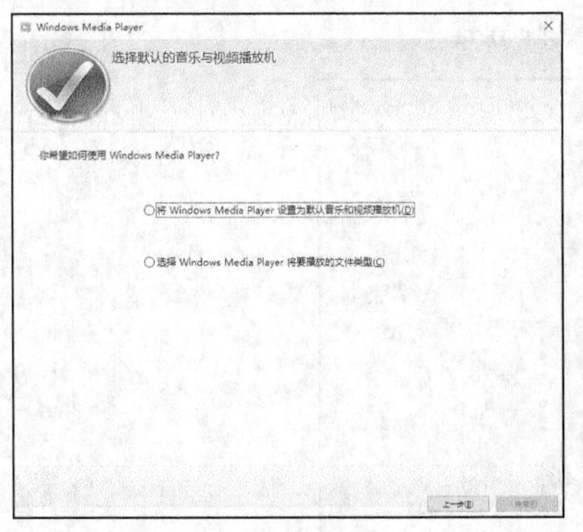

图 8-4

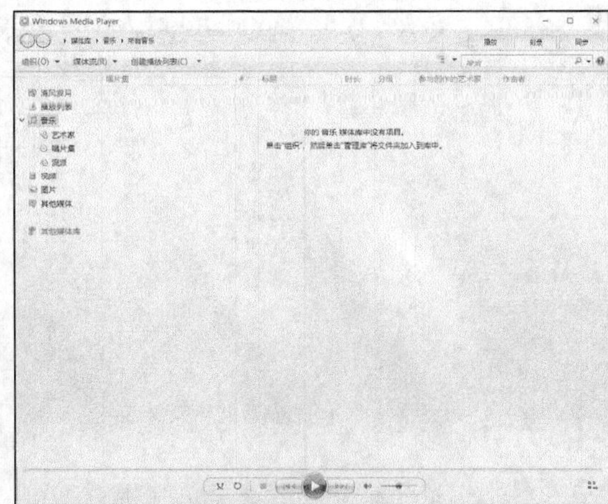

图 8-5

8.1.2　创建播放列表

播放列表是创建并保存的视频或音乐的项目列表。我们还可以使用播放列表将要刻录到CD 或要与便携式设备同步的视频或音乐进行分组。Windows Media Player 中有两种类型的播放列表：自动播放列表和常规播放列表。

自动播放列表是一种会根据指定的条件自动进行更改的播放列表类型，在每次打开软件时，它还会进行自我更新。例如，如果要欣赏某个艺术家的音乐，可以创建一个自动播放列表，当该艺术家的新音乐出现在播放器库中时，该列表将自动添加相关音乐。可以使用自动播放列表来播放库中不同的音乐组合，将分组的项目刻录到 CD 或同步到便携式设备。在库中，我们还可以创建自己的自动播放列表和常规播放列表。

常规播放列表是包含一个或多个数字媒体文件的已保存列表，包含播放器库中的歌曲、视频或图片的任意组合。下面介绍如何创建播放列表，具体操作步骤如下。

1. 单击任务栏左侧的“开始”图标，在弹出的菜单中单击搜索栏，搜索“Windows Media Player”，如图 8-6 所示。

2. 选择“Windows Media Player”打开应用，单击窗口上方的“创建播放列表”按钮，如图 8-7 所示。

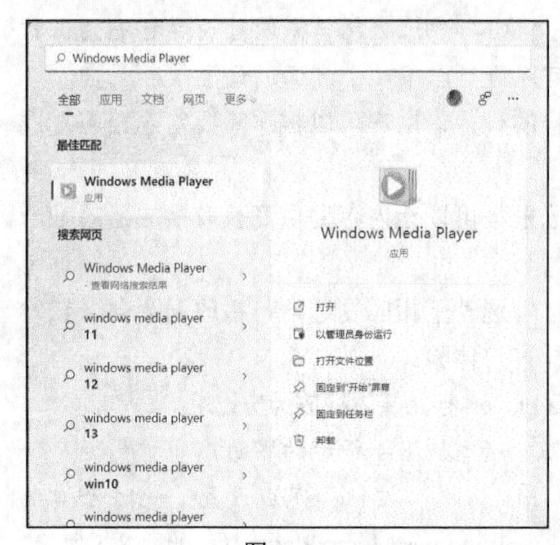

图 8-6

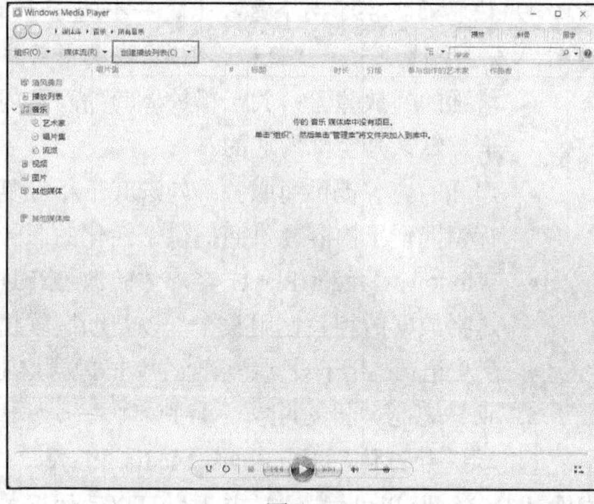

图 8-7

3. 单击窗口上方的“播放”按钮，窗口如图 8-8 所示。

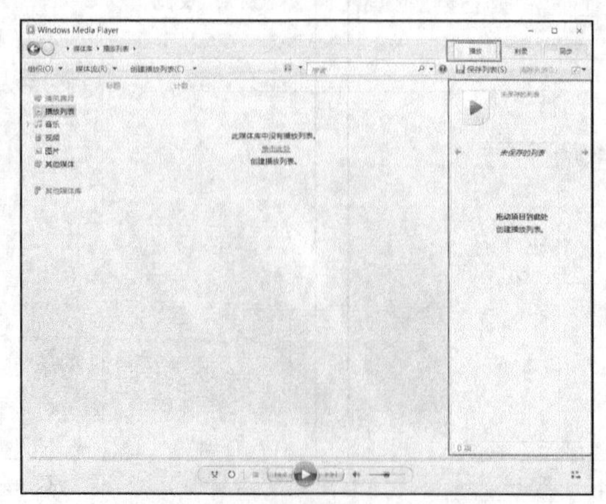

图 8-8

4. 打开音乐或视频文件所在的文件夹，然后选中音乐或视频文件，拖动文件到播放器右侧的播放列表中，如图 8-9 所示。

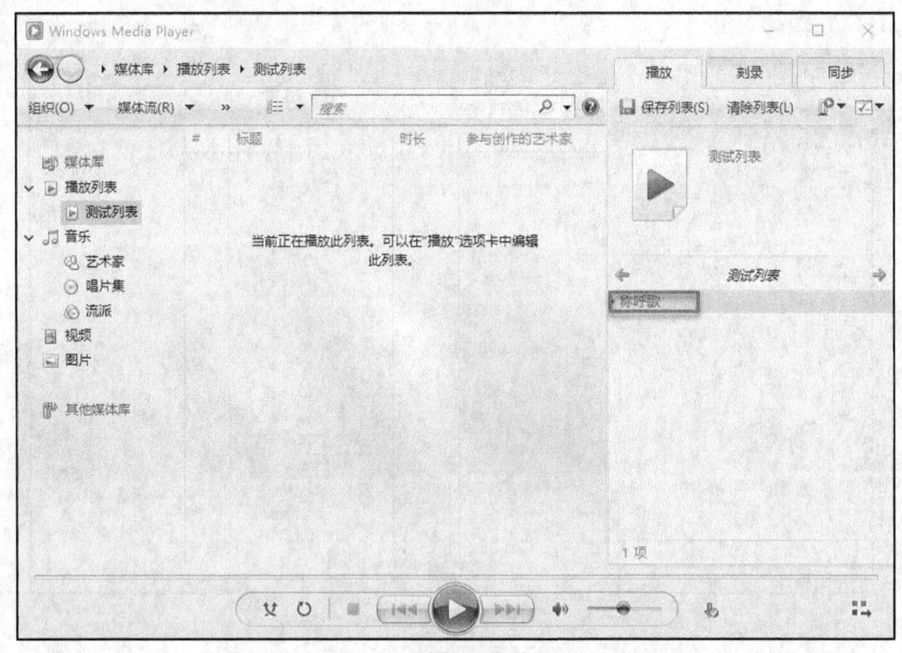

图 8-9

5. 单击窗口右上方的“保存列表”按钮，如图 8-10 所示。

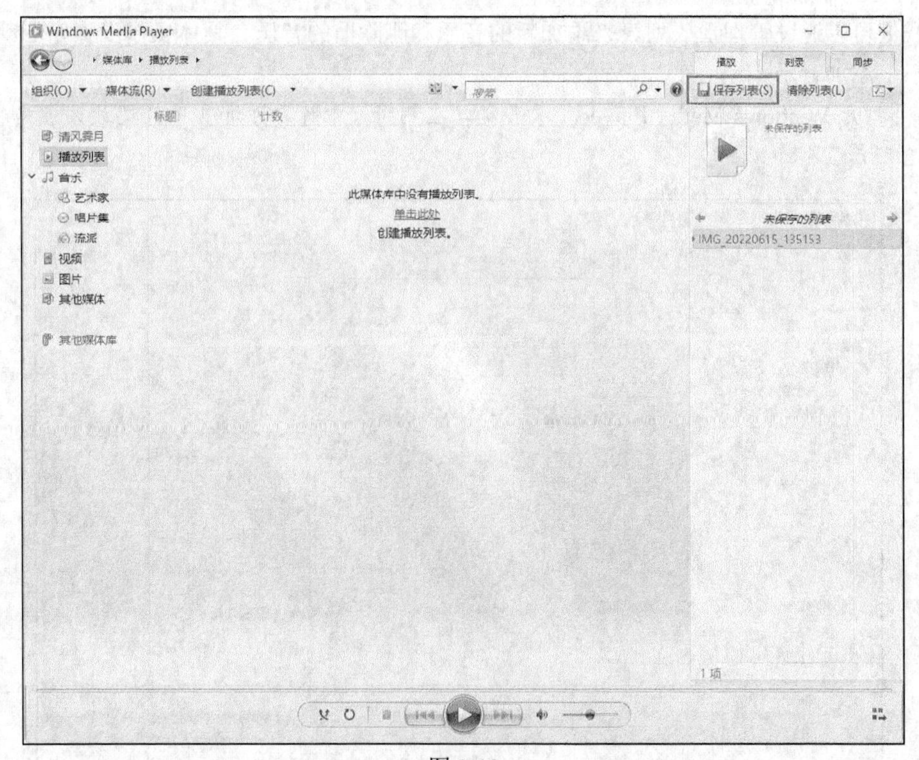

图 8-10

6. 在文本框内输入列表的标题，如图 8-11 所示，按 Enter 键确认即可。

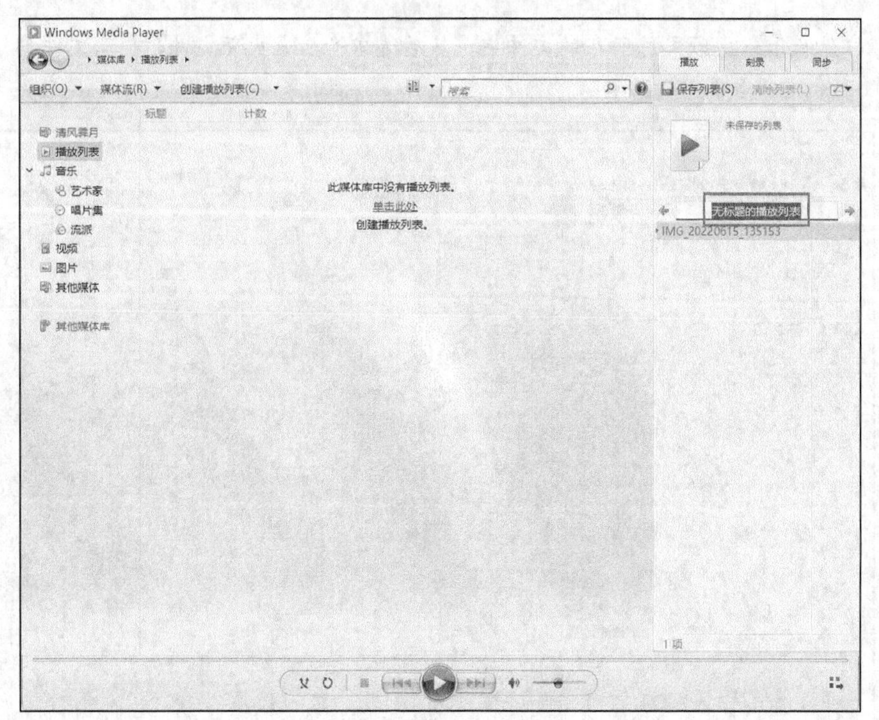

图 8-11

8.1.3　管理播放列表

我们可以通过管理播放列表来添加新的音乐和删除旧的音乐，具体操作步骤如下。

一、添加音乐

1. 打开 Windows Media Player，双击窗口左侧列表中想要添加音乐的播放列表名称，如图 8-12 所示。

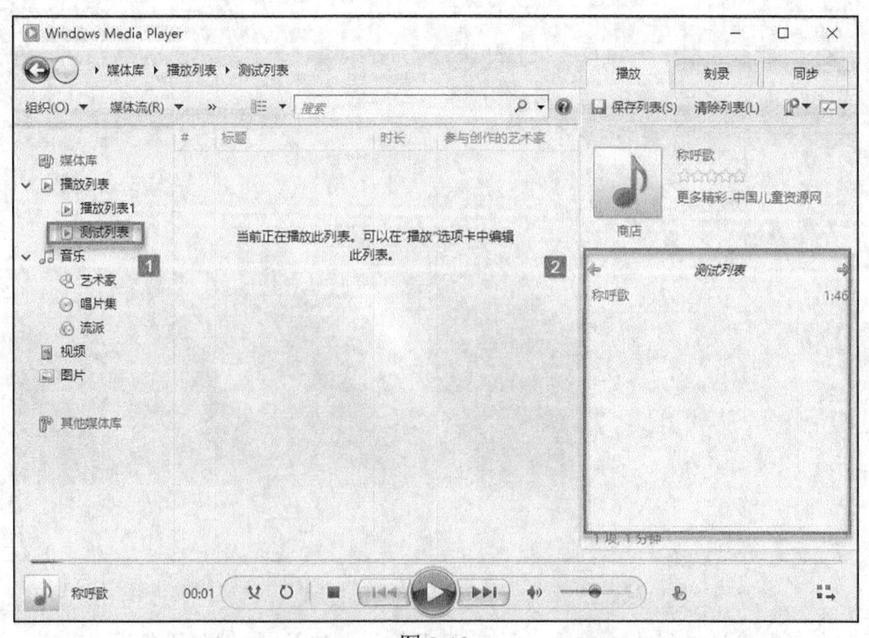

图 8-12

2. 打开音乐所在的文件夹，选择需要加入的音乐文件，将其拖动到窗口右侧播放列表中合适的位置即可，如图 8-13 所示。

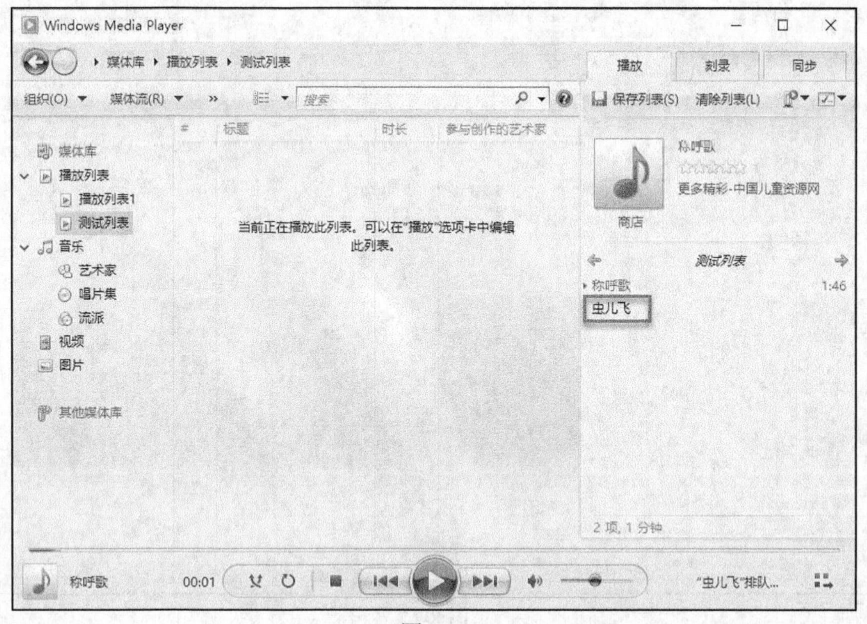

图 8-13

3. 单击窗口上方的“保存列表”按钮，完成音乐的添加。

二、删除音乐

1. 打开 Windows Media Player，双击窗口左侧列表中想要删除音乐的播放列表名称，如图 8-14 所示。

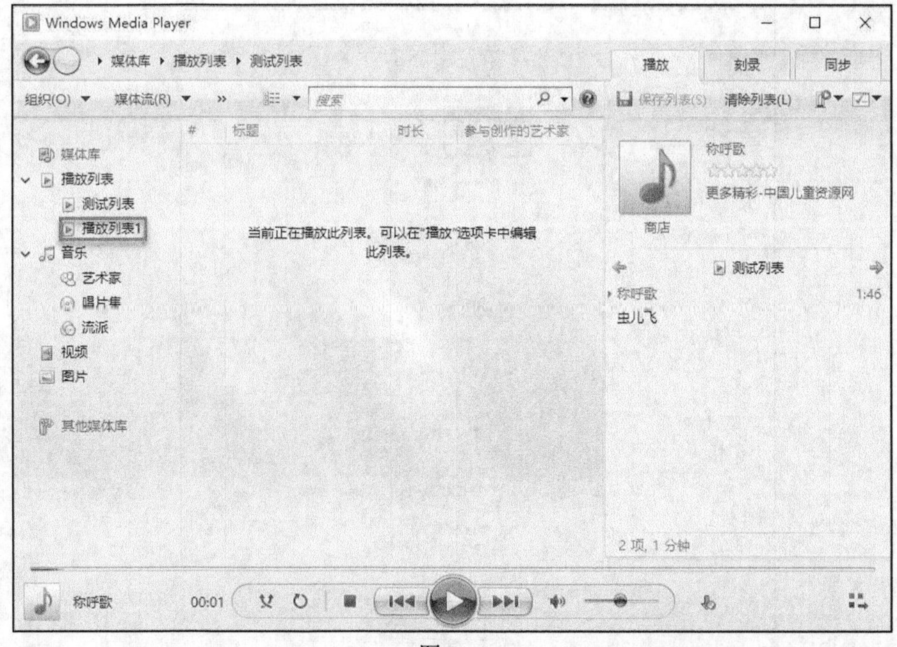

图 8-14

2. 在窗口右侧，右击需要删除的音乐名称，在弹出的快捷菜单中选择“从列表中删除”

命令，如图 8-15 所示，完成音乐删除。

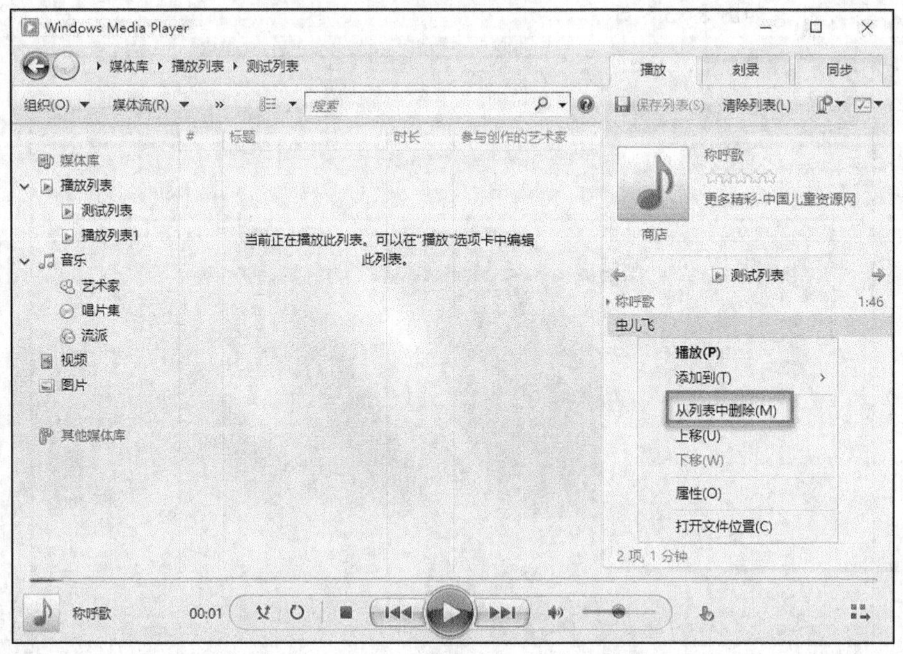

图 8-15

8.1.4 将 Windows Media Player 设置为默认播放器

如果想将 Windows Media Player 设置为默认的播放器，可以按照下面的操作步骤进行设置。

1. 单击任务栏左侧的"开始"图标，单击"设置"按钮，弹出的窗口如图 8-16 所示。

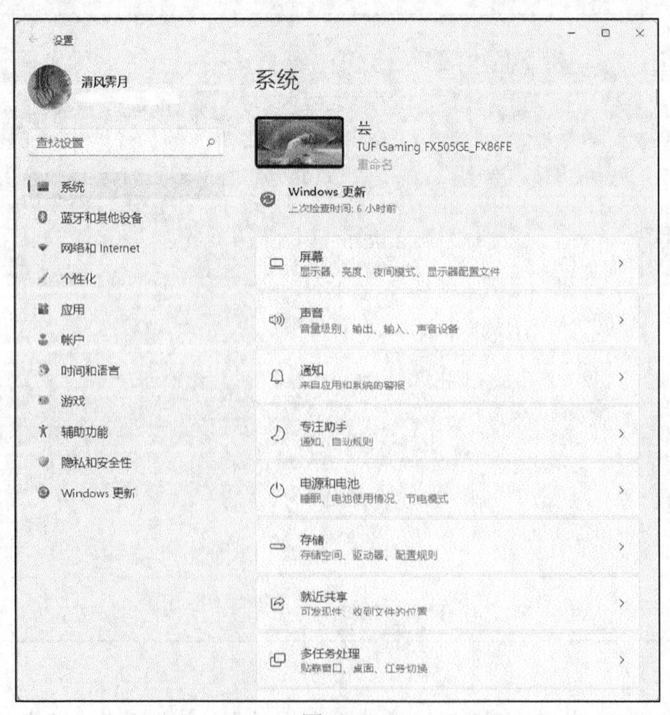

图 8-16

2. 选择“应用”选项，窗口如图 8-17 所示。
3. 在窗口右侧选择“默认应用”选项，相关设置如图 8-18 所示。

图 8-17

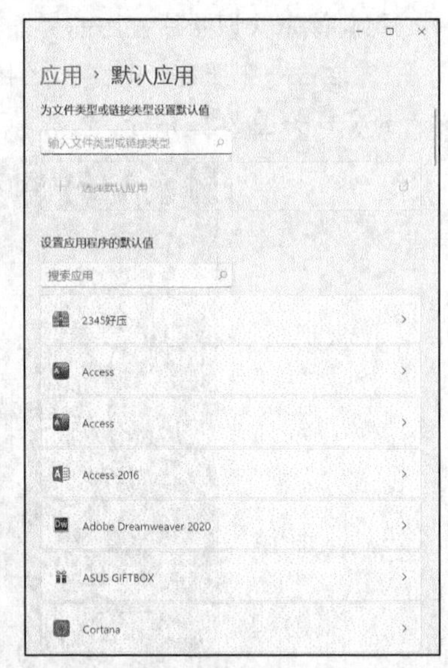

图 8-18

4. 在搜索框中输入 Windows Media Player，如图 8-19 所示。
5. 在搜索结果列表中选中“Windows Media Player”，窗口如图 8-20 所示。

图 8-19

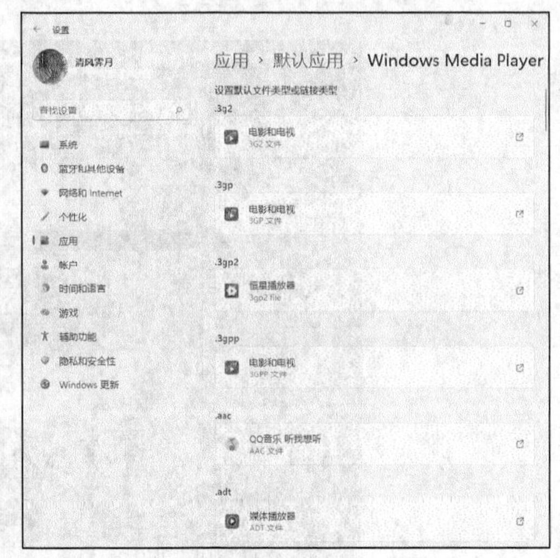

图 8-20

6. 在这里设置以 Windows Media Player 为默认播放器的文件格式。

8.2 使用照片应用管理照片

Windows 自带的图片查看器一直以来都伴随着操作系统，可以说它是默默无闻的，虽没有引起用户的过多关注，但却缺少不了。在 Windows 11 中，照片查看器变成照片应用，它的功能让人眼前一亮。下面我们来体验其强大的照片管理功能。

8.2.1 照片应用的界面

我们首先认识照片应用的界面。

1. 右击一张照片，在弹出的快捷菜单中选择“打开方式”命令，再选择“照片”命令，弹出的窗口如图 8-21 所示。

图 8-21

2. 单击图 8-21 所示窗口左上角的“浏览所有照片和视频”按钮，进入图 8-22 所示的窗口。

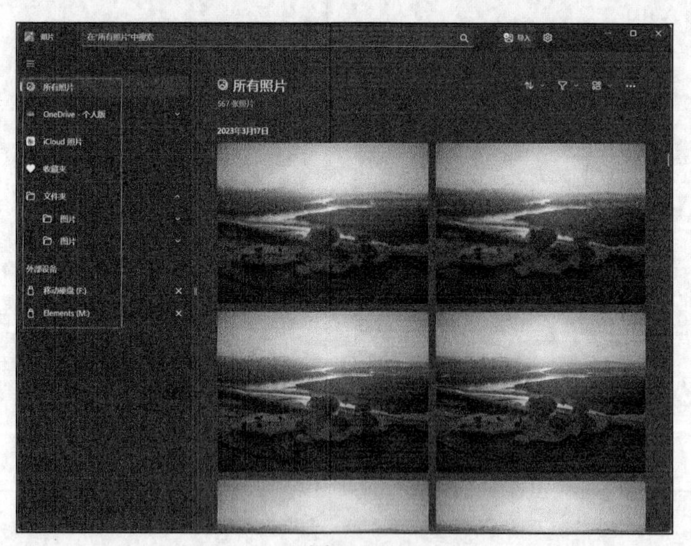

图 8-22

3. 在浏览所有照片和视频界面中，左侧有几项内容需要注意一下。

- 所有照片：这个目录中存储的是计算机中“照片”文件夹中所有照片的缩略图。
- OneDrive-个人版：由微软公司提供的个人云存储空间，需联网才能使用；默认空间为 5GB，最大可扩展为 2TB。
- iCloud 照片：由苹果公司提供的个人云存储空间，需联网才能使用；默认空间为 5GB，最大可扩展为 2TB。
- 收藏夹：使用照片应用处理照片时，可将照片收藏，收藏之后的照片位于此目录中。

- 文件夹：计算机“照片”文件夹中存储的图片，以及屏幕快照。
- 外部设备：连接的是移动硬盘及 U 盘等外接存储设备。

8.2.2 在照片应用中查看照片

Windows 默认的照片查看软件就是照片应用，如果我们需要在照片应用中查看照片，只要打开照片所在的文件夹，然后双击要打开的照片即可。

如果默认的打开照片的应用不是照片应用，我们可以通过设置默认程序的方式来将照片应用设置为默认的照片查看器，具体操作步骤如下。

1. 单击任务栏左侧的“开始”图标，单击“设置”按钮，弹出的窗口如图 8-23 所示。
2. 选择“应用”选项，窗口如图 8-24 所示。

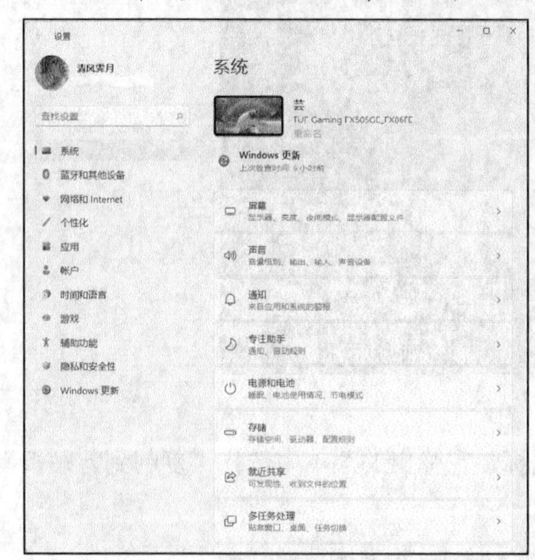

图 8-23

图 8-24

3. 在窗口右侧选择“默认应用”选项，相关设置如图 8-25 所示。
4. 在搜索栏中输入“照片”，在搜索结果中选择“照片”选项，弹出的窗口如图 8-26 所示。

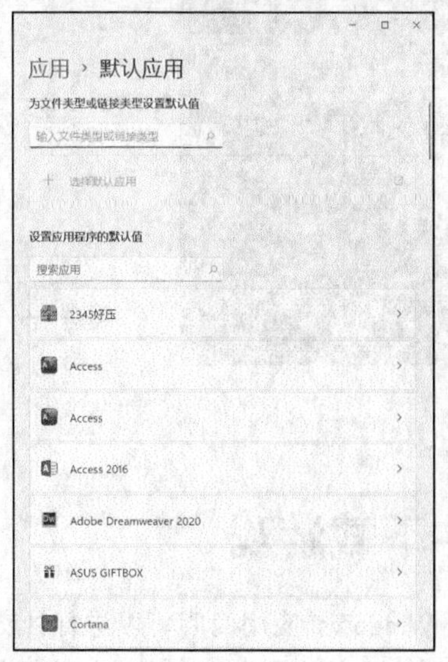

图 8-25

图 8-26

5. 在这里可以对“以照片为默认打开方式”的文件的打开方式进行更改。

8.2.3 在照片应用中编辑照片

照片应用还提供了管理照片的功能，包括基本的复制和删除，使得我们不必退出照片应用就可以进行复制和删除。

在查看照片的过程中，我们可以单击窗口上方的“删除”按钮来删除照片，如图 8-27 所示。

图 8-27

如果想复制照片，可以单击窗口上方的■图标，在弹出的菜单中选择“复制到剪贴板”命令，如图 8-28 所示。

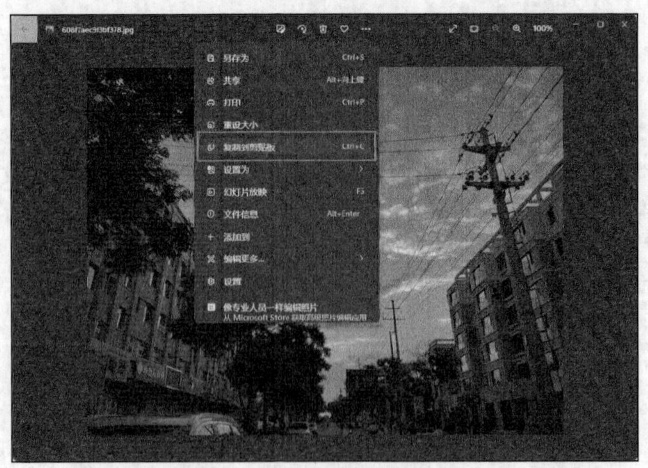

图 8-28

8.3 在 Windows 11 应用商店中下载游戏

Windows 应用商店是 Windows 11 的重要功能，在 Windows 应用商店可以进行社交、共享和查看文档、整理照片、收听音乐以及观看影片等，而且还可以在 Windows 应用商店中找到更多的应用。

Windows 11 有出色的内置应用，包括 Skype 和 OneDrive，但这仅是一小部分。应用商店还有大量其他应用，可帮助用户之间保持联系和完成工作，还提供比以往更多的游戏和其他娱乐软件，其中许多都是免费的，下面介绍在应用商店中下载游戏的方法。

1. 单击“开始”图标，在弹出的菜单中单击应用商店图标，如图 8-29 所示。

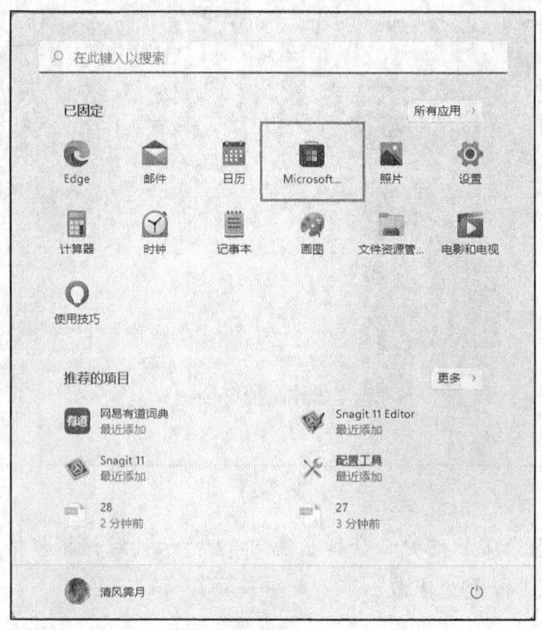

图 8-29

2. 在打开的“Microsoft Store”窗口中，单击“游戏”，可以看到多款游戏，如图 8-30 所示。

图 8-30

3. 单击其中一款游戏，可以看到游戏的详细介绍，如图 8-31 所示，如果喜欢这款游戏，就可以单击下方的“获取”按钮。

图 8-31

4. 如果此时没有登录微软账户，会弹出图 8-32 所示的对话框，提示我们登录。选择一个账户进行登录后，即可进行免费下载。

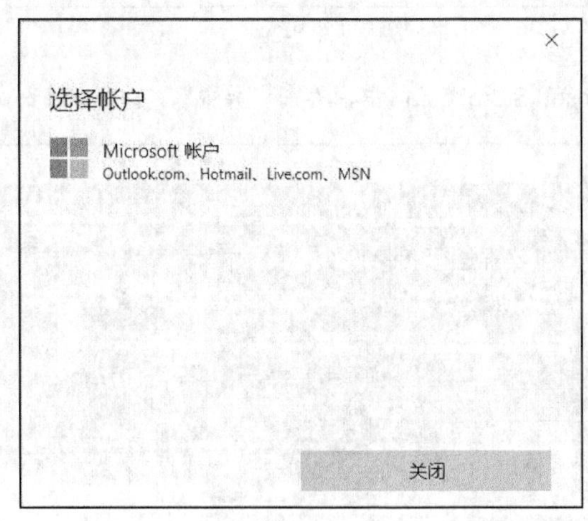

图 8-32

第 9 章

Windows 11 共享与远程操作

如果家庭里面有多台计算机或者在公司中使用计算机时，我们有时候需要使用其他计算机来协同工作或者进行资源共享。Windows 11 提供了强大的网络共享和远程操作功能，本章详细介绍 Windows 11 的共享与远程操作。

9.1 共享资源，提高效率

在日常的工作或学习中，我们经常遇到需要共同处理的任务，这时候同一个文件需要大家共同编写和维护，Windows 11 提供了共享功能，下面为大家介绍。

9.1.1 共享文件夹

如果我们的共享文件夹需要设定自定义的权限，那么可以使用 Windows 的高级共享设置，具体操作步骤如下。

1. 右击需要共享的文件夹，在弹出的快捷菜单中选择“属性”命令，在弹出的文件夹属性对话框中，选择“共享”选项卡，如图 9-1 所示。

2. 单击“高级共享”按钮，弹出的对话框如图 9-2 所示。

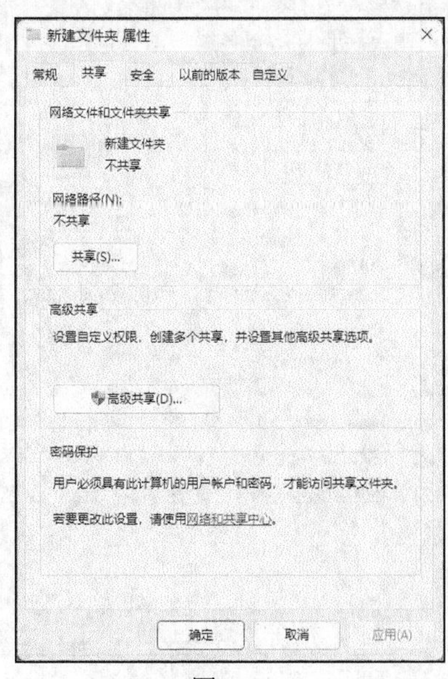

图 9-1

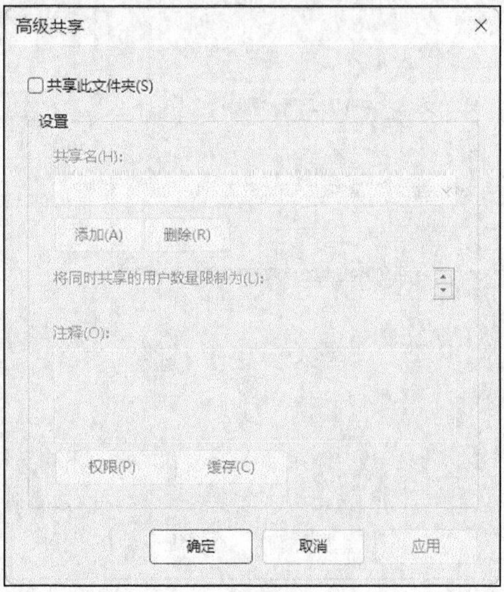

图 9-2

3. 勾选“共享此文件夹”复选框，在对话框中可以设置文件夹的共享名称，可以设置同时共享的用户数量以节约计算机资源，还可以对共享的资源进行注释，如图 9-3 所示。

4. 单击“权限”按钮，弹出的对话框如图 9-4 所示。

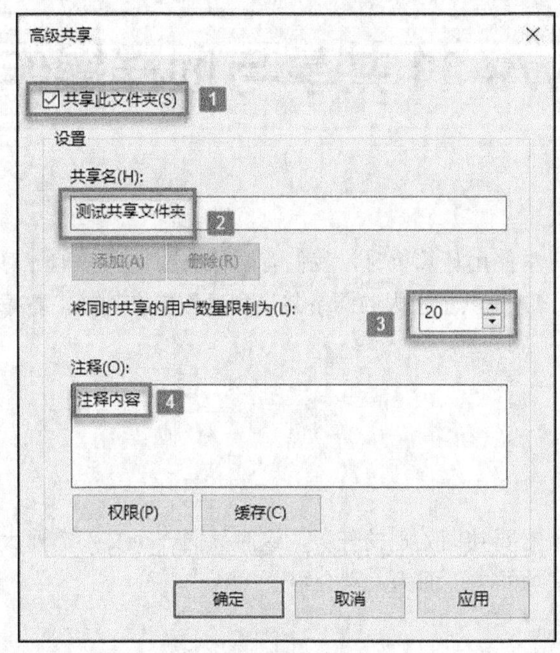

图 9-3

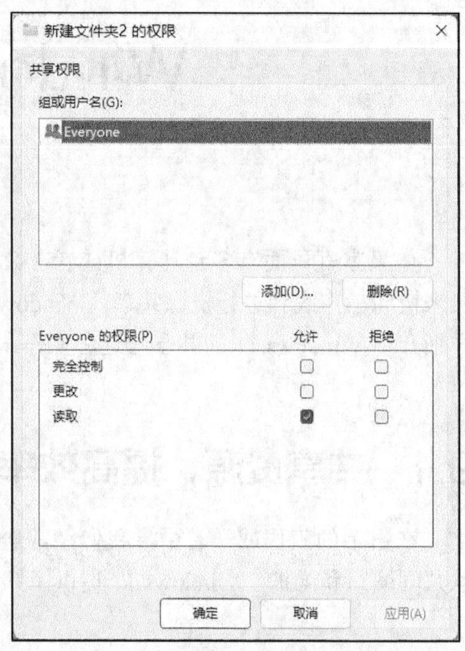

图 9-4

5. 设置完权限后，单击“确定”按钮，返回“高级共享”对话框。

6. 单击“缓存”按钮，弹出的对话框如图 9-5 所示，可以设定脱机用户可用的文件和程序。

7. 设置完成后单击“确定”按钮，返回“高级共享”对话框，单击“应用”按钮，再单击“确定”按钮，完成共享设置，此时该共享文件夹的共享属性如图 9-6 所示。

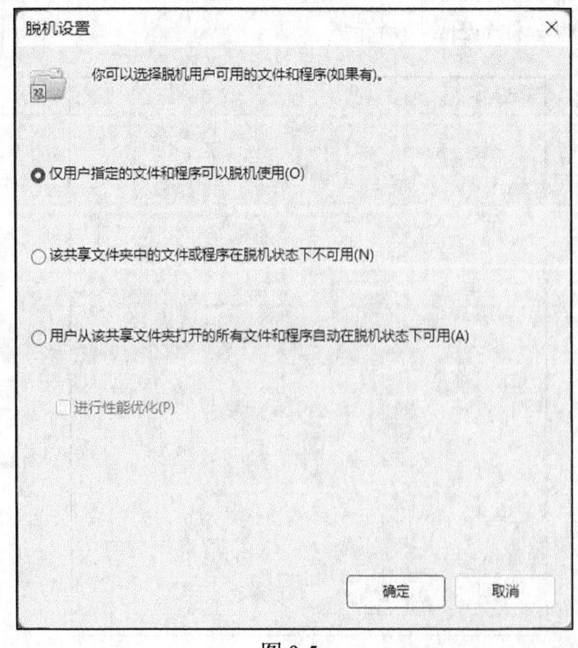

图 9-5

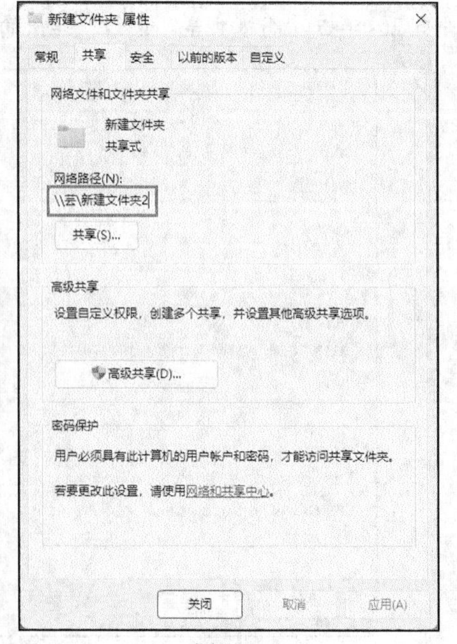

图 9-6

8. 单击“共享”按钮，弹出的对话框如图 9-7 所示。

9. 单击“添加”按钮左侧的下拉列表框，如图 9-8 所示。

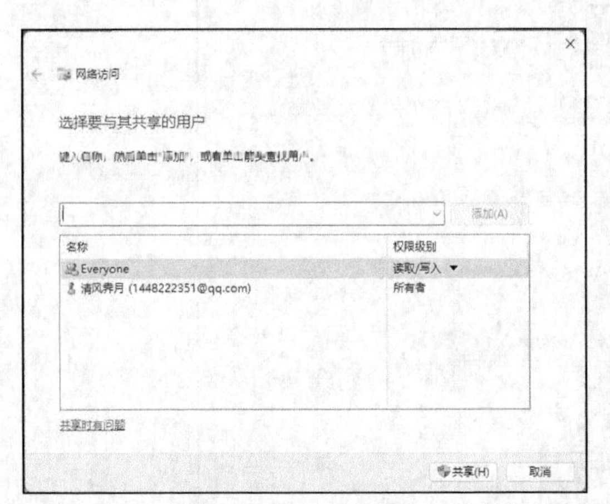

图 9-7

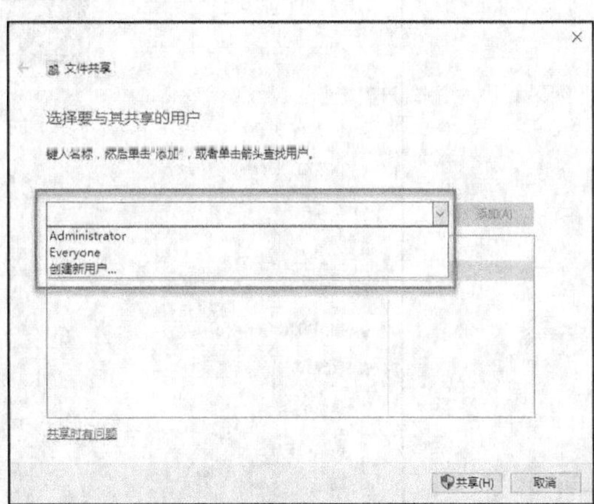

图 9-8

10. 选择“Everyone”选项，单击“添加”按钮，此时的对话框如图 9-9 所示。

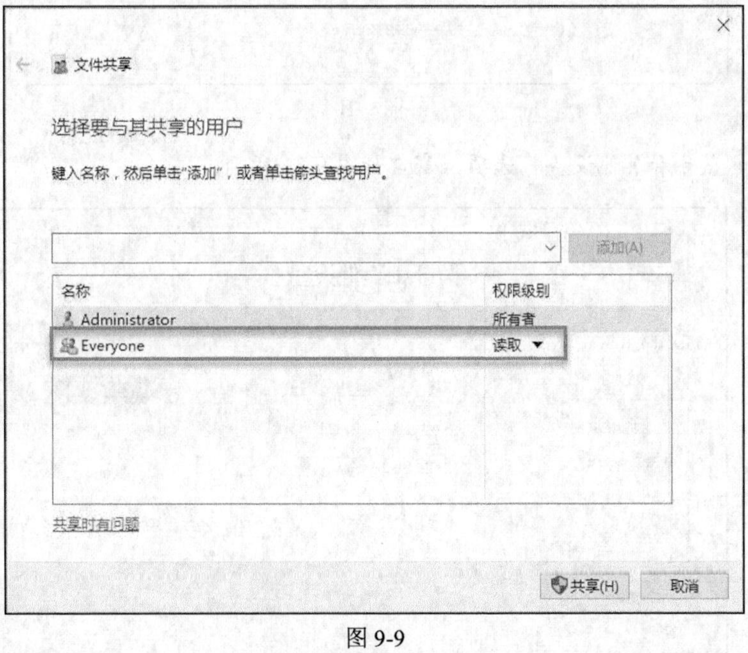

图 9-9

11. 单击“共享”按钮，完成文件夹共享设置。

9.1.2 共享打印机

在打印机的日常使用中，尤其是公司打印机，通常是整个公司员工共享使用，这时就需要设置打印机的共享。下面我们就来介绍一下如何设置，具体操作步骤如下。

1. 在要共享打印机的计算机上安装打印机驱动程序，安装完成后，单击任务栏左侧“开始”图标，然后单击“设置”按钮，弹出的窗口如图 9-10 所示。

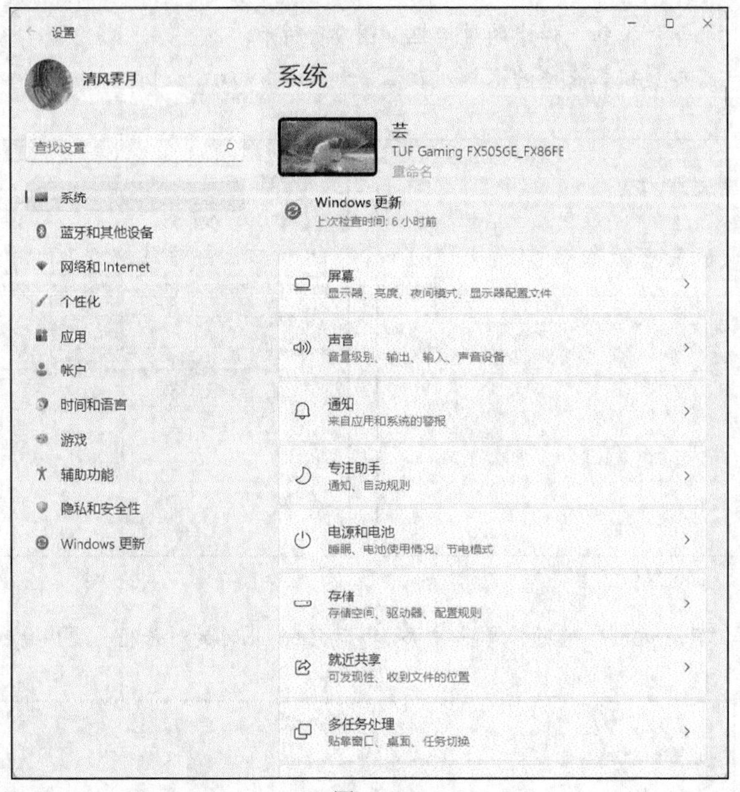

图 9-10

2. 选择“蓝牙和其他设备”选项，窗口如图 9-11 所示。

图 9-11

3. 选择窗口右侧的“打印机和扫描仪”选项，相关设置如图 9-12 所示。

4. 选择需要共享的打印机，再选择“打印机属性”选项，如图 9-13 所示。

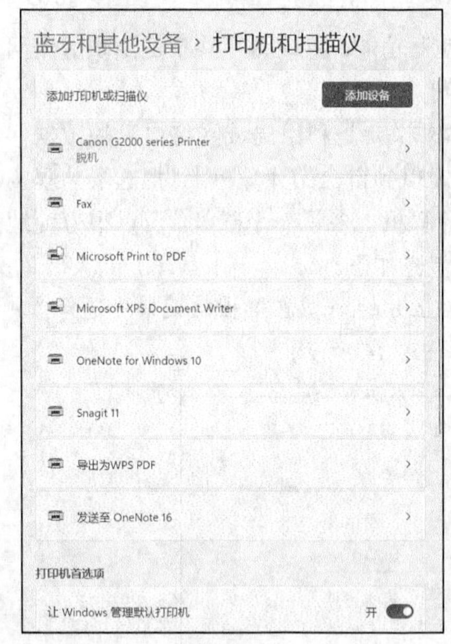

图 9-12

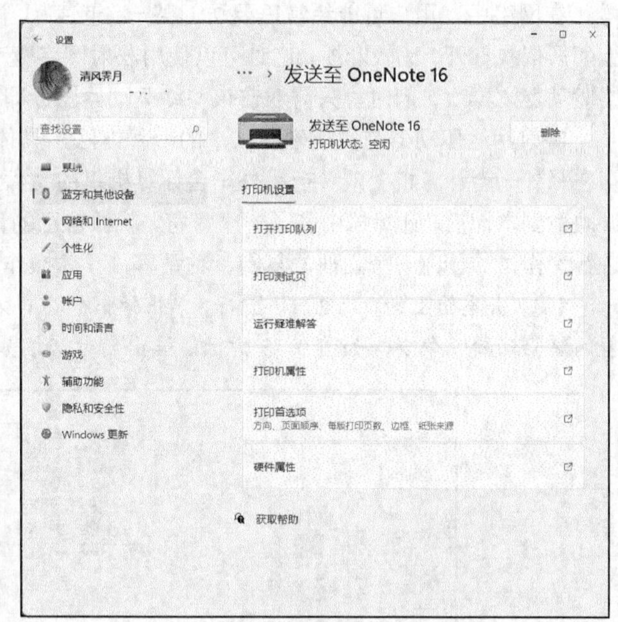

图 9-13

5. 在弹出的打印机属性对话框中，选择“共享”选项卡，勾选“共享这台打印机”复选框，在“共享名”文本框中修改要共享的打印机的名称，也可以保持默认设置，如图 9-14 所示。

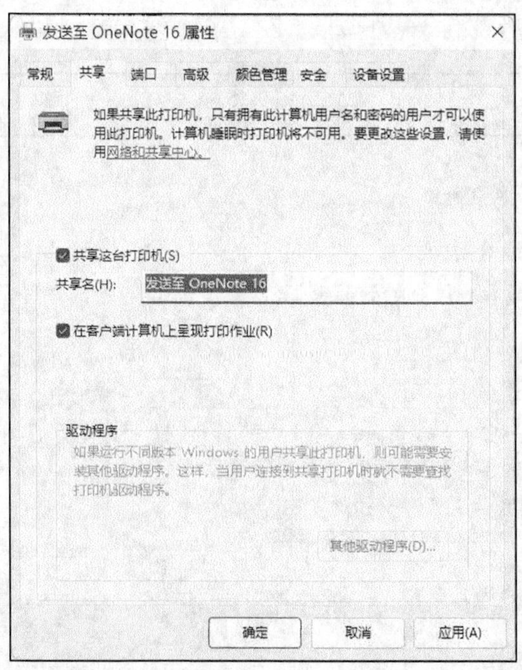

图 9-14

6. 单击“确定”按钮，完成打印机共享设置。

9.1.3 映射网络驱动器

在网络中，用户可能经常需要访问某一个或某几个特定的网络共享资源，若每次通过网上邻居依次打开，比较麻烦。这时可以使用映射网络驱动器功能，将该网络共享资源映射为网络驱动器，再次访问时，只需双击该网络驱动器图标即可。

映射网络驱动器是实现磁盘共享的一种方法，具体来说就是利用局域网将自己的数据保存在另外一台计算机上或者把另外一台计算机里的文件虚拟到自己的计算机上。把远端共享资源映射到本地后，计算机中多了一个盘符，就像自己的计算机上多了一个磁盘，可以很方便地进行操作，如创建一个文件、复制、粘贴等，具体操作步骤如下。

1. 双击桌面上的“此电脑”图标，单击弹出的窗口右上方的 ··· ，在弹出的菜单中选择“映射网络驱动器”命令，如图 9-15 所示，弹出的对话框如图 9-16 所示。

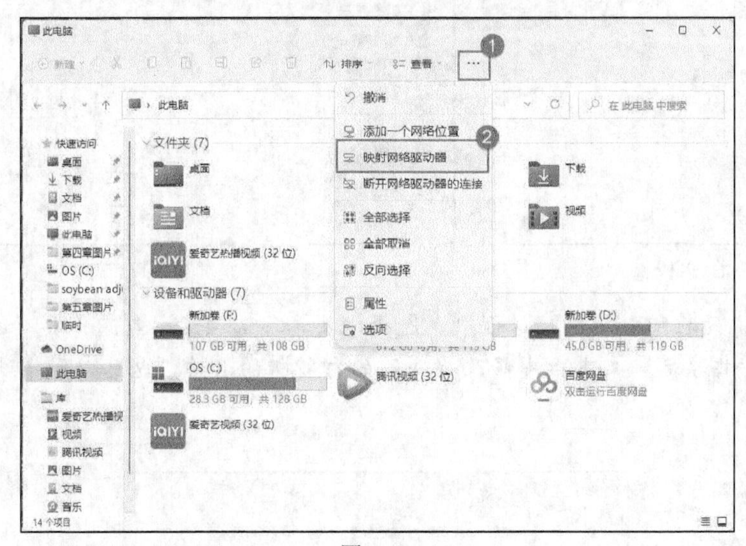

图 9-15

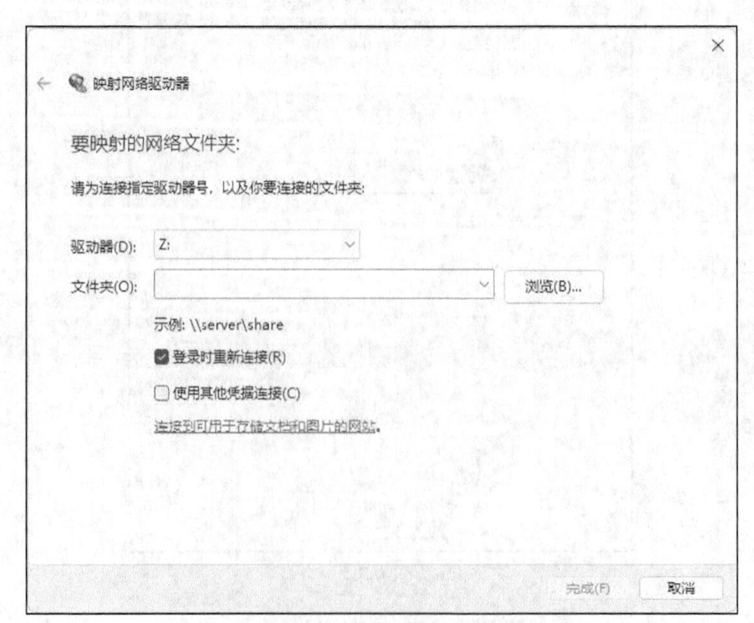

图 9-16

2. 单击“浏览”按钮，在弹出的对话框中，选择要映射的文件夹，然后单击“确定”按钮，返回“映射网络驱动器”对话框，如图 9-17 所示。

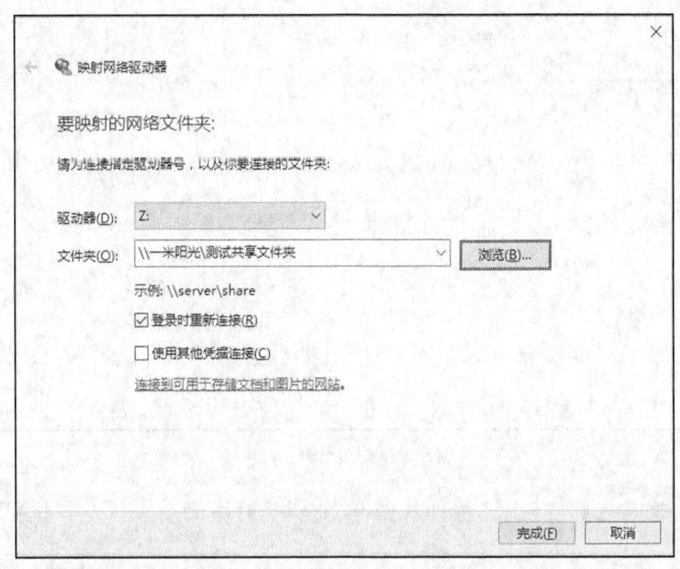

图 9-17

3. 单击“完成”按钮，完成设置。

9.1.4 高级共享设置

Windows 11 将很多文件共享的设置放在了“高级共享设置”选项中，在高级共享设置中我们可以整体更改共享设置。具体操作步骤如下。

1. 单击任务栏左侧的“开始”图标，在弹出的菜单中搜索“控制面板”，在搜索结果中选择“控制面板”，弹出的窗口如图 9-18 所示。

图 9-18

2. 单击“网络和 Internet”，单击“网络和共享中心”，可以找到“更改高级共享设置”选项，如图 9-19 所示。

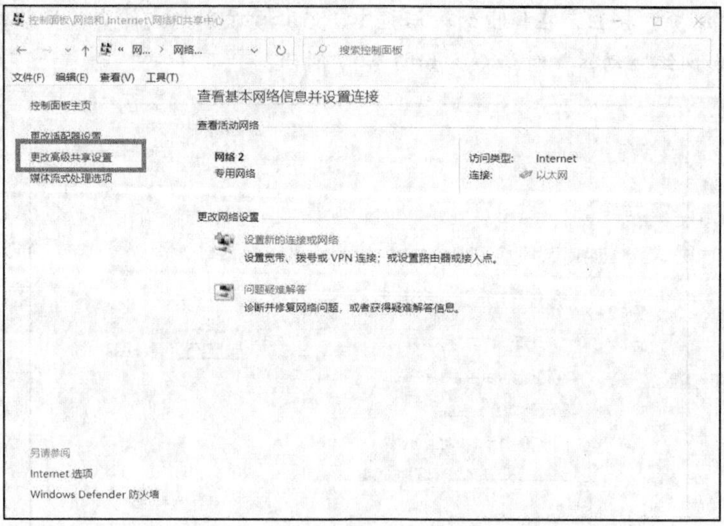

控制面板\网络和 Internet\网络和共享中心

← → ∨ ↑ « 网... › 网络... ∨ ↻ 搜索控制面板

文件(F) 编辑(E) 查看(V) 工具(T)

控制面板主页

更改适配器设置

更改高级共享设置

媒体流式处理选项

查看基本网络信息并设置连接

查看活动网络

网络 2
专用网络

访问类型: Internet
连接: 以太网

更改网络设置

设置新的连接或网络
设置宽带、拨号或 VPN 连接；或设置路由器或接入点。

问题疑难解答
诊断并修复网络问题，或者获得疑难解答信息。

另请参阅
Internet 选项
Windows Defender 防火墙

图 9-19

3. 选择“更改高级共享设置”，进入图 9-20 所示的界面。

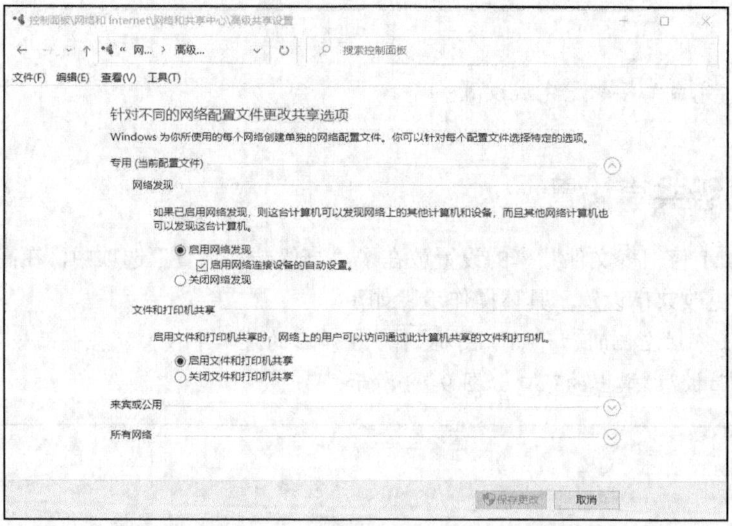

控制面板\网络和 Internet\网络和共享中心\高级共享设置

← → ∨ ↑ « 网... › 高级... ∨ ↻ 搜索控制面板

文件(F) 编辑(E) 查看(V) 工具(T)

针对不同的网络配置文件更改共享选项

Windows 为你所使用的每个网络创建单独的网络配置文件。你可以针对每个配置文件选择特定的选项。

专用 (当前配置文件)

网络发现

如果已启用网络发现，则这台计算机可以发现网络上的其他计算机和设备，而且其他网络计算机也可以发现这台计算机。

◉ 启用网络发现
☑ 启用网络连接设备的自动设置。
○ 关闭网络发现

文件和打印机共享

启用文件和打印机共享时，网络上的用户可以访问通过此计算机共享的文件和打印机。

◉ 启用文件和打印机共享
○ 关闭文件和打印机共享

来宾或公用

所有网络

保存更改　取消

图 9-20

4. 在“专用”栏中可以启用或关闭计算机“网络发现”及“文件和打印机共享”功能，如图 9-21 所示。

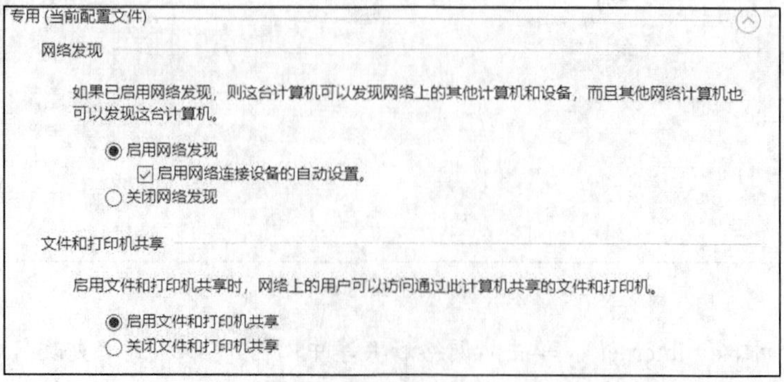

专用 (当前配置文件)

网络发现

如果已启用网络发现，则这台计算机可以发现网络上的其他计算机和设备，而且其他网络计算机也可以发现这台计算机。

◉ 启用网络发现
☑ 启用网络连接设备的自动设置。
○ 关闭网络发现

文件和打印机共享

启用文件和打印机共享时，网络上的用户可以访问通过此计算机共享的文件和打印机。

◉ 启用文件和打印机共享
○ 关闭文件和打印机共享

图 9-21

5. “来宾或公用”栏中显示的功能与“专用”栏中的相同，但是主要用于管理非专用网络，如图 9-22 所示。

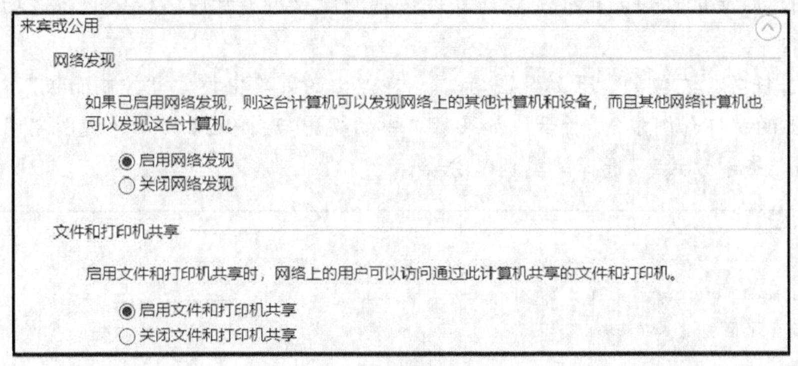

图 9-22

6. 在“所有网络”栏中可以统一管理“公用文件夹的共享”“密码保护的共享”等功能，如图 9-23 所示。

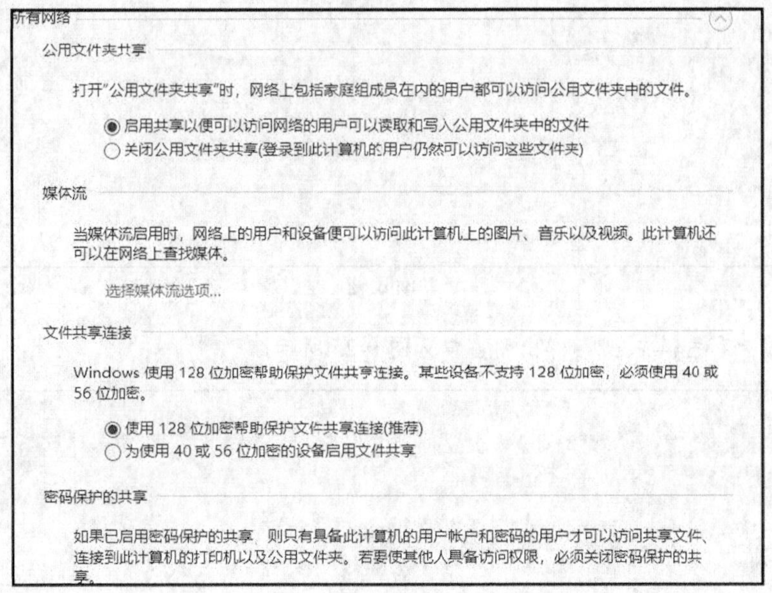

图 9-23

9.2 远程桌面连接

对下班后要加班而不想回办公室的人来说，用远程桌面连接进行计算机控制是一个很好的方法。说起远程控制，其实很多朋友可能都已经使用过 QQ 的远程协助，也有很多人尝试过 pcAnywhere 等强大的远程控制软件。然而，很多朋友却忽略了 Windows 系统本身就附带的一个功能——远程桌面连接”，其实它的功能、性能等一点儿都不弱，使用远程桌面连接操作控制办公室中的计算机几乎完全和在家里用计算机一模一样，而且远程桌面连接比其他的远程控制工具好用得多。但是在使用远程桌面连接之前必须对计算机做好相应的设置，下面就向大家介绍如何使用远程桌面连接。

9.2.1 开启远程桌面连接功能

要使用远程桌面连接，首先需要在要连接到的计算机上开启远程桌面连接功能，具体操作步骤如下。

1. 右击任务栏左侧的“开始”图标，在弹出的菜单中搜索“控制面板”，选择“控制面板”，弹出的窗口如图 9-24 所示。如果窗口中的视图与图 9-24 所示的视图不同，则可以单击右上角的“查看方式”，选择“类别”分类。

图 9-24

2. 单击“系统和安全”，弹出的窗口如图 9-25 所示。

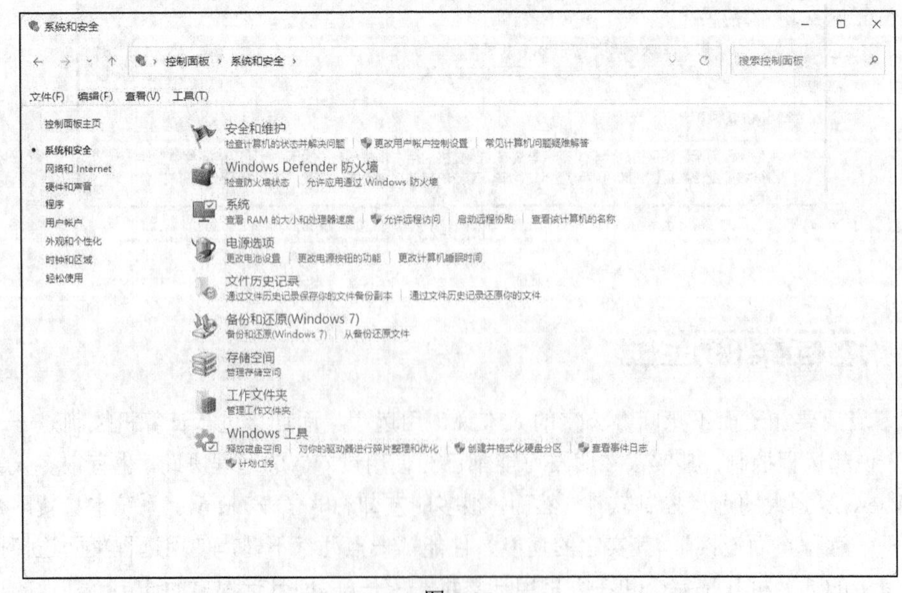

图 9-25

3. 在窗口右侧“系统”区域，单击“允许远程访问”，弹出的对话框如图 9-26 所示。

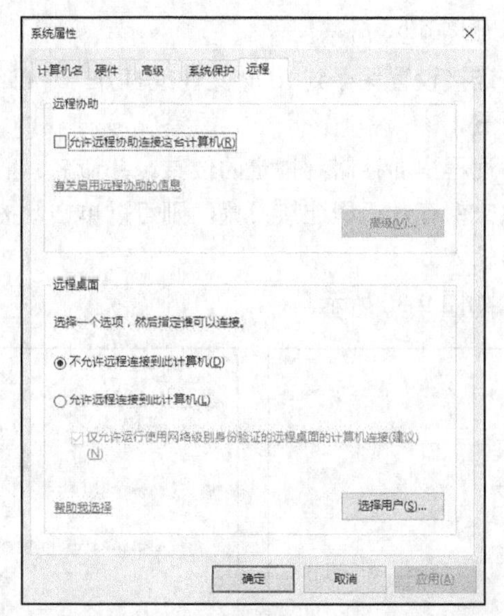

图 9-26

4. 勾选“允许远程协助连接这台计算机”复选框，单击“确定”按钮，完成设置。这样就开启了远程桌面连接功能，以后我们可以在其他计算机上面访问这台计算机了。

说明 Windows 11 家庭版没有远程桌面连接功能。

9.2.2 连接到其他计算机

当我们在其他计算机上开启了允许远程桌面连接之后，我们就可以在本地计算机上通过远程桌面工具连接到其他计算机，具体操作步骤如下。

1. 单击任务栏左侧的“开始”图标，在搜索栏中搜索“远程桌面连接”，如图 9-27 所示。选择“远程桌面连接”，弹出的窗口如图 9-28 所示。

图 9-27

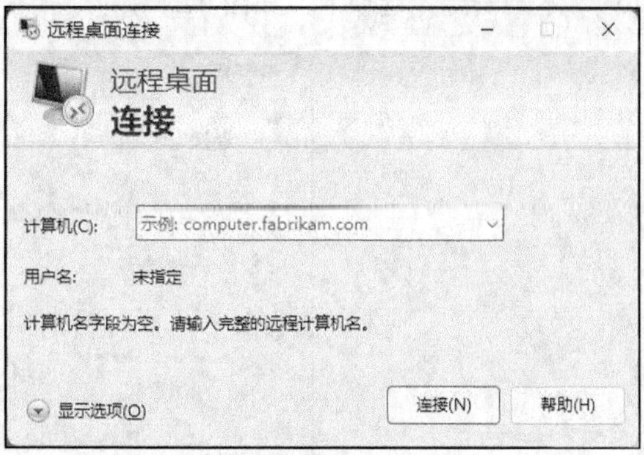

图 9-28

2. 在弹出的窗口的文本框内输入要连接的计算机的名称或者 IP 地址，单击“连接”按钮，等待一段时间之后，就可以看到远程计算机的桌面了。我们可以像操作自己的计算机一样操作其他计算机。

单击图 9-28 所示窗口中的“显示选项”，可以进行远程桌面连接的各种设置。

（1）“常规”选项卡，如图 9-29 所示。

- 连接设置：将当前连接设置保存到 RDP 文件或打开一个已经保存好的连接。
- 保存：保存当前设置。
- 另存为：将当前的远程桌面存储到指定的位置，并命名。
- 打开：如果我们原来保存过远程连接设置，则可以单击此按钮，直接打开原来保存的设置，不必再重新输入。

（2）“显示”选项卡，如图 9-30 所示。

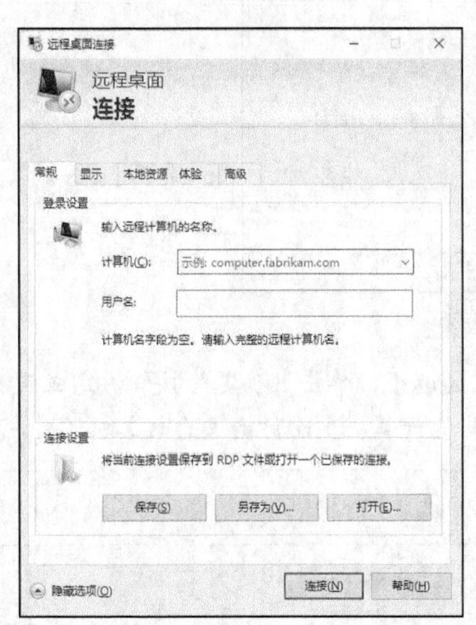

图 9-29

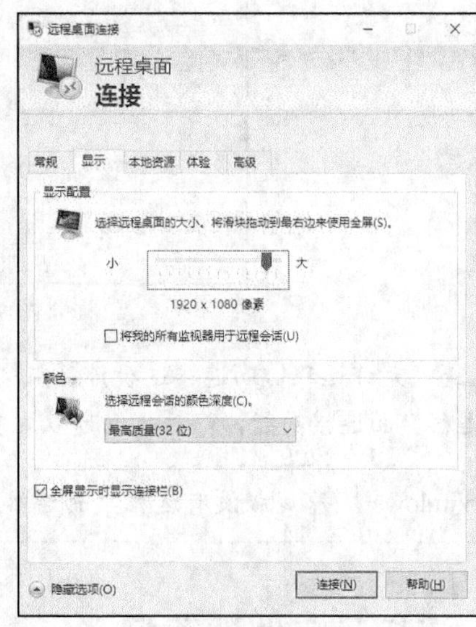

图 9-30

- 显示配置：拖动滑块可以调整远程桌面的大小，如果将滑块拖动到最右边，则使用全屏来显示远程桌面。
- 颜色：可以设置远程会话的颜色深度。选择的质量越高，远程会话的色彩越真实，但是占用的网络带宽也越大。

（3）“本地资源”选项卡，如图 9-31 所示。

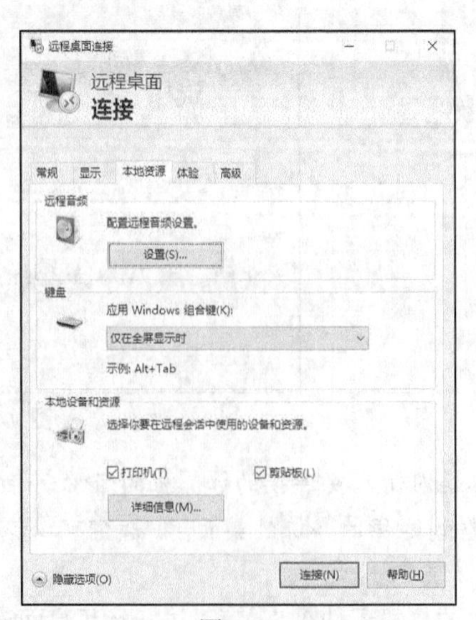

图 9-31

- 远程音频：用于设置远程计算机是否在本地计算机上播放音频或录制音频。
- 键盘：设置远程计算机是否响应本地计算机上的 Windows 快捷键。
- 本地设备和资源：用于设置远程计算机是否使用本地计算机的打印机、剪贴板，以及其他设备，如智能卡、驱动器等。

（4）“体验”选项卡，如图 9-32 所示，可以通过选择连接速度来优化远程桌面的性能。
（5）“高级”选项卡，如图 9-33 所示，可以进行与系统安全相关的高级设置。

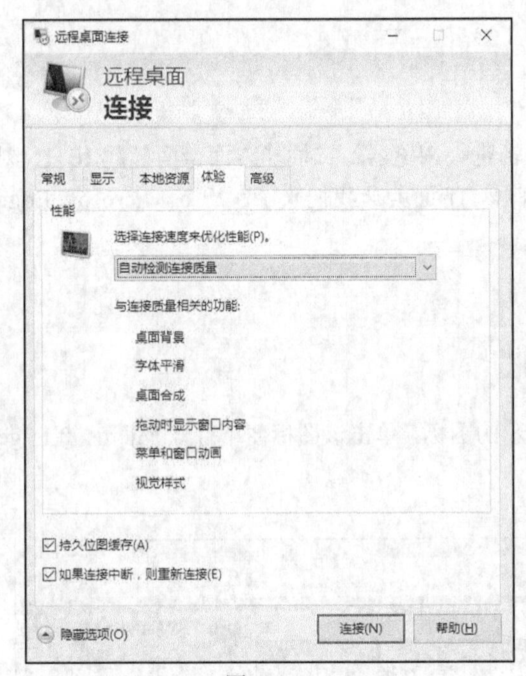

图 9-32

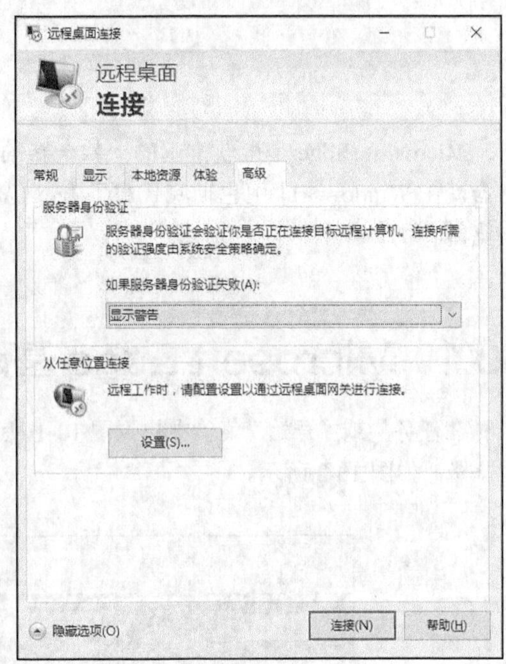

图 9-33

第 10 章

认识 Microsoft Edge 浏览器

Microsoft Edge 是微软推出的一款全新的轻量级浏览器，在性能方面全面超越 IE 11 浏览器，在 Windows 11 中也彻底代替了 IE 浏览器。下面就让我们来了解一下 Microsoft Edge 浏览器。

10.1 Microsoft Edge 基础

在任务栏或“开始”菜单中找到图 10-1 所示的图标，单击该图标便可打开 Microsoft Edge 浏览器，如图 10-2 所示。

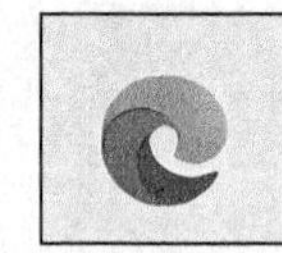

图 10-1

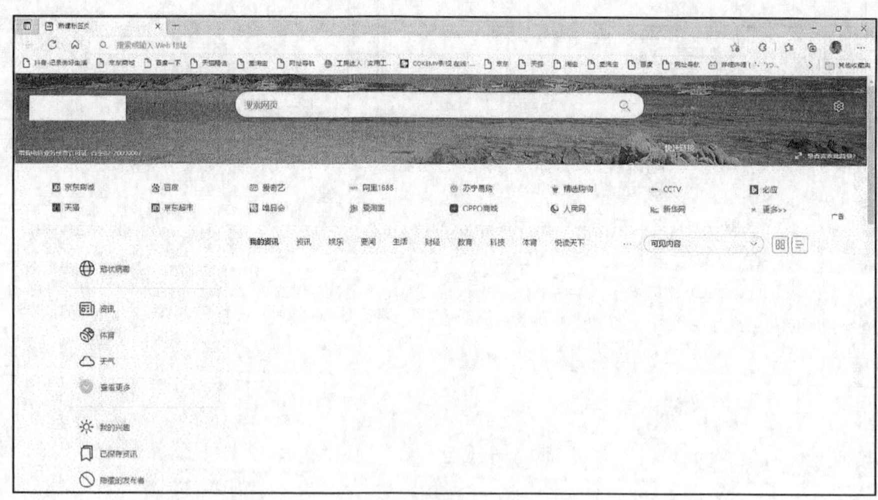

图 10-2

让我们先来了解一下 Microsoft Edge 浏览器的功能栏，如图 10-3 所示。

图 10-3

从左到右分别是“后退”、“前进”、“刷新”、“主页”、地址栏 搜索或输入 Web 地址 、“添加收藏夹”、“扩展程序”、“收藏夹”、“集锦”、“个人”、“设置及其他”选项菜单。

单击“设置及其他”选项菜单，会看到包括“新建标签页”“历史记录”“下载”“打印”

等选项，选择“设置”选项，如图 10-4 所示。

图 10-4

在“设置”页面，我们可以在“个人资料”中登录我们的微软账户、同步我们的浏览器数据，也可以编辑我们的个人信息、更换头像等，如图 10-5 所示。

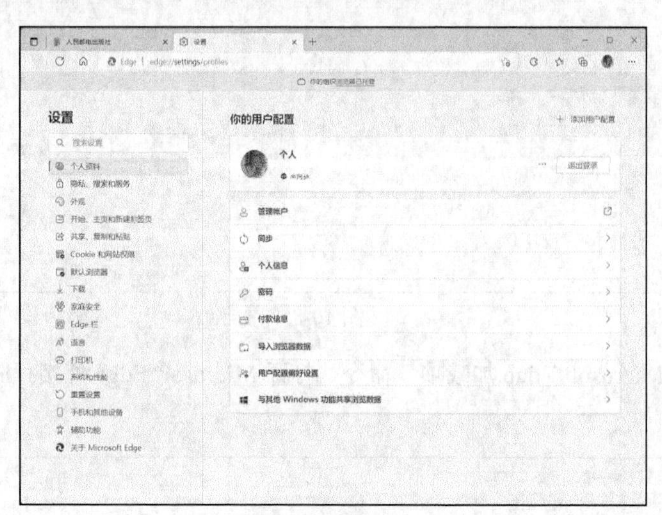

图 10-5

也可以在“外观”中更改 Microsoft Edge 浏览器的颜色和主题，如图 10-6 所示。

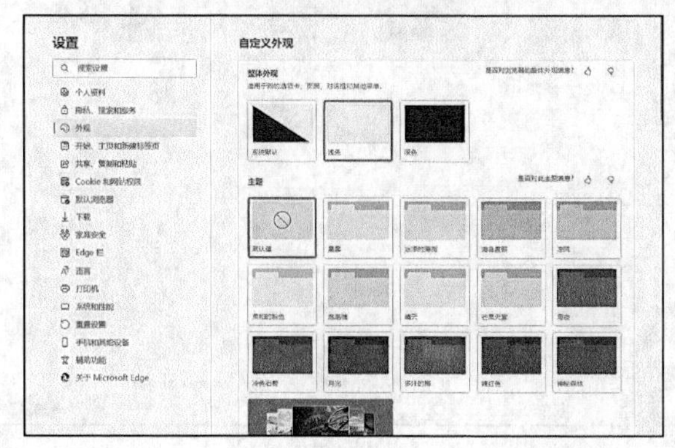

图 10-6

10.2 Microsoft Edge 的扩展插件管理

Microsoft Edge 浏览器可以安装扩展插件来增强浏览体验，而且微软也提供了相应的外接程序商店。首先在功能栏中单击“扩展程序”图标，如图 10-7 所示。

图 10-7

选择“管理扩展”命令，打开图 10-8 所示的页面，在这里我们可以管理已安装的扩展插件。

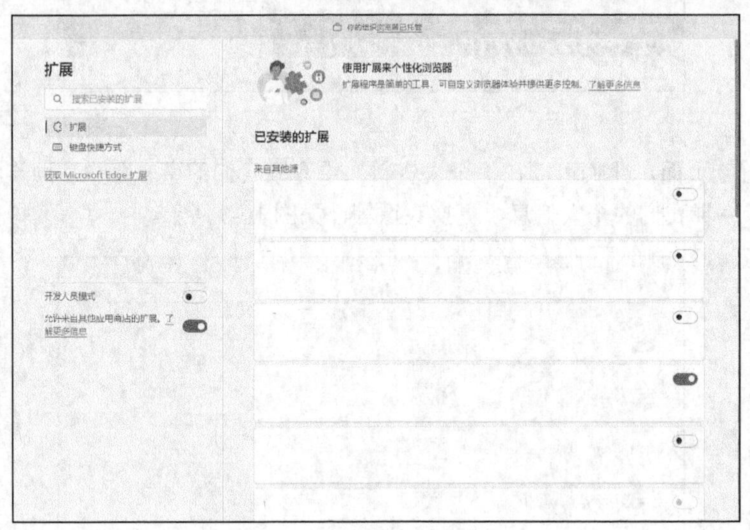

图 10-8

选择“打开 Microsoft Edge 加载项”命令，打开 Microsoft Edge 外接程序商店，如图 10-9 所示。

图 10-9

10.3 集锦

Microsoft Edge 浏览器为我们提供了集锦功能，可以将我们当前打开的网页暂时保存，为接下来的统计信息做准备。

在功能栏中单击“集锦”图标，如图 10-10 所示。

图 10-10

打开的集锦栏，如图 10-11 所示。

图 10-11

单击“创建新集锦”按钮，在弹出的对话框中输入名称，建立一个新的集锦，选择想要的网页加入集锦，也可以对其进行注释、标记，如图 10-12～图 10-14 所示。

图 10-12

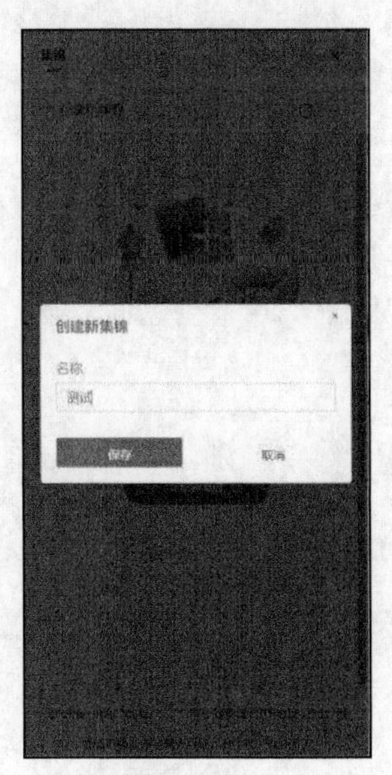

图 10-13

图 10-14

10.4 隐私保护模式

我们日常在使用浏览器进行网页浏览的过程中，会存在一些私人数据，例如浏览或搜索记录信息，以及一些 Cookie、用户名、密码等，这些信息保存在公共计算机上是存在风险的，我们常常是不希望在公共计算机上留下这部分内容的痕迹。Microsoft Edge 浏览器为解决这个问题，推出了“隐私浏览”模式。

打开 Micrisoft Edge 浏览器，按 Ctrl+Shift+P 快捷键，Microsoft Edge 浏览器会打开一个新窗口，自动启动 InPrivate 浏览功能，如图 10-15 所示。可以看到浏览器内的描述内容，我们在此模式下的任何浏览内容，在关闭浏览器后都会被全部删除，不会保存在计算机上，这可有效保护用户隐私。

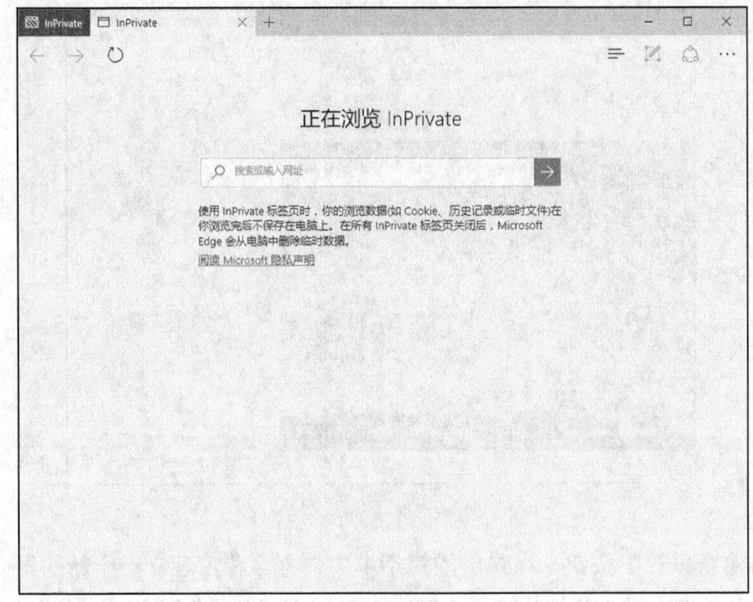

图 10-15

第 11 章

体验精彩的 Windows 11 云

在云服务和云计算等云相关的概念依旧火热的今天，Windows 11 沿袭了 Windows 10 的 OneDrive Windows 云服务。微软在云方面的实力当然不容小觑，OneDrive 已然成为 Windows 11 系统云服务的重磅产品。本章将和大家一起体验 Windows 11 的云世界。

11.1 OneDrive 免费的云存储空间

11.1.1 OneDrive 概述

2014 年 2 月 19 日，微软正式宣布 OneDrive 云存储服务上线。OneDrive 采取的是云存储产品通用的有限免费商业模式，用户使用微软账户注册 OneDrive 后就可以获得 5GB 的免费存储空间，免费空间足以应付大部分日常使用。当然如果用户觉得空间不够用，还可以付费购买额外的存储空间。

一、用户可以在以下设备上使用 OneDrive

- 安装了 Windows 系统和 macOS 的计算机。
- 安装了 Windows Phone 系统、iOS、Android 系统的平板电脑。
- 安装了 Windows Phone 系统、iOS、Android 系统、黑莓系统的智能手机。

二、OneDrive 提供的功能

- 相册的自动备份功能，即无须人工干预，OneDrive 自动将设备中的图片上传到云端保存，这样即使设备出现故障，用户仍然可以从云端获取和查看图片。
- 在线 Office 功能，微软将万千用户使用的办公软件 Office 与 OneDrive 结合，用户可以在线创建、编辑和共享文档，而且可以和本地的文档编辑进行任意的切换，如本地编辑在线保存或在线编辑本地保存。在线编辑的文件是实时保存的，可以避免本地编辑时宕机造成的文件内容丢失，提高了文件的安全性。
- 分享指定的文件或者文件夹，只需提供一个共享内容的访问链接给其他用户，其他用户就可以且只能访问这些共享内容，无法访问非共享内容。

11.1.2 登录 OneDrive

1. 单击任务栏右侧的向上箭头按钮，然后单击 OneDrive 图标，如图 11-1 所示。
2. 在弹出的设置 OneDrive 的对话框中，如图 11-2 所示，输入电子邮件地址，然后单击

“登录”按钮。

3. 稍后会弹出窗口，要求使用微软账户登录，在其中填写微软账户信息，单击“登录”按钮，如图 11-3 所示。

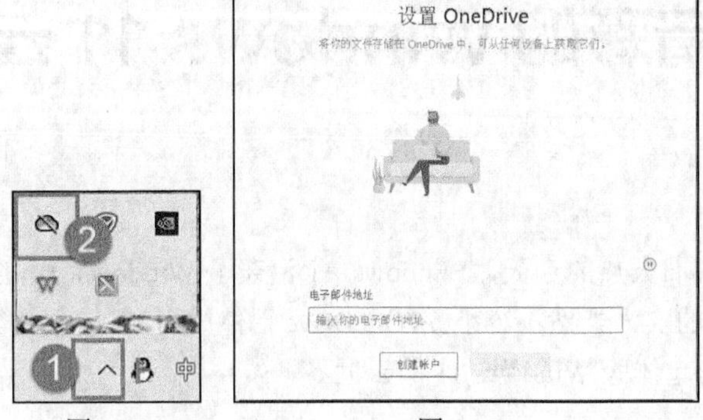

图 11-1 图 11-2

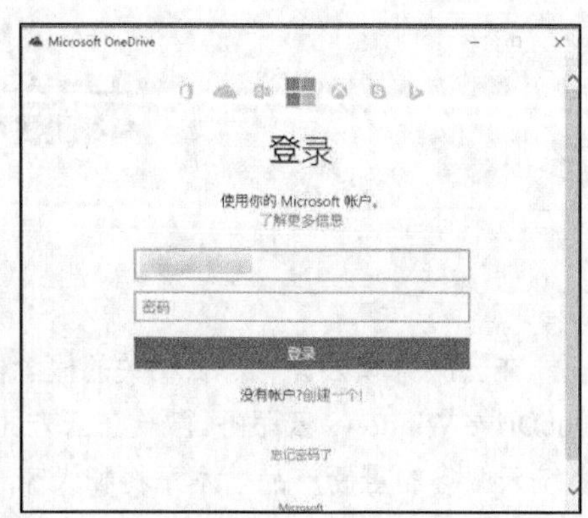

图 11-3

4. 等待微软账户登录完成后，会弹出窗口提示我们默认的 OneDrive 文件夹的位置。如果要更改为自己的文件夹所在的位置，可以单击“更改位置”，如图 11-4 所示。

5. 在弹出的对话框中选择新的文件夹，然后单击“选择文件夹”按钮，如图 11-5 所示。

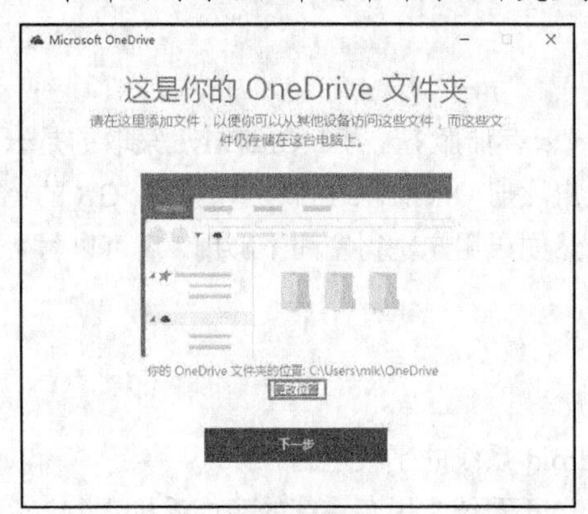

图 11-4 图 11-5

6. 这时 OneDrive 文件夹已经变为我们选择的文件夹，如图 11-6 所示，然后单击“下一步”按钮。

7. 在图 11-7 所示的界面中，我们可以选择从 OneDrive 文件夹中将文件下载到本地计算机上（由于我们没有文件，这时候可以选择的文件是 0），单击“下一步”按钮。

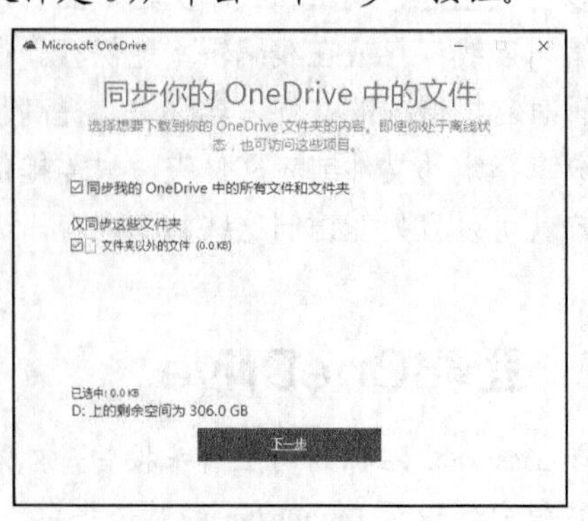

图 11-6 图 11-7

8. 稍后计算机提示 OneDrive 准备就绪，如图 11-8 所示，单击“打开我的 OneDrive 文件夹”按钮来打开本地计算机上的文件夹。这时候 OneDrive 就设置完成了，当我们将文件或文件夹复制到本地计算机上的文件夹时，计算机会自动同步至服务器。

图 11-8

11.1.3　使用 OneDrive 备份文件

OneDrive 提供了 5GB 的免费存储空间，并且可以自动将本地 OneDrive 文件夹中的资料上传到云端，我们只需要将文件放在 OneDrive 文件夹里面，计算机就会和服务器同步，如图 11-9 所示。

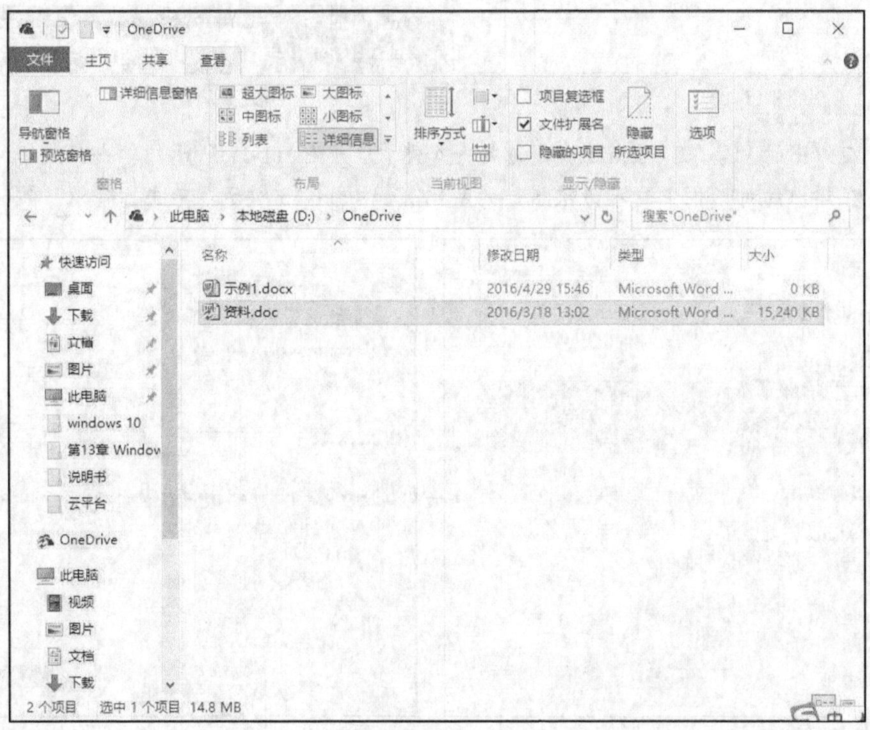

图 11-9

11.2 应用商店让你的下载更安全和方便

应用商店是从 Windows 8 开始出现的，它使得应用的下载和安装变得更加方便。在 Windows 11 中，微软对应用商店进行了优化。与之前 Windows 10 的应用商店相比，新的应用商店大幅修改了 UI 布局，采用了纵向滚动方式，而且延续了一次购买、全平台通用的体验。应用商店的程序都经过了微软的审核，所以相比其他渠道提供的应用获取方式更加安全。

11.2.1 登录应用商店

1. 单击任务栏左侧的“开始”图标，单击应用商店图标，如图 11-10 所示，打开应用商店。

2. 单击窗口上方搜索栏右侧的按钮，如图 11-11 所示，在弹出的菜单中选择“登录”命令。

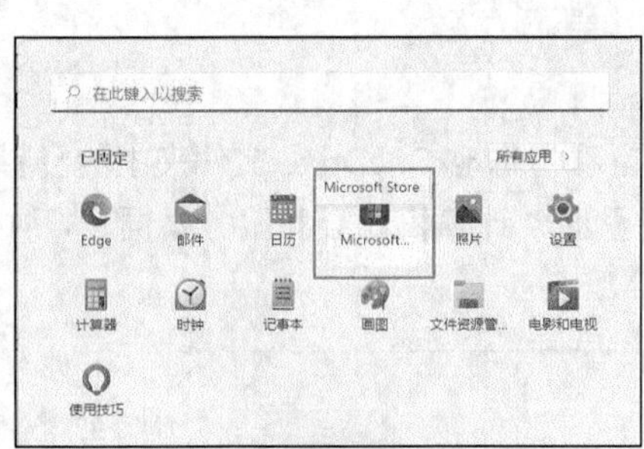

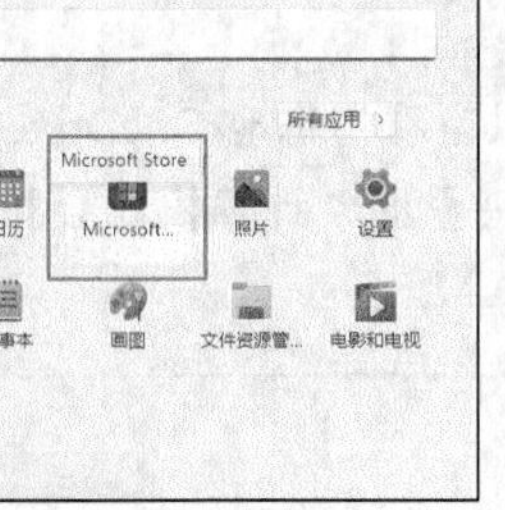

图 11-10

图 11-11

3. 在弹出的“登录”对话框中，选择一个账户，如图 11-12 所示，单击“继续”按钮。

4. 在弹出的对话框中输入微软账户的密码，如图 11-13 所示，单击“登录”按钮。

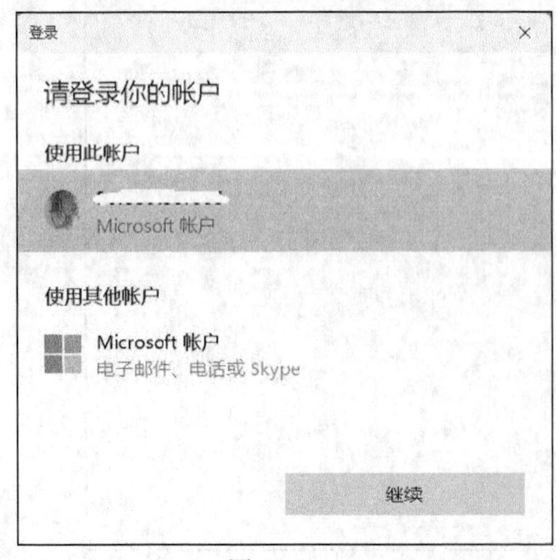

图 11-12

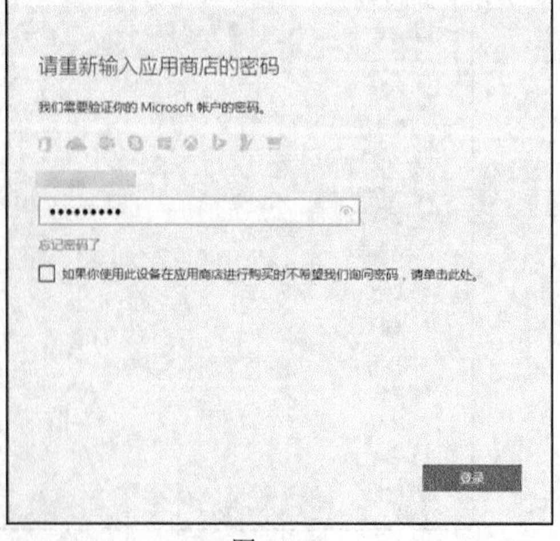

图 11-13

5. 登录成功后，我们单击搜索栏右侧的图标，可以看到已经登录的账号，如图 11-14 所示。

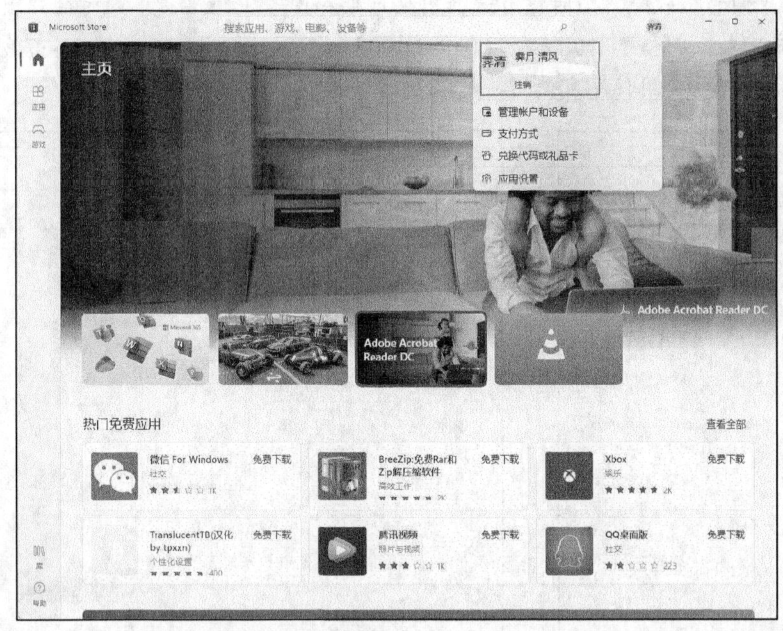

图 11-14

11.2.2 从应用商店下载并安装应用程序

登录到应用商店后就可以从应用商店下载和安装应用程序了，下面以“搜狐新闻”为例向大家介绍如何从应用商店下载并安装应用程序，具体操作步骤如下。

1. 单击应用商店窗口上方的搜索栏，然后在搜索栏内输入“搜狐新闻”，这时候下拉列表中就显示了搜狐新闻的应用程序图标，单击这个图标，如图 11-15 所示。

图 11-15

2. 在弹出的应用程序详细介绍页面里面，单击“获取”按钮，如图 11-16 所示。

3. 如果我们的微软账户当时没有选择出生日期和国家/地区信息，此时会弹出对话框让我们把信息补充完整。把信息补充完整后，单击“下一步”按钮即可，如图 11-17 所示。注意，应用商店里面的部分应用程序有使用年龄限制。

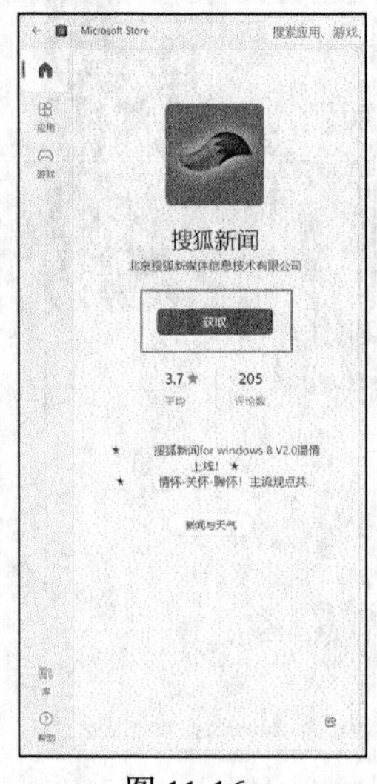

图 11-16

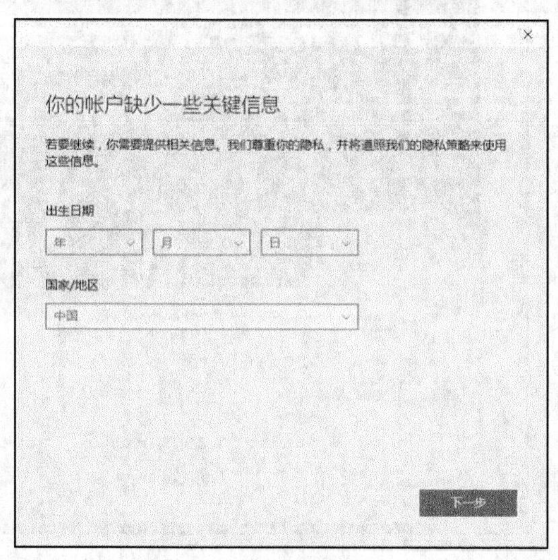

图 11-17

11.3 借助 Microsoft 365 和 OneDrive 多人实时协作

Microsoft 365 是微软基于先前提出的各种 Office Online 汇总整理的办公软件，也是由微软推出的基于 Web 端的在线办公工具，它将 Microsoft Office 产品的体验延伸到可支持的浏览器上。Microsoft 365 让用户可以从几乎任何地方共享自己 Office 文档，与 Word、Excel、PowerPoint、OneNote 这些在线应用一起，用户将永远拥有需要的工具，不管在何地。

借助 Microsoft 365 的在线编辑功能和 OneDrive 的存储功能，我们可以轻松地实现多人实时协作处理文档，具体操作步骤如下。

1. 用浏览器搜索并进入微软官网，单击网页右上方的“登录”按钮，如图 11-18 所示。

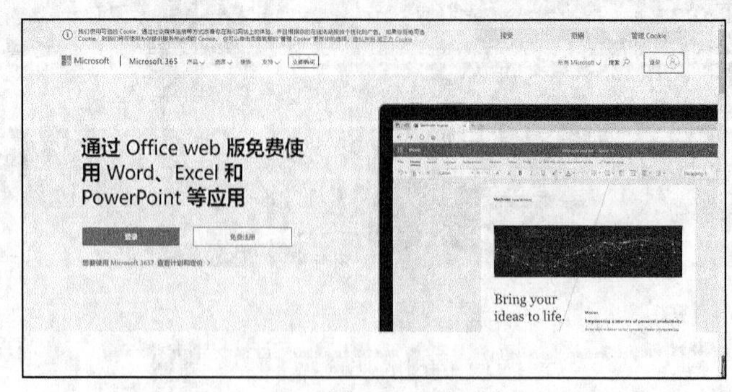

图 11-18

2. 在登录页面输入微软账户的用户名和密码，然后登录，如图 11-19 所示。

3. 登录完成后，页面上会显示 Office 应用的图标，如图 11-20 所示，我们可以根据自己的需要来使用相应的程序。以 Word 为例来进行说明，首先单击页面上的 Word 图标。

图 11-19

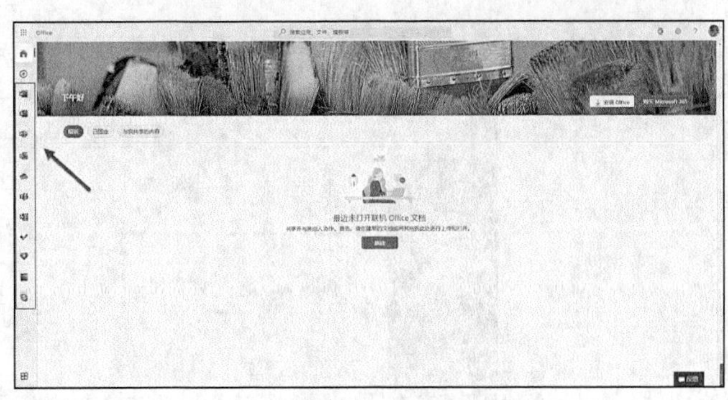

图 11-20

4. 在打开的新建文档页面，Microsoft 365 提供了一些通用的模板，我们可以根据需要进行选择。以空白文档为例，单击“新建空白文档”，如图 11-21 所示。

图 11-21

5. 打开的页面和 Office 的界面基本一致，输入一些文字后，单击页面内的“文件”菜单，如图 11-22 所示。

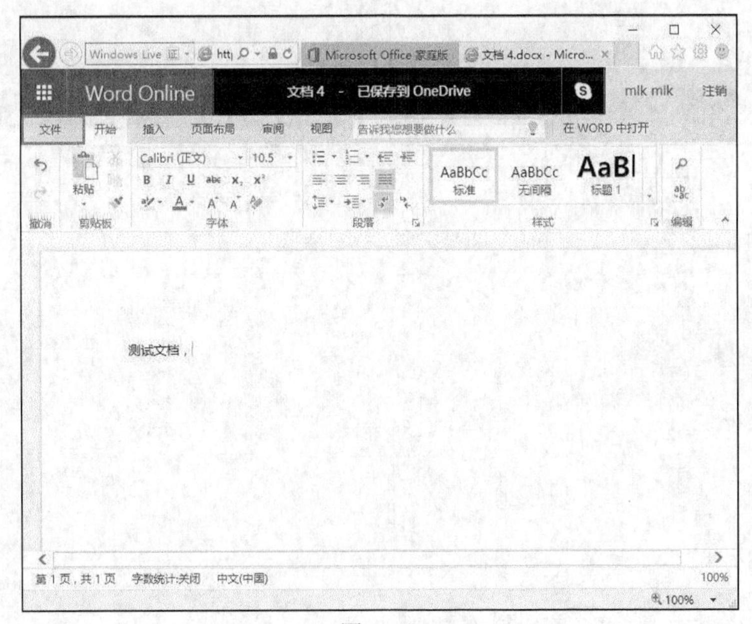

图 11-22

6. 在弹出的菜单中选择“共享”选项，单击右侧的“与人共享”按钮，如图 11-23 所示。

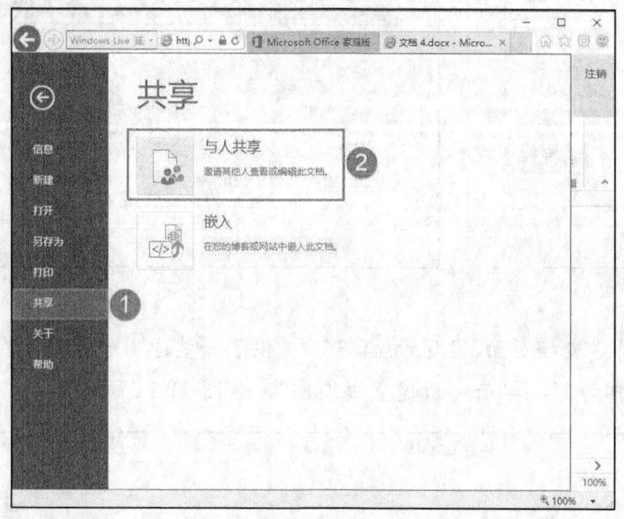

图 11-23

7. 在页面中单击左侧的“获取链接”，然后单击右侧的“创建链接”按钮，如图 11-24 所示。

8. 稍等一会儿，Microsoft 365 会生成一个链接，如图 11-25 所示，复制链接地址，然后发送给其他人，其他人打开链接就可以编辑其中的文件了。

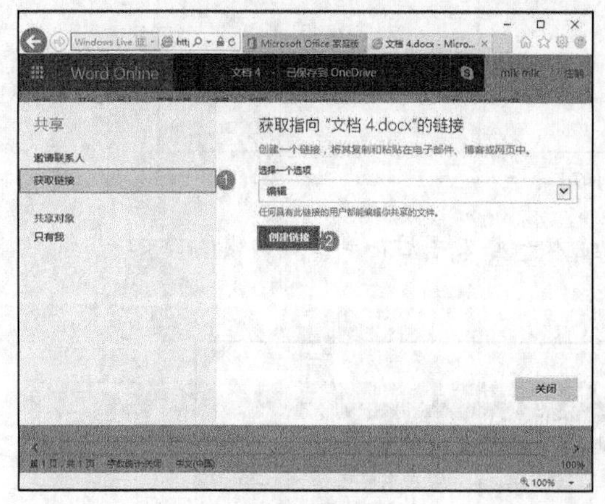

图 11-24

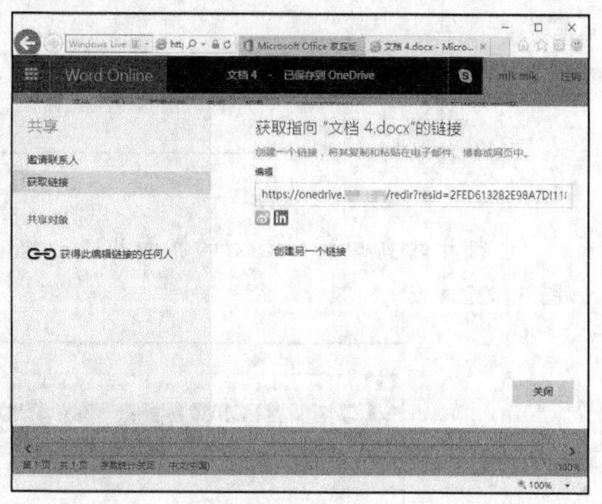

图 11-25

第12章 Hyper-V虚拟化

虚拟化是一种资源管理技术，是将计算机的各种实体资源，如服务器、网络及存储等，予以抽象化、转换后呈现出来，打破实体结构间的不可切割的障碍，使用户可以以比原来更好的方式来应用这些资源，这些资源的新虚拟部分是不受现有资源的架设方式、地域或物理组态所限制的。虚拟化技术被广泛应用于各种环境，可以有效地提高计算机硬件资源的利用率。我们平时常使用的是VMware和Virtual PC这两个软件，其实Windows 11也附带了一个虚拟化平台，那就是Hyper-V。本章介绍一下Hyper-V的使用。（Windows 11 只有专业版及更高版本才有Hyper-V。）

12.1 Hyper-V

Hyper-V是微软提出的一种系统管理程序虚拟化技术，在2008年与Windows Server 2008同时发布，Windows 11中集成的Hyper-V版本为4.0或更高版本。

设计 Hyper-V 的目的是为用户提供更为熟悉以及效益更高的虚拟化基础设施软件，这样可以降低运作成本、提高硬件利用率、优化基础设施并提高服务器的可用性。

Hyper-V采用微内核的架构，兼顾了安全性和性能的要求。Hyper-V底层的Hypervisor运行在最高的特权级别下，微软将其称为ring 1（Intel则将其称为root mode），而虚拟机的操作系统内核和驱动运行在ring 0下，应用程序运行在ring 3下，这种架构不需要采用复杂的技术，可以进一步提高安全性。

开启Hyper-V的系统要求如下。

- Intel或者AMD的64位处理器。
- CPU支持硬件虚拟化，且该功能处于开启状态。
- CPU必须具备硬件的数据执行保护（Data Execution Prevention，DEP）功能，而且该功能必须处于开启状态。
- 物理内存最少为2GB。

12.1.1 开启Hyper-V

由于Hyper-V默认状态下没有安装，我们需要先将其添加到Windows 11中，具体操作步骤如下。

1. 右击任务栏左侧的“开始”图标，在弹出的菜单中搜索“控制面板”，选择“控制面板”，弹出的窗口如图12-1所示。

图 12-1

2. 单击“程序”，弹出的窗口如图 12-2 所示。

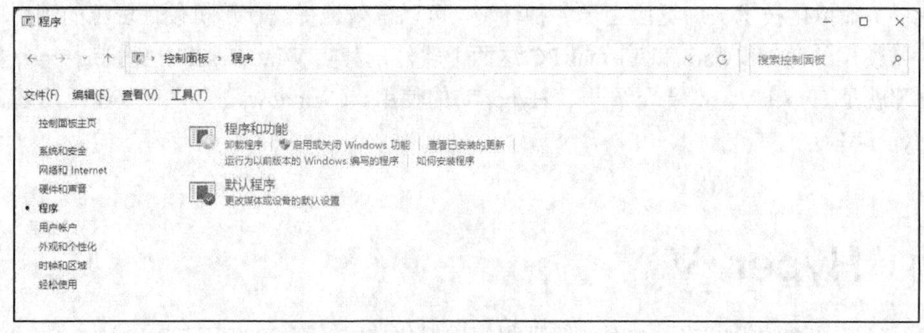

图 12-2

3. 在窗口右侧“程序和功能”区域，单击“启用或关闭 Windows 功能”，弹出的窗口如图 12-3 所示。

4. 在打开的“Windows 功能”窗口中，勾选“Hyper-V”复选框，如图 12-4 所示。

图 12-3

图 12-4

5. 单击“确定”按钮，稍后 Windows 会进入安装过程，如图 12-5 所示。

6. 经过一段时间的等待之后，系统提示已经完成请求的更改，如图 12-6 所示。单击“关闭”按钮，完成设置。

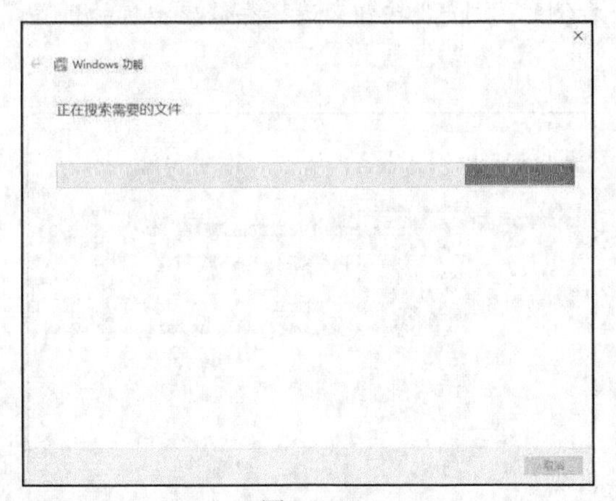

图 12-5

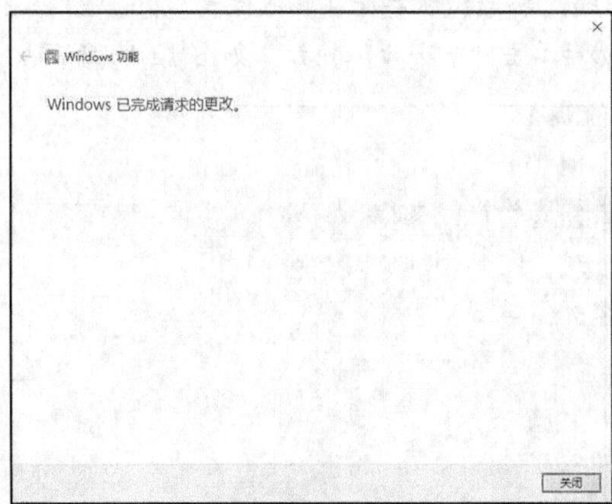

图 12-6

12.1.2 创建虚拟机

开启 Hyper-V 功能后，我们就可以创建虚拟机了，具体操作步骤如下。

1. 打开“开始”菜单，在搜索栏中搜索“Hyper-V 管理器”，然后选择“Hyper-V 管理器”，或直接双击 Hyper-V 管理器快捷方式，如图 12-7 所示。

2. 在“Hyper-V 管理器”窗口内，右击左侧展开的服务器，在弹出的快捷菜单中依次选择“新建”/“虚拟机”，如图 12-8 所示。

图 12-7

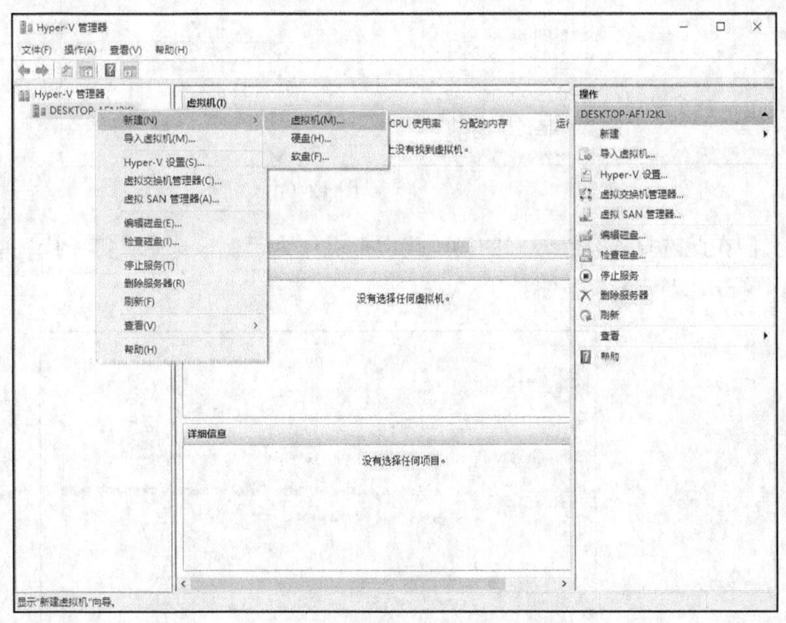

图 12-8

3. 在弹出的对话框中，有 Hyper-V 虚拟机的相关介绍和创建 Hyper-V 虚拟机的注意事项，如果我们后续会创建多个虚拟机，则可以勾选下方的“不再显示此页”复选框，那么我们下次创建虚拟机时，就不需要重复查看这些信息了，单击“下一步”按钮，如图 12-9 所示。

4. 在“指定名称和位置”界面中，我们可以在“名称”文本框中输入虚拟机的名称，Hyper-V虚拟机的默认存储位置在 C 盘目录下。如果我们的 C 盘空间不足或者需要放置在其他位置，勾选“将虚拟机存储在其他位置”复选框，单击右侧的“浏览”按钮来选择存储虚拟机的位置，然后单击“下一步”按钮，如图 12-10 所示。

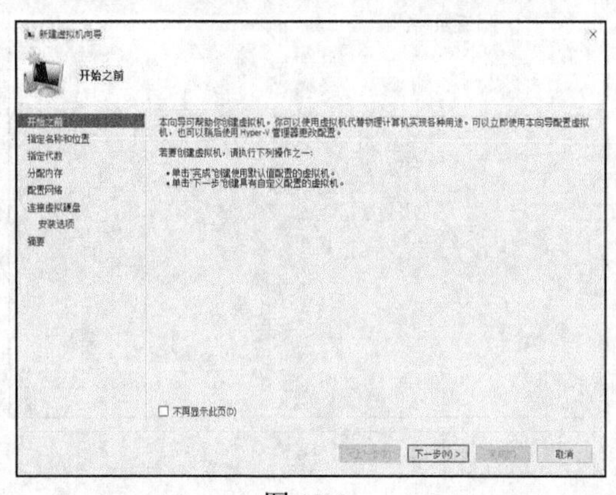

图 12-9

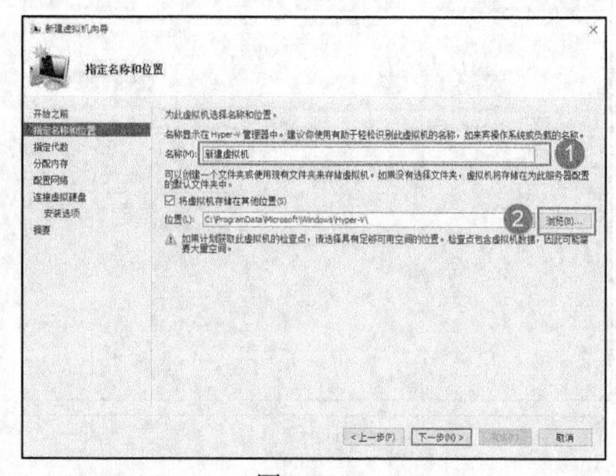

图 12-10

5. Hyper-V 会要求我们选择要创建的虚拟机的代数，第一代虚拟机支持的操作系统较多，但是虚拟机功能没有第二代虚拟机丰富。第一代和第二代虚拟机在支持的 Windows 操作系统的版本上的区别如图 12-11 所示（“✓”表示支持，“+”表示不支持）。

操作系统版本	第一代虚拟机	第二代虚拟机
Windows Server 2012 R2	✓	✓
Windows Server 2012	✓	✓
Windows Server 2008 R2	✓	+
Windows Server 2008	✓	+
Windows 11 64bit	✓	✓
Windows 10 64bit	✓	✓
Windows 8.1	✓	✓
Windows 8 64bit	✓	✓
Windows 7 64bit	✓	+
Windows 10 32bit	✓	+
Windows 8.1 32bit	✓	+
Windows 8 32bit	✓	+
Windows 7 32bit	✓	+

图 12-11

我们在此选择兼容性较好的第一代虚拟机作为示例，选中“第一代”单选项，如图 12-12 所示，单击“下一步”按钮。

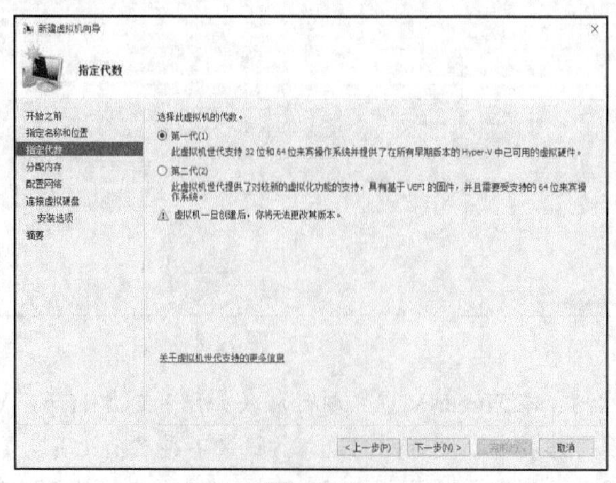

图 12-12

6. 在“分配内存”界面中，在“启动内存”右侧的文本框内输入设置的启动内存的大小。为了保证虚拟机运行的速度，我们应当尽量将启动内存设置得大一些。此外我们还可以勾选“为此虚拟机使用动态内存”复选框，这样 Hyper-V 会根据虚拟机的情况自动调整虚拟机占用的计算机内存的大小，设置完成后单击“下一步”按钮，如图 12-13 所示。

7. 在“配置网络”界面中，进行网络适配器的配置，第一次创建虚拟机时，系统默认为“未连接”，单击“下一步”按钮，如图 12-14 所示。

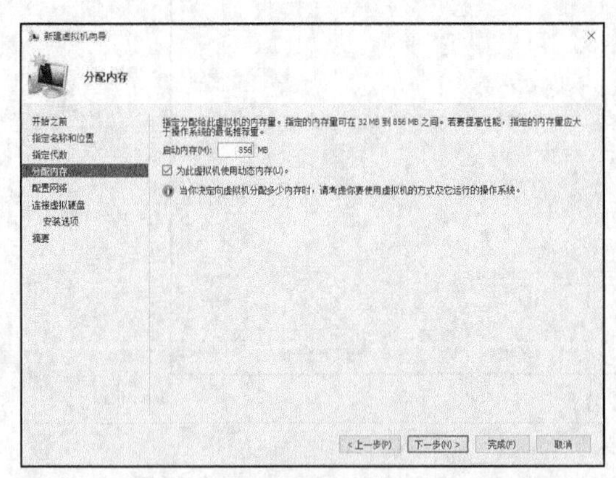

图 12-13

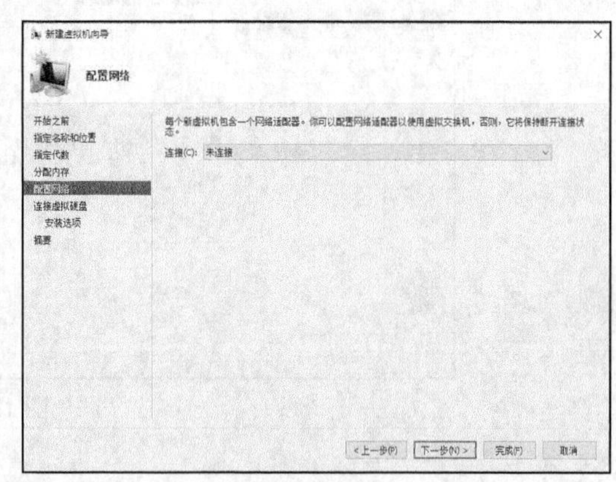

图 12-14

8. 接下来我们需要配置虚拟机的硬盘，Hyper-V 提供了 3 种选项。

- 创建虚拟硬盘：现在就创建虚拟硬盘，并设置虚拟硬盘的大小和虚拟硬盘文件存放的位置。
- 使用现有虚拟硬盘：如果我们之前创建过虚拟硬盘，那么可以选择此单选项，然后选择之前创建的虚拟硬盘文件即可。
- 以后附加虚拟硬盘：现在不创建，以后需要的时候再进行设置。

9. 选择“创建虚拟硬盘”单选项，然后单击“下一步”按钮，如图 12-15 所示。

10. Hyper-V 会提示是否安装操作系统，共有 4 种选项，我们可以根据自己的需要进行选择。这里选择“以后安装操作系统”，然后单击“下一步”按钮，如图 12-16 所示。

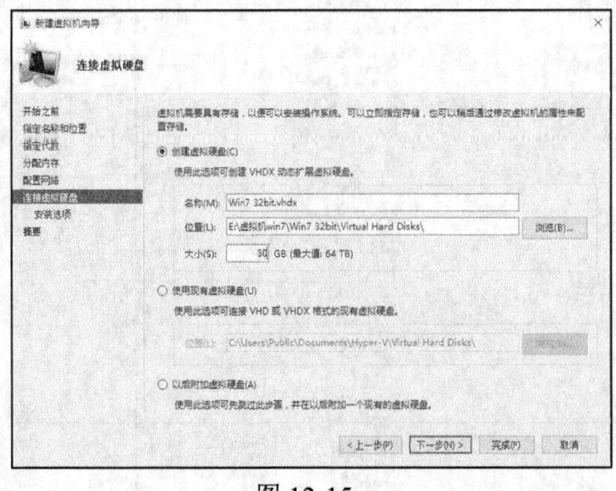

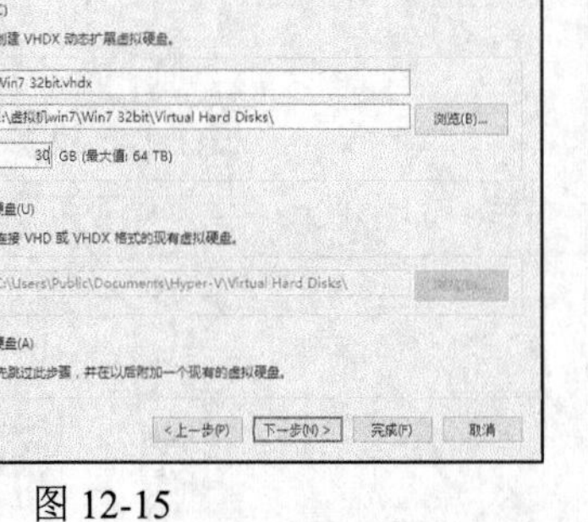

图 12-15

图 12-16

11. 稍后 Hyper-V 会弹出虚拟机设置完成的界面，显示虚拟机的基本信息，单击“完成”按钮，如图 12-17 所示。等待一段时间后，Hyper-V 就会完成对虚拟机的创建了。

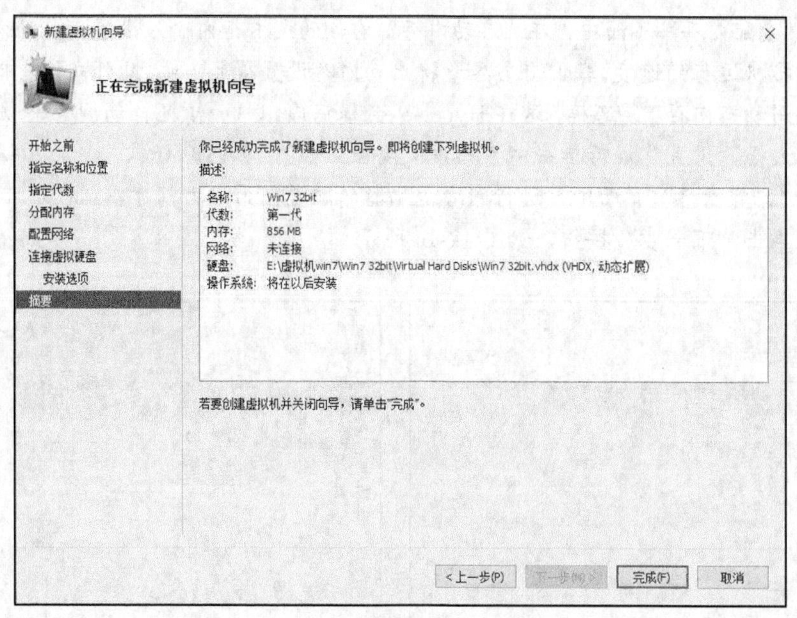

图 12-17

12.1.3 为虚拟机安装操作系统

虚拟机创建完成后，相当于创建了硬件，我们需要安装操作系统后才可以使用虚拟机完成其他的任务，下面介绍为虚拟机安装操作系统的方法。

1. 将 Windows 系统的安装光盘放入计算机的光驱中，然后在“Hyper-V 管理器”窗口的主界面，选择刚才创建的虚拟机，单击主界面右侧的“连接”，如图 12-18 所示。

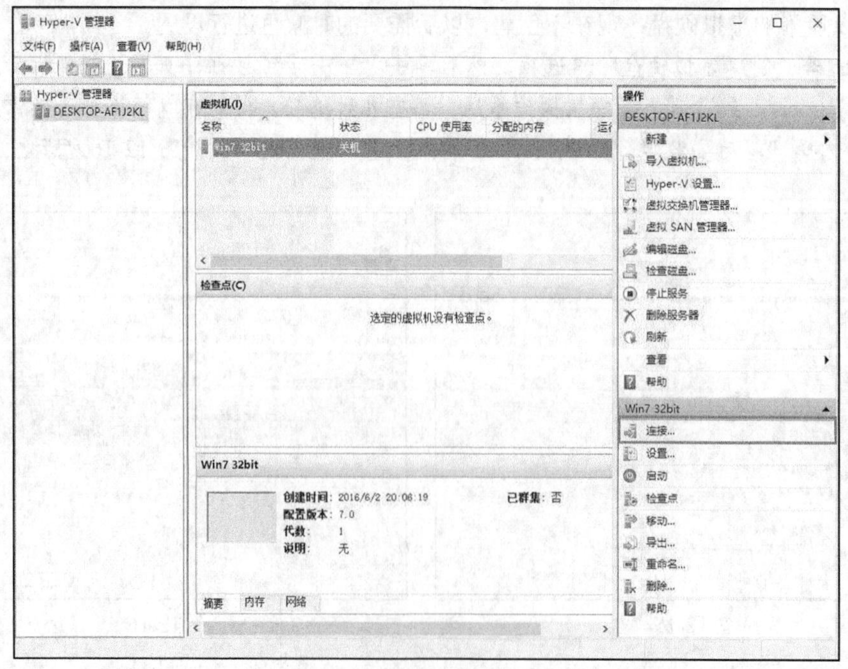

图 12-18

2. 在弹出的窗口中，按照屏幕提示，单击窗口上方的“启动”按钮，如图 12-19 所示。

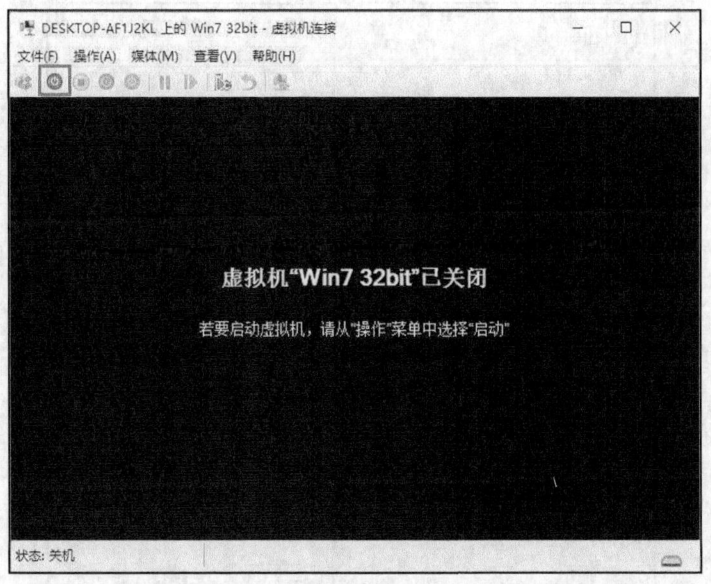

图 12-19

3. 虚拟机会从光盘启动，加载 Windows 安装程序，进入 Windows 安装过程。此后的安装方式和在本地计算机上的一致，就不一一赘述了。

12.1.4 管理和设置虚拟机

虚拟机创建完成后，我们还可以对虚拟机进行管理和设置。当我们选中虚拟机后，“Hyper-V 管理器”窗口主界面右侧会有相关的管理菜单，如图 12-20 所示。下面介绍一下该菜单中主要命令的功能。

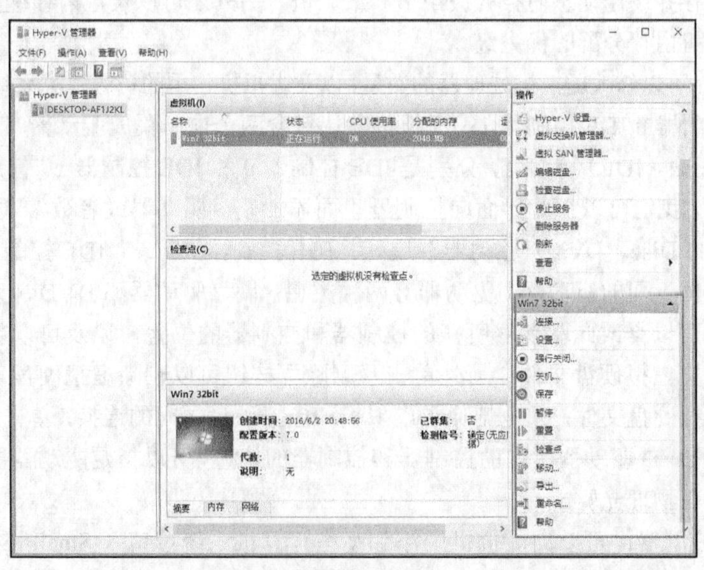

图 12-20

（1）连接：用于连接到虚拟机并打开虚拟机主界面。

（2）设置：用于打开虚拟机的设置窗口，在设置窗口可以对虚拟机的参数进行设置，如图 12-21 所示，设置窗口的左侧是各个选项，分成“硬件”和“管理”两个部分。

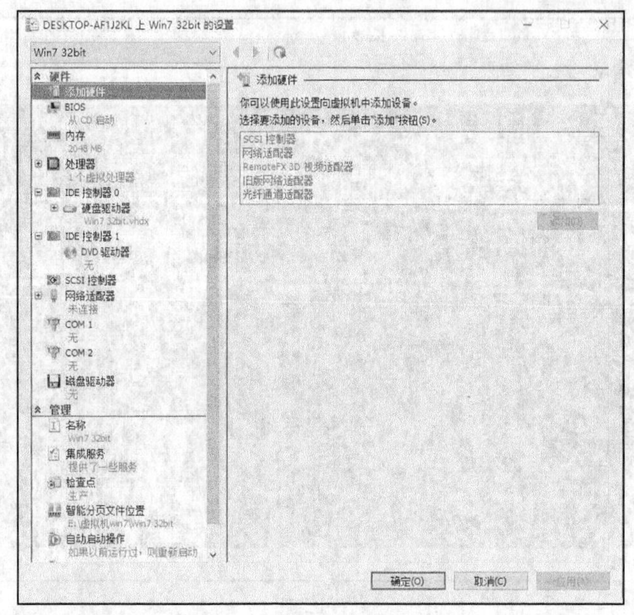

图 12-21

一、“硬件”部分的设置项

- 添加硬件：可以添加设备到虚拟机，Hyper-V 提供了 5 种设备，分别是 SCSI 控制器、网络适配器、RemoteFX 3D 视频适配器、旧版网络适配器、光纤通道适配器，我们可以根据需要进行添加和设置。
- BIOS：可以选择虚拟机启动设备的顺序，选择后单击右侧的“上移”或“下移”按钮可以调整启动设备的顺序。
- 内存：设置虚拟机的内存选项。我们可以制定虚拟机可以使用的内存容量，可以启用动态内存并设定动态内存的最小值和最大值，另外还可以设置内存缓冲区的百分比以及虚拟机内存分配的优先级。
- 处理器：可以修改虚拟机处理器的数量，以及虚拟机使用的资源占总系统资源的百分比。
- IDE 控制器 0/IDE 控制器 1：虚拟机默认包含两个电子集成驱动器（Integrated Drive Electronics，IDE）控制器，分别是 IDE 控制器 0 和 IDE 控制器 1。任意选择一个 IDE 控制器，我们可以在此界面向控制器里面添加硬盘驱动器或者数字通用光碟（Digital Versatile Disc，DVD）驱动器，展开“IDE 控制器 0”或“IDE 控制器 1”，可以看到控制器下面的驱动器。驱动器有两种类型，硬盘驱动器和 DVD 驱动器。单击硬盘驱动器可以修改此驱动器所在的控制器和控制器的位置，以及可以新建、编辑、检查或浏览虚拟硬盘文件，另外单击“删除”按钮可以删除虚拟硬盘，这项操作不会删除虚拟硬盘文件，只是删除了虚拟机和虚拟硬盘之间的连接，单击 DVD 驱动器可以修改 DVD 驱动器所在的控制器和控制器的位置，可以指定驱动器要使用光盘映像文件还是物理光驱。
- SCSI 控制器：可以向虚拟机中添加小型计算机系统接口（Small Computer System Interface，SCSI）硬盘驱动器或者共享驱动器。
- 网络适配器：可以设置虚拟机的网络适配器和虚拟局域网（Virtual Local Area Network，VLAN），以及设置虚拟机的带宽。可以设定虚拟机的最大带宽和最小带宽，另外还可以移除网络适配器。

- COM1/COM2：设定虚拟机的组件对象模型（Component Object Model，COM）端口。
- 磁盘驱动器：可以设定虚拟机的软盘驱动器或者虚拟软盘文件。

二、“管理”部分的设置项

- 名称：可以修改虚拟机的名称，另外可以填写虚拟机的相关说明。
- 集成服务：选择 Hyper-V 为虚拟机提供哪些服务，可以通过勾选来选取。
- 检查点：可以设定虚拟机的检查点，检查点是将虚拟机的数据做快照处理。如果虚拟机出现问题，可以利用检查点快照将虚拟机系统恢复至创建检查点时的状态，我们还可以设置检查点文件存放的位置。
- 智能分页文件位置：选择存放虚拟机智能分页文件的磁盘位置。
- 自动启动操作：可以选择当物理计算机启动时虚拟机要执行的操作。
- 自动停止操作：可以选择当物理计算机关机时虚拟机要执行的操作。

12.1.5 管理和设置 Hyper-V 服务器

12.1.4 节介绍了 Hyper-V 中虚拟机的设置，本节向大家介绍 Hyper-V 服务器的相关管理和设置选项。

在“Hyper-V 管理器”窗口中，选中左侧的服务器，在管理器窗口的右侧中就会出现相关的管理和设置菜单，其中最重要的是右侧的操作窗口，在这里我们可以对服务器进行详细的设置和更改，如图 12-22 所示。

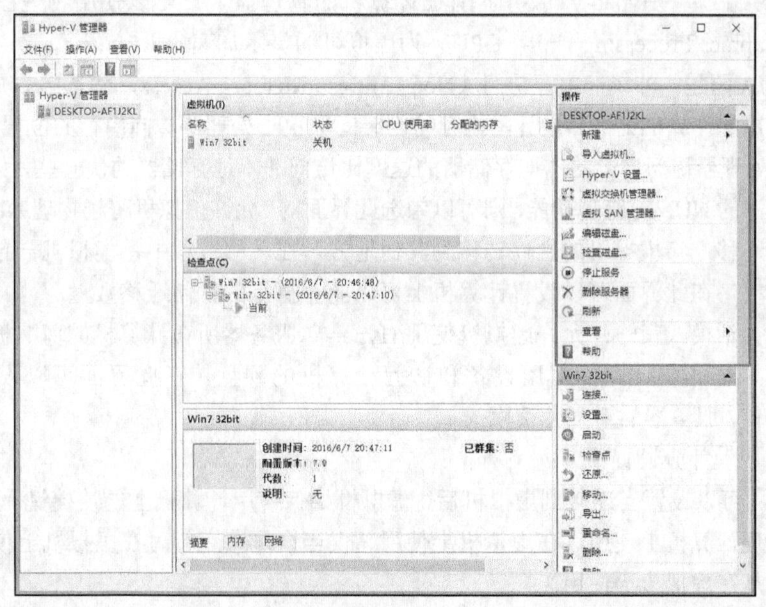

图 12-22

（1）新建：在服务器上新建一个虚拟机、虚拟硬盘或者虚拟软盘，单击相应的项目后会出现向导提示相关的操作。

（2）导入虚拟机：可以导入在别的计算机上创建好的虚拟机或者本地计算机导出的虚拟机备份。

（3）Hyper-V 设置：单击可打开 Hyper-V 设置窗口，如图 12-23 所示。Hyper-V 设置窗口提供了丰富的设置功能，分为“服务器”和“用户”两个部分。

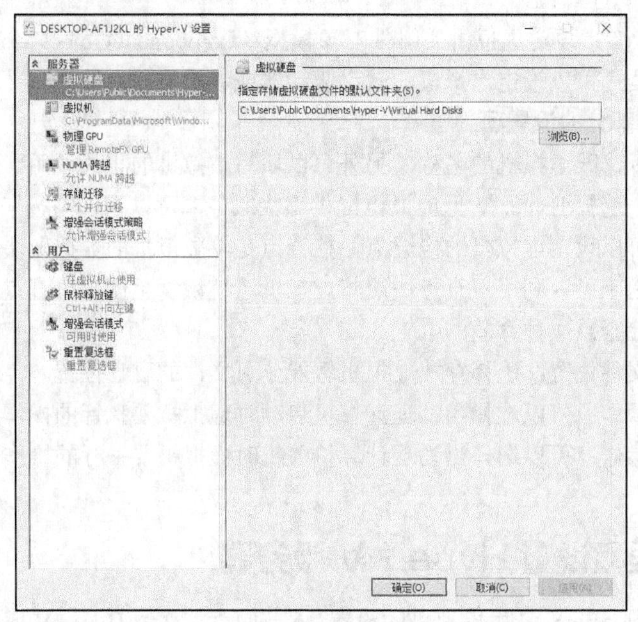

图 12-23

① “服务器”部分设置项。

- 虚拟硬盘：设置存储虚拟硬盘文件的文件夹。
- 虚拟机：设置存储虚拟机配置文件的文件夹。
- 物理 GPU： Hyper-V 服务器所在计算机的物理显卡，可以使用物理图形处理单元（Graphics Processing Unit，GPU）为虚拟机的显示加速。
- NUMA 跨越：非统一内存访问（Non Uniform Memorg Access，NUMA）是一种用于多处理器的计算机记忆体设计，内存访问时间取决于处理器访问内存的位置。在 NUMA 下，处理器访问自己的本地存储器的速度比访问非本地存储器的快一些，如果需要打开服务器的 NUMA 跨越功能，则可以勾选此界面的“允许虚拟机跨越物理 NUMA 节点”。
- 存储迁移：将虚拟机的文件转移到其他地方，在转移过程中，虚拟机一直保持运作，不停机，在此界面可以设置计算机上可以同时执行的存储迁移数量。
- 增强会话模式策略：允许虚拟机使用 Hyper-V 服务器所在计算机的剪贴板、声卡、智能卡、打印机、即插即用设备和访问计算机的硬盘。在此界面可以设置是否开启 Hyper-V 服务器的增强会话模式。

② “用户”部分设置项。

- 键盘：可以设置当连接到虚拟机后，虚拟机如何使用计算机上的快捷键。有 3 种方式：在物理计算机上使用、在虚拟机上使用、仅当全屏幕运行时在虚拟机上使用，默认选择的是在虚拟机上使用。
- 鼠标释放键：设置当虚拟机未安装虚拟机驱动程序时释放鼠标的快捷键，单击此界面中的下拉列表框可以更改快捷键。
- 增强会话模式：设置当虚拟机支持增强会话模式时，连接到虚拟机时是否开启增强会话模式。
- 重置复选框：在此界面中单击“重置虚拟机”按钮可以清除选中时隐藏页面和消息的复选框。

（4）虚拟交换机管理器：单击可以打开虚拟机管理器窗口，在窗口内可以创建虚拟交换机。这将在 12.1.6 节进行介绍。

（5）虚拟 SAN 管理器：单击可以打开虚拟存储虚拟网（Storage Area Network，SAN）管理窗口，我们可以在窗口内创建新的 SAN 或者管理现有的 SAN。

（6）编辑磁盘：单击可以打开编辑磁盘向导，可以对选择的虚拟硬盘进行编辑。具体操作分别是压缩，压缩虚拟硬盘文件的大小，压缩后虚拟硬盘的容量不变，但是虚拟硬盘的文件变小；转换，将内容复制到新的虚拟硬盘来转换虚拟硬盘，新的虚拟硬盘可以与原来的虚拟硬盘使用不同的类型和格式；扩展，可以扩展虚拟硬盘的容量。

（7）检查磁盘：可以检查虚拟硬盘信息。

（8）停止服务：停止 Hyper-V 服务器的服务。

（9）删除服务器：删除连接到的服务器，只是删除服务器的连接信息，可以重新连接到服务器进行服务器的管理。

（10）刷新：刷新当前服务器的信息。

12.1.6 配置虚拟机的网络连接

虚拟机通过虚拟交换机来实现和网络的连接，虚拟交换机有 3 种类型，下面分别介绍一下。

- 外部交换机：可以使虚拟机连接到网络。如果虚拟机连接到外部交换机，那么虚拟机就相当于网络上的一台计算机，可以访问网络上的其他计算机，虚拟机内的各种联网程序可以正常使用。
- 内部交换机：只允许虚拟机连接到服务器主机，无法连接到网络。这样虚拟机相当于连接到内部网络，外部的计算机无法访问虚拟机。
- 专用交换机：只允许虚拟机直接互相访问。虚拟机既无法连接到网络，也无法连接到服务器主机。

下面通过外部交换机来介绍如何配置虚拟机的网络连接，具体操作步骤如下。

1. 打开 Hyper-V 管理程序后，单击“Hyper-V 管理器”窗口右侧的“虚拟交换机管理器”，如图 12-24 所示。

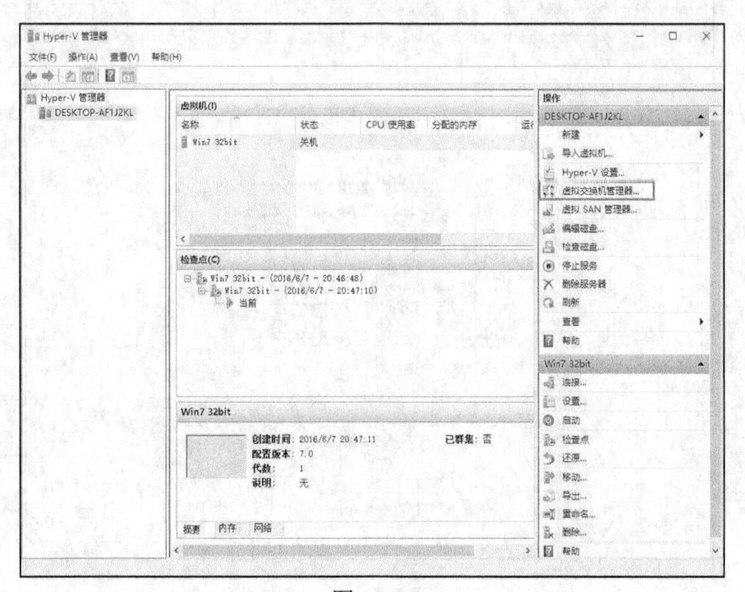

图 12-24

2. 在打开的虚拟交换机管理器窗口的右侧选择“外部”，然后单击“创建虚拟交换机”按钮，如图 12-25 所示。

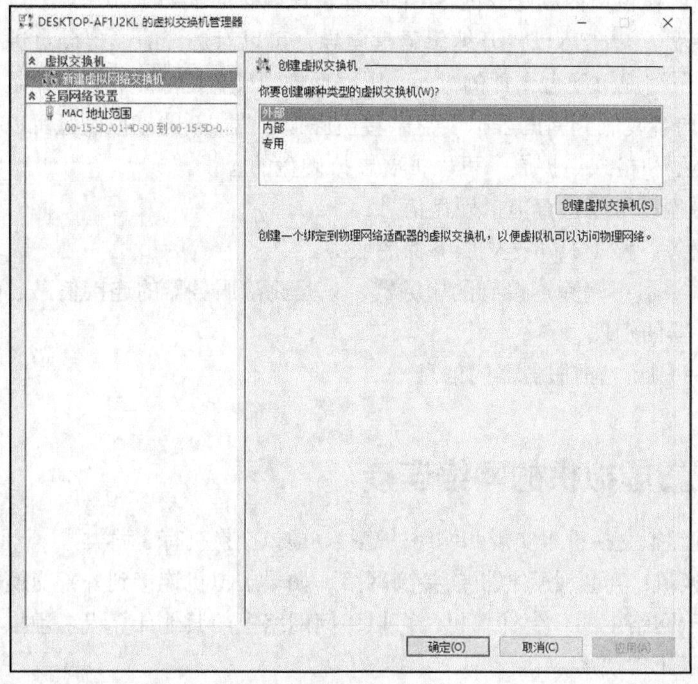

图 12-25

3. 在弹出的界面中，我们可以设置虚拟交换机的名称，然后填写虚拟交换机的详细说明，用于管理和维护。单击“连接类型”栏中的下拉列表框可以选择要连接到的网络适配器，设置完成后，单击“确定”按钮，如图 12-26 所示。

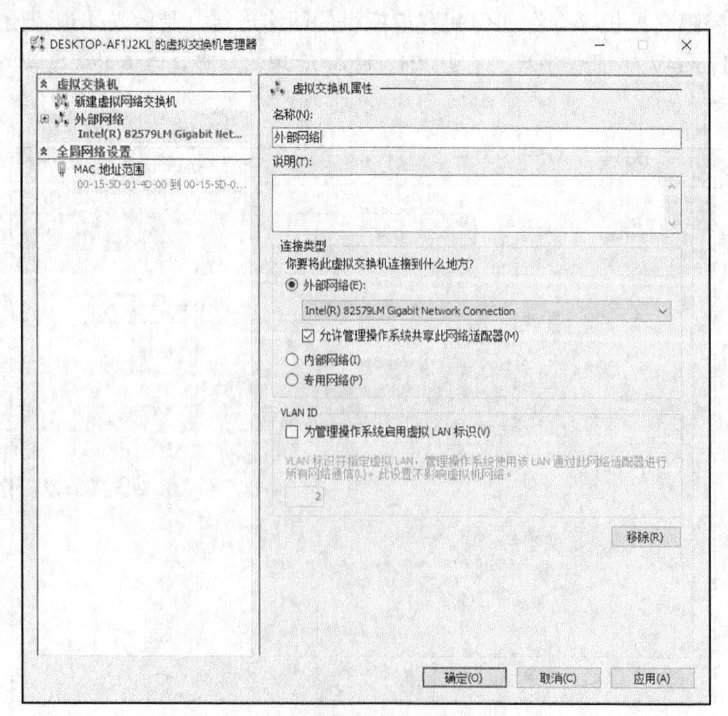

图 12-26

4. 在“Hyper-V 管理器”窗口中选择虚拟机，单击右侧的“设置”打开虚拟机的设置窗口。单击左侧的“网络适配器”，然后单击右侧的“虚拟交换机”下拉列表框，在弹出的下拉列表中选择刚才设置好的虚拟交换机，完成后单击“确定”按钮，如图 12-27 所示。

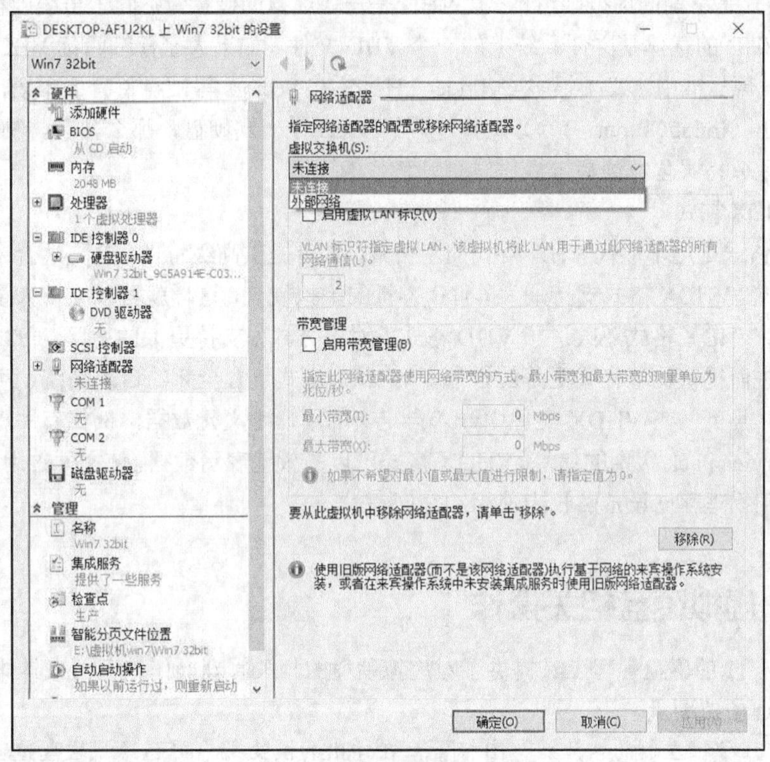

图 12-27

设置完成后，虚拟机就可以通过本地计算机的网络访问外部网络了。

12.2 虚拟硬盘

VHD 格式的虚拟硬盘最开始在微软的 Virtual PC 和 Virtual Server 中，作为虚拟机的硬盘进行使用。微软在 2005 年公布了自己的虚拟硬盘文件格式的技术文档，并且扩大了虚拟硬盘的使用范围。

从 Windows 7 开始，微软的操作系统开始支持对虚拟硬盘的读写，同时支持从虚拟硬盘启动操作系统；Windows 10 增加了对 VHDX 格式的支持；Windows 11 保持了该特性，下面我们来具体介绍一下。

12.2.1 虚拟硬盘简介

虚拟硬盘可以理解为一块硬盘，在使用上和物理硬盘类似，我们可以对其进行分区和格式化操作，虚拟硬盘与物理硬盘的区别就是虚拟硬盘是物理硬盘上的一个文件。

在 Windows 7 和之后的操作系统中都直接集成了虚拟硬盘文件的驱动程序，这样用户就可以直接访问虚拟硬盘文件中的内容，此时虚拟硬盘文件相当于系统中的一个硬盘分区。在

Windows 11 中我们还可以通过快捷菜单中的“装载”命令来快速装载虚拟硬盘文件并查看里面的内容。

一、VHD 格式

VHD 格式是早期的虚拟硬盘格式。VHD 是一块虚拟的硬盘，不同于传统硬盘的盘片、磁头和磁道，VHD 的载体是文件系统上的一个 VHD 文件。如果大家仔细阅读 VHD 文件的技术标准，就会发现标准中定义了很多 Cylinder、Heads 和 Sectors 等硬盘特有的术语，模拟针对硬盘的输入输出（Input/Output，I/O）操作。既然 VHD 是一块硬盘，那么其就与物理硬盘一样，可以进行分区、格式化、读写等操作。

二、VHDX 格式

VHDX 格式是用于取代 VHD 格式的新格式，其可提供高级特性，是更适合未来虚拟化所需的硬盘格式。VHDX 格式支持最大 64TB 容量的虚拟硬盘，这样就可以支持大型的数据库并实现虚拟化，VHDX 格式还改进了 VHD 格式的对齐方式，支持更大的扇区，可以使用更大尺寸的“块”进而提供比旧格式更好的性能。VHDX 格式包含全新的日志系统，可防范断电导致的错误，并且可以在 VHDX 文件中嵌入自定义的用户定义元数据，例如有关虚拟机中来宾操作系统 Service Pack 级别的信息。VHDX 格式可以高效地表示数据，使文件占用的空间更小，并且允许基础物理存储设备回收未使用的空间。

12.2.2 虚拟硬盘相关操作

Windows 11 的磁盘管理工具提供了对虚拟硬盘的相关管理操作，下面来具体介绍一下。

一、创建虚拟硬盘

1. 右击任务栏左侧的“开始”图标，在弹出的快捷菜单中选择“磁盘管理”选项，打开“磁盘管理”窗口。单击“操作”菜单，选择“创建 VHD”命令，如图 12-28 所示。

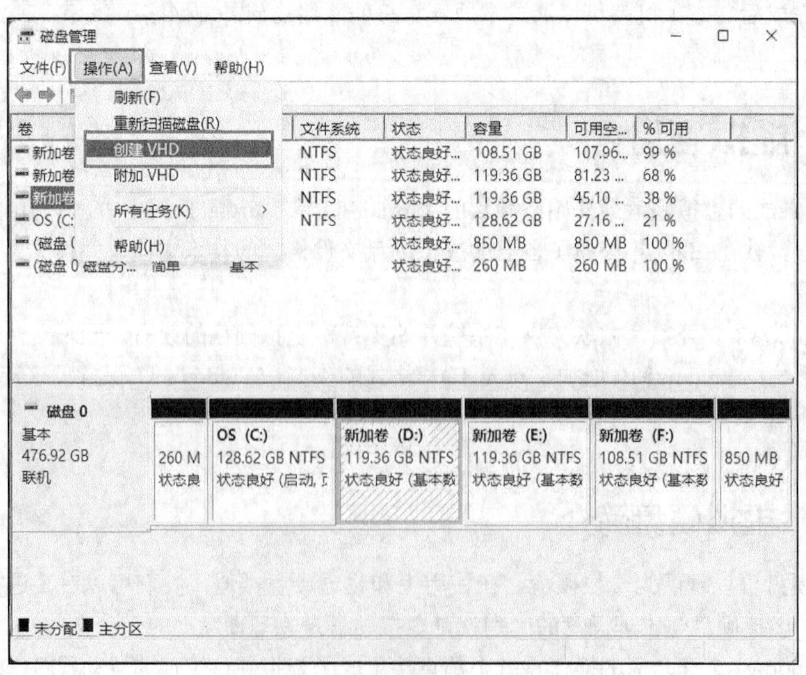

图 12-28

2. 在弹出的图 12-29 所示的“创建和附加虚拟硬盘”对话框中，单击“浏览”按钮，选择存放虚拟硬盘的位置，以及创建虚拟硬盘的名称；然后在“虚拟硬盘大小”右侧的文本框内，输入数字，选择虚拟硬盘大小的单位（MB、GB、TB）；在“虚拟硬盘格式”栏内，选择虚拟硬盘的格式。如果选择的是 VHD 格式，则系统推荐的虚拟硬盘类型是固定大小；如果选择的是 VHDX 格式，则系统推荐的虚拟硬盘类型是动态扩展，当然我们也可以不按推荐设置进行选择。设置完成后，单击“确定”按钮。

3. 稍后系统会完成虚拟硬盘的创建并将虚拟硬盘附加到磁盘管理器上，这时候显示的是虚拟硬盘没有初始化，虚拟硬盘还无法使用，需要对其进行初始化后才可以使用。在“磁盘管理”窗口中，右击虚拟硬盘，在弹出的快捷菜单中选择“初始化磁盘”命令，如图 12-30 所示。

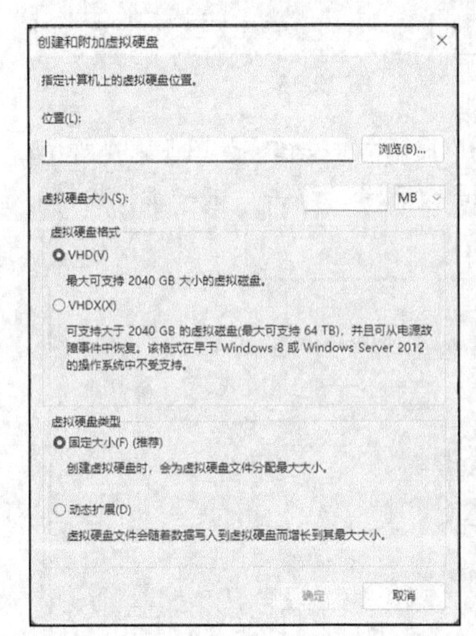

图 12-29

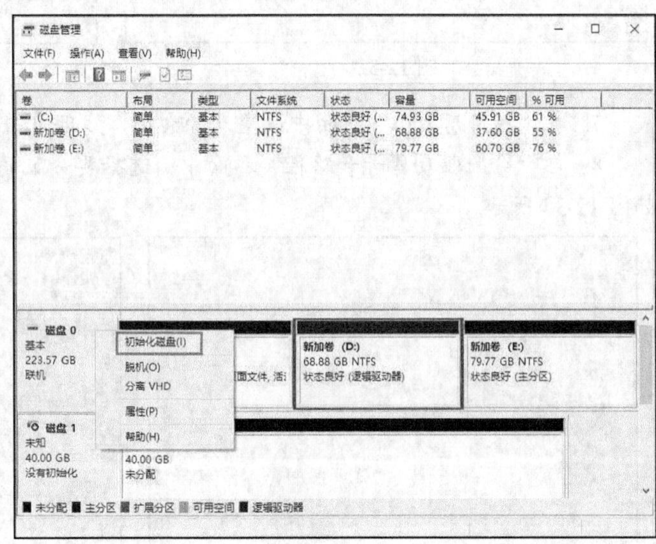

图 12-30

4. 在弹出的“初始化磁盘”对话框内选择刚才创建的虚拟硬盘，然后选择好分区形式，单击“确定”按钮，如图 12-31 所示。

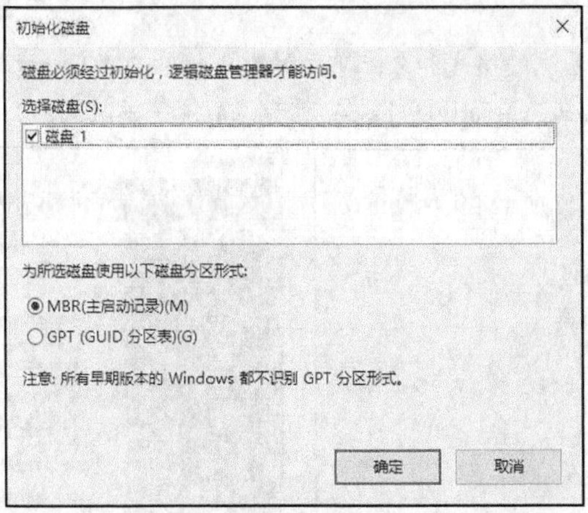

图 12-31

5. 初始化完成后，我们就可以对未分配空间进行格式化和分区操作了，右击未分配的空间，然后在弹出的快捷菜单中选择“新建简单卷”命令，如图 12-32 所示。

6. 在弹出“新建简单卷向导”对话框中单击“下一步”按钮，如图 12-33 所示。

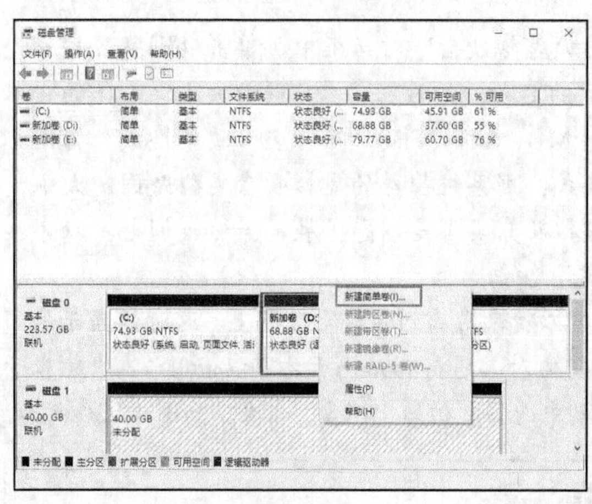

图 12-32

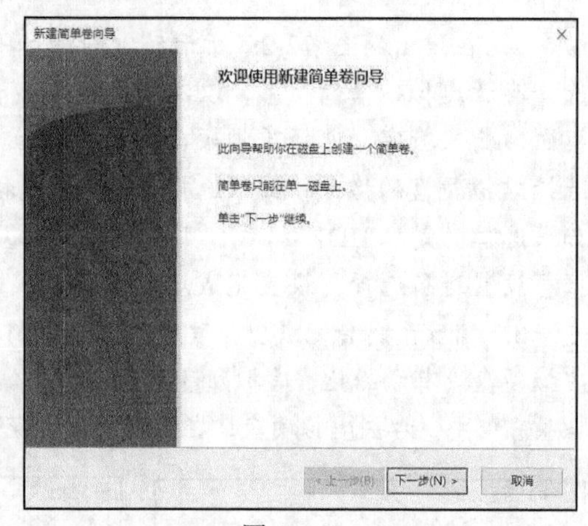

图 12-33

7. 在"指定卷大小"界面中设置卷的大小，然后单击"下一步"按钮，如图 12-34 所示。

8. 在"分配驱动器号和路径"界面中，选择要分配的驱动器号，单击"下一步"按钮，如图 12-35 所示。

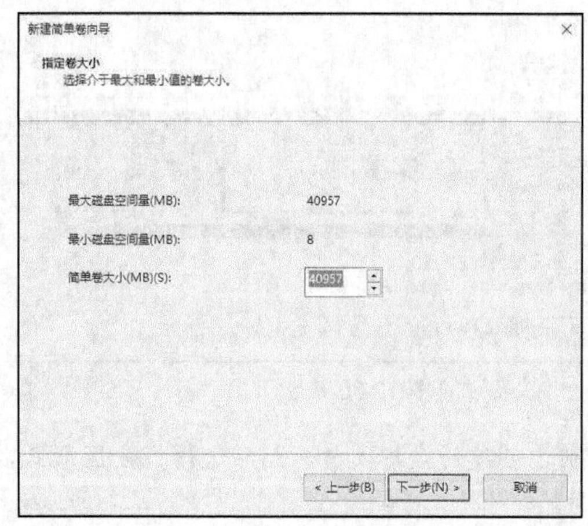

图 12-34

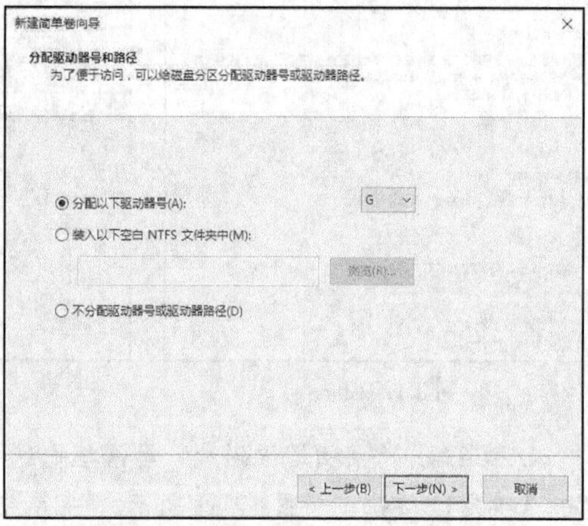

图 12-35

9. 选择分区的文件系统的格式和分配单元的大小，单击"下一步"按钮，如图 12-36 所示。

10. 单击"确定"按钮，界面如图 12-37 所示，等待一段时间后，磁盘分区就创建完成了。

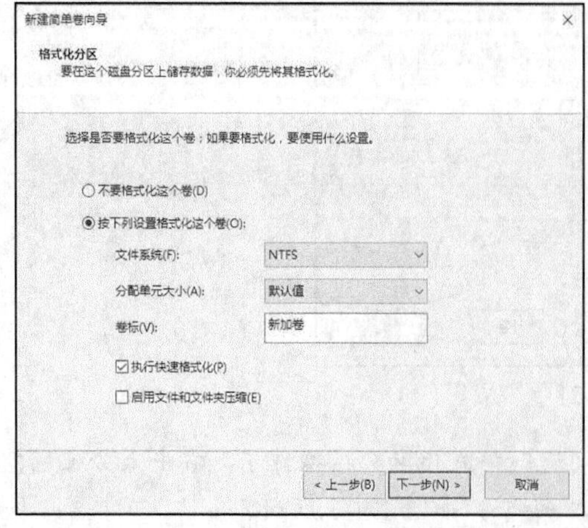

图 12-36

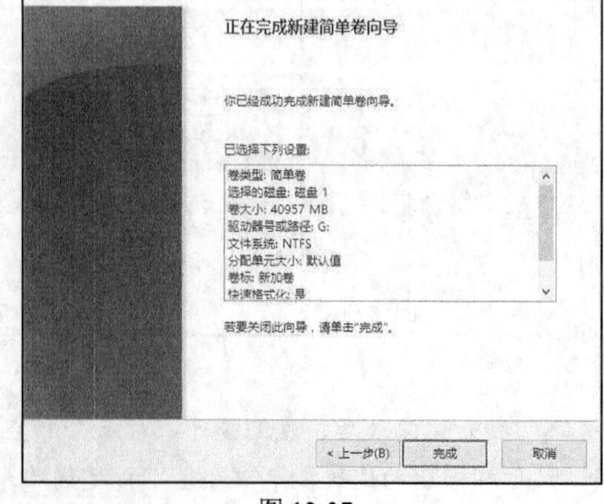

图 12-37

二、脱机

右击虚拟硬盘，然后在弹出的快捷菜单中选择“脱机”命令，结果如图 12-38 所示。脱机的磁盘不可用，右击虚拟硬盘，然后在弹出的快捷菜单中选择“联机”命令即可。

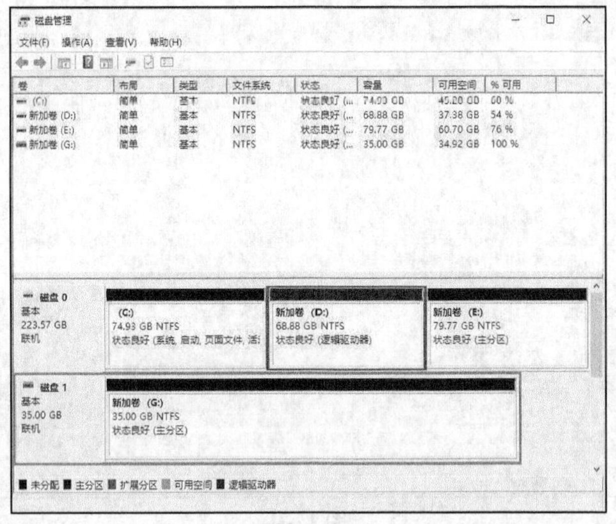

图 12-38

三、分离 VHD

分离 VHD 就是断开操作系统和虚拟硬盘的连接，相当于从计算机中移除虚拟硬盘。

12.2.3 在虚拟硬盘上安装操作系统

既然虚拟硬盘的使用方法和物理硬盘的类似，那么是否可以把操作系统安装到虚拟硬盘上呢？答案是可以，但是用常规的办法无法完成安装操作。需要使用命令行工具来进行操作系统的安装，下面具体介绍一下如何操作。

1. 创建一个固定大小的虚拟硬盘文件，虚拟硬盘大小要大于 30GB，然后我们在此虚拟硬盘上创建主分区，并为它分配一个盘符，盘符为 G，如图 12-39 所示。

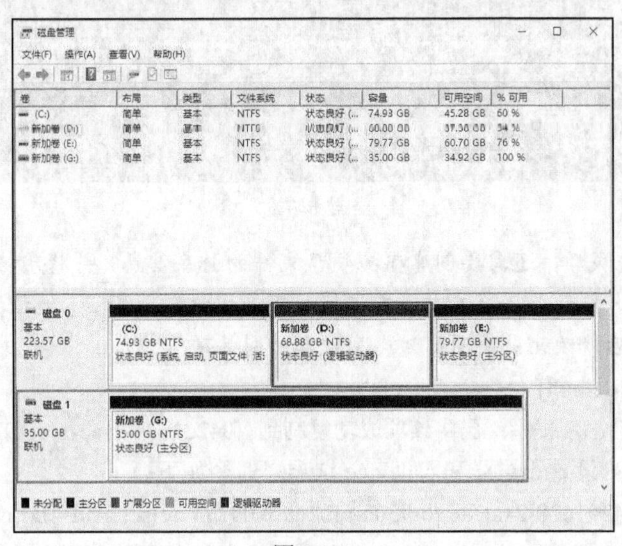

图 12-39

2. 以安装 Windows 8 为例，首先复制安装光盘内的 install.wim 文件到计算机的硬盘内，这个文件在安装光盘的 sources 目录下，如图 12-40 所示，我们将其复制到 E:\WIN8 目录下。

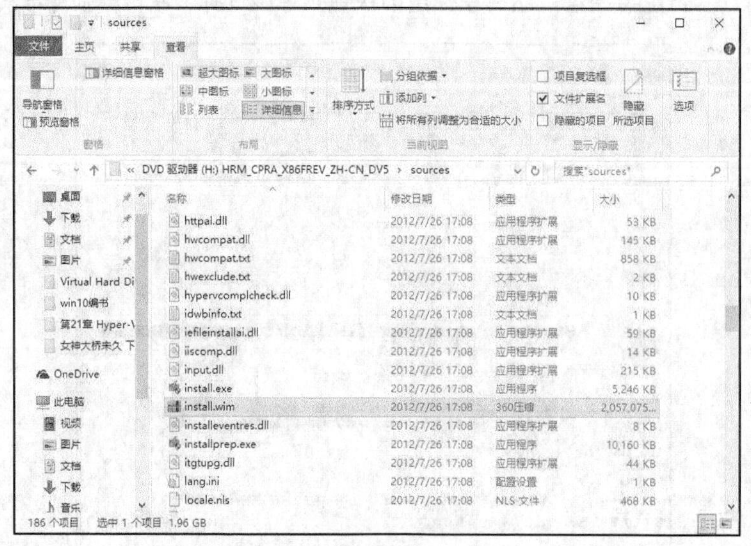

图 12-40

3. 以管理员身份打开命令提示符窗口，然后输入命令“dism /apply-image /imagefile: e:\win8\install.wim /index:1 /applydir:g:\”并执行，如图 12-41 所示。

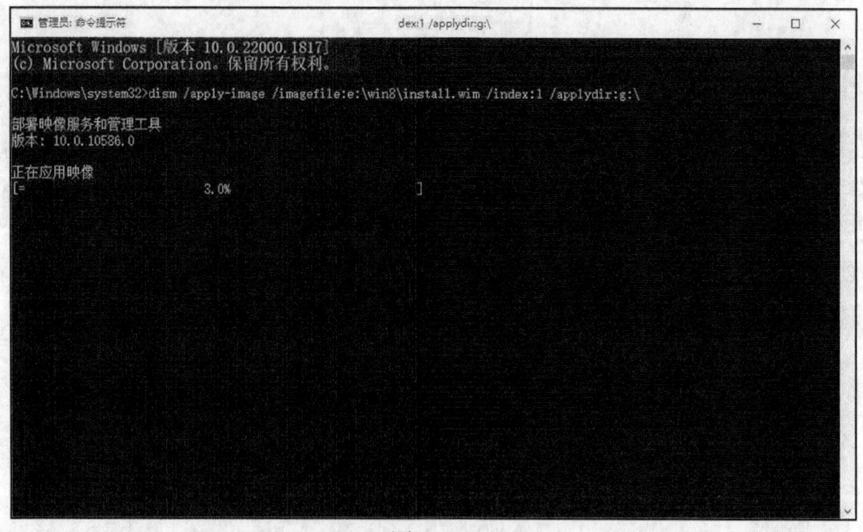

图 12-41

4. 等待操作完成后，还需要创建虚拟硬盘文件的引导信息，并将虚拟硬盘分区中的操作系统添加到本地计算机的引导菜单中。首先执行下面的命令，复制本地计算机中的引导项目，生成新标识符，然后修改此引导项作为虚拟硬盘的引导项：

Bcdedit /copy {default} /d “windows 8”

执行完毕后，会出现提示：已将该项成功复制到 {042d1628-21aa-11e6-930e- af01ab010927}。

然后对虚拟硬盘设置 device 和 osdevice 选项，命令如下：

Bcdedit /set {042d1628-21aa-11e6-930e-af01ab010927} device vhd=[D:]\vhd\windows8.vhd

Bcdedit /set {042d1628-21aa-11e6-930e-af01ab010927} osdevice vhd=[D:]\vhd\windows8.vhd

上面的命令中花括号中的内容为刚才获取的标识符，“vhd=”后面的路径为虚拟硬盘文件的路径，如图 12-42 所示。

5. 重启计算机，虚拟硬盘的 Windows 8 出现在启动项里面，如图 12-43 所示，稍后按照提示安装 Windows 8 即可，此处不赘述。

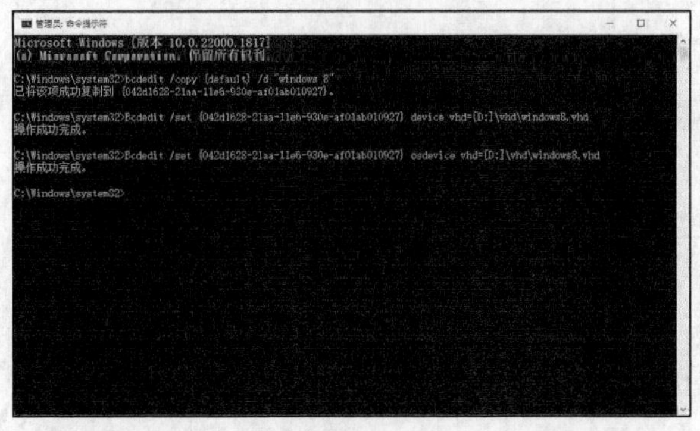

图 12-42

图 12-43

12.2.4 转换虚拟硬盘的格式

VHD 格式和 VHDX 格式各有各的优点，我们需要实现某种功能的话，之前创建的文件格式可能不合适，这时候如果可以更改虚拟硬盘文件的格式就好了。下面介绍如何进行虚拟硬盘的格式转换。

1. 打开 Hyper-V 管理器，在窗口中单击右侧的“编辑磁盘”，如图 12-44 所示。

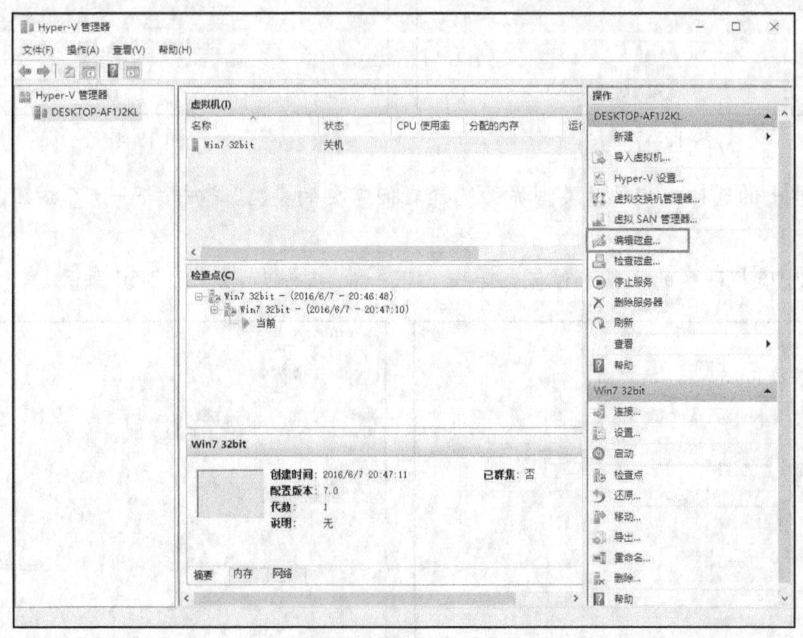

图 12-44

2. 在弹出的对话框中单击“下一步”按钮，如图 12-45 所示。

3. 在“查找虚拟硬盘”界面，单击“浏览”按钮，打开虚拟硬盘文件所在的文件夹，选择虚拟硬盘文件，然后单击“下一步”按钮，如图 12-46 所示。

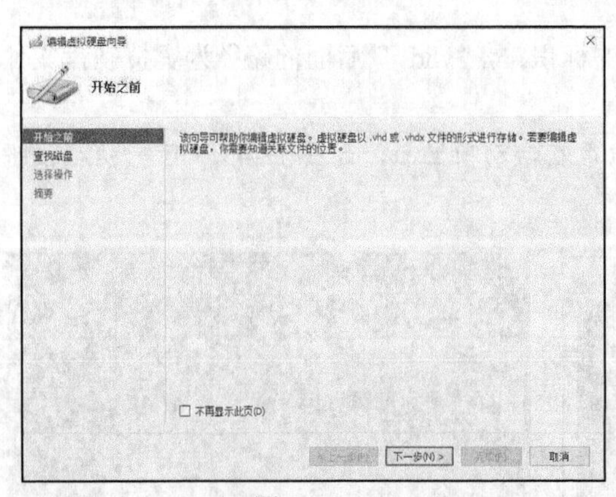

图 12-45

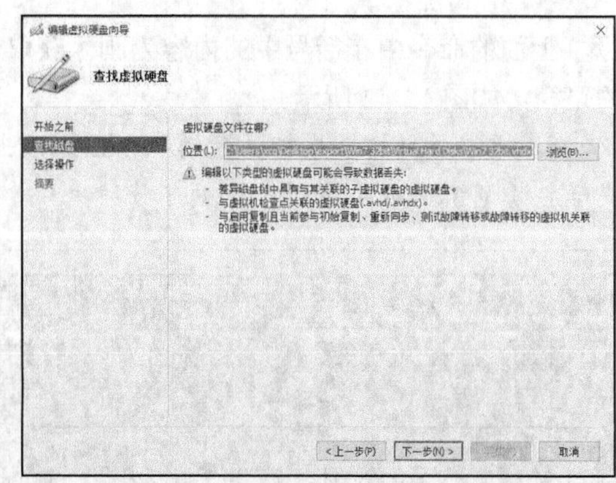

图 12-46

4. 在“选择操作”界面，选择“转换”单选项，单击“下一步”按钮，如图 12-47 所示。

5. 在“转换虚拟硬盘”界面中，根据需要进行选择后，单击“下一步”按钮，如图 12-48 所示。

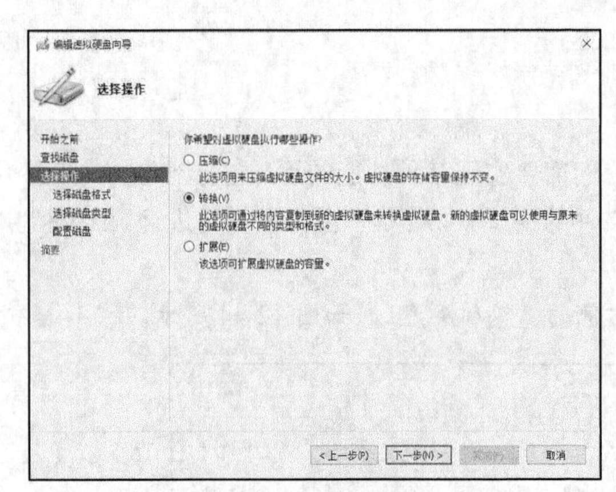

图 12-47

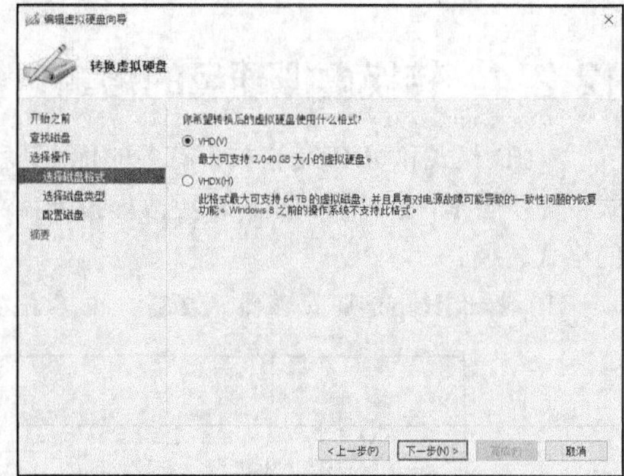

图 12-48

6. 在弹出的选择虚拟硬盘类型界面选择我们需要的类型，单击“下一步”按钮，如图 12-49 所示。

7. 设置虚拟硬盘的名称和位置，单击“下一步”按钮，如图 12-50 所示。

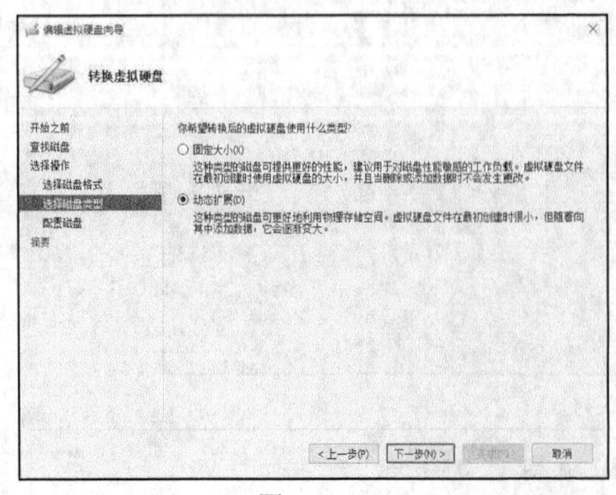

图 12-49

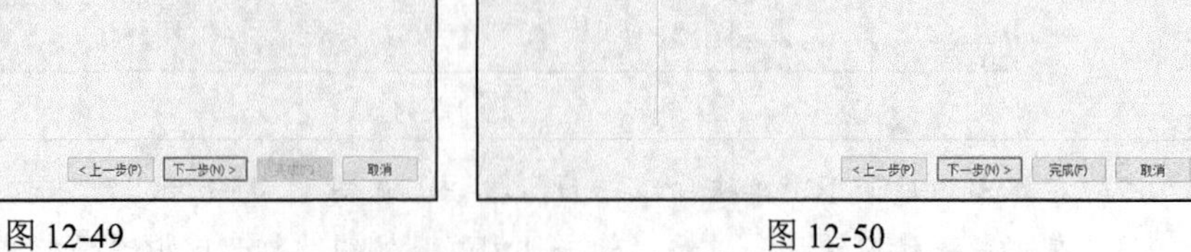

图 12-50

8. 在弹出的界面确认之前选择的结果。如果有问题，可以单击“上一步”按钮进行修改；

如果没有问题，单击“完成”按钮，然后等待程序完成转换即可，如图 12-51 所示。

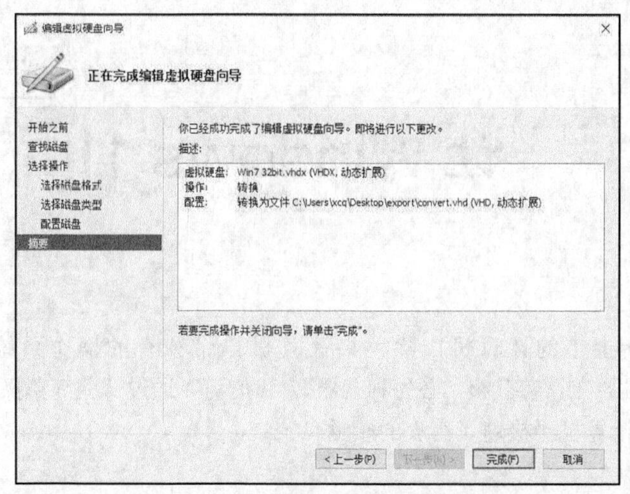

图 12-51

第 13 章

让 Windows 11“飞”起来

目前市面上新上市的计算机，除苹果计算机自带独有的操作系统外，基本均预装 Windows 11。俗话说“工欲善其事，必先利其器”，我们可以通过一些简单操作，让 Windows 11 工作得更好，体验计算机“极速飞奔”的感觉。

13.1 计算机磁盘的优化

计算机磁盘是所有文件存储的位置，磁盘的性能直接影响整个计算机的性能。因此优化计算机磁盘，可以提高系统运行速度，让操作系统运行得更快、更稳。

13.1.1 清理磁盘

计算机运行过程中会产生许多的临时文件，当用久了之后，大多数人都会发现它的运行速度越来越慢，而且系统盘剩余空间也慢慢变小了，这时候我们可以使用磁盘清理工具来清理磁盘，具体操作步骤如下。

1. 双击桌面上的“此电脑”图标，在资源管理器中打开需要清理的磁盘，如图 13-1 所示。

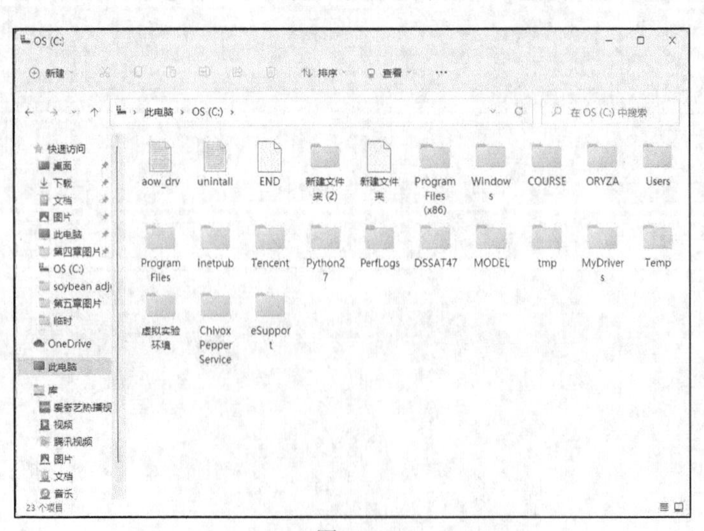

图 13-1

2. 单击窗口上方的 ··· 图标，从弹出的菜单中选择“清理”命令，如图 13-2 所示。

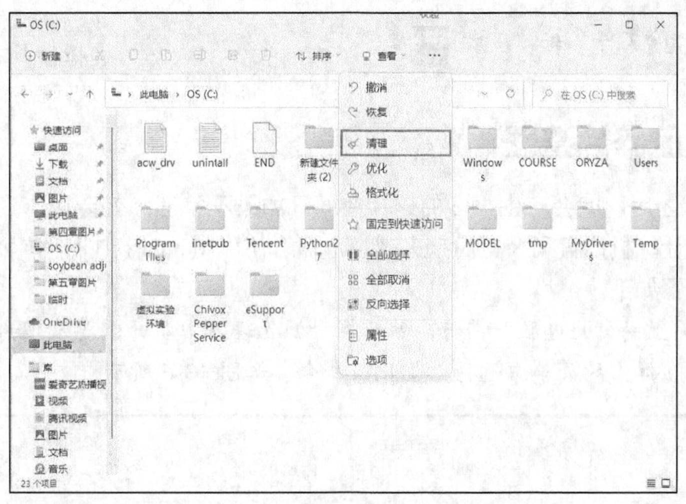

图 13-2

3. 计算机会开始扫描此磁盘上可以清理的文件，如图 13-3 所示。

4. 扫描完成后，会弹出对话框，我们可以勾选要删除的文件对应的复选框，如图 13-4 所示。

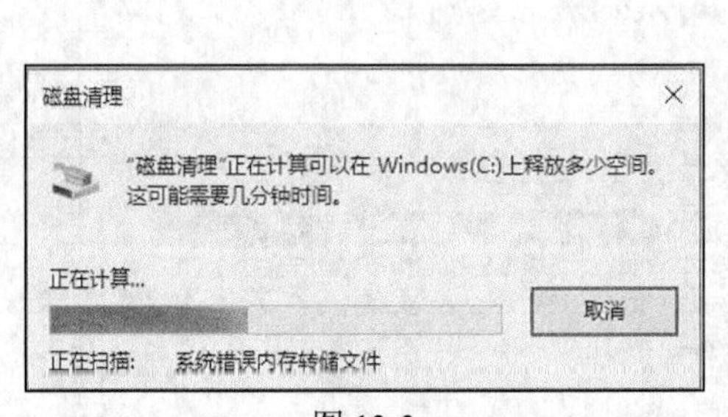

图 13-3

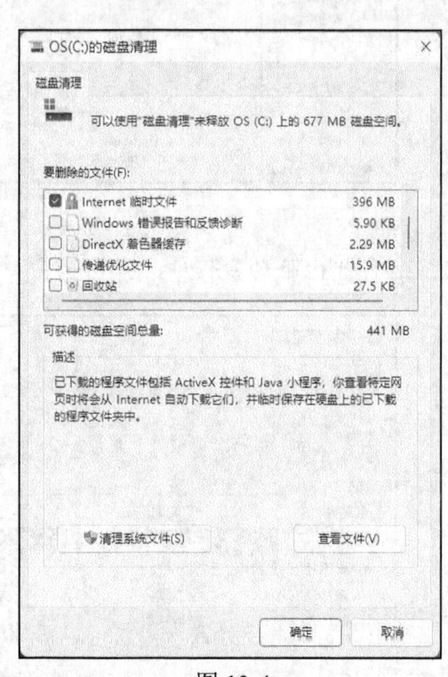

图 13-4

5. 单击“确定”按钮，进行清理。

6. 如果我们要清理系统文件，可以单击“清理系统文件”按钮，单击“确定”按钮，弹出的对话框如图 13-5 所示。

图 13-5

7. 单击"删除文件"按钮，进行清理。

13.1.2 磁盘碎片整理

磁盘用久了之后，就会产生很多的碎片空间。如果不整理，就会让计算机的运行速度越来越慢，也会让计算机磁盘剩余空间越来越小，那么使用 Windows 11 应该如何整理磁盘碎片呢？具体操作步骤如下。

1. 双击桌面上的"此电脑"图标，然后在资源管理器中打开需要清理的磁盘，单击窗口上方的⋯图标，在弹出的菜单中选择"优化"命令，如图 13-6 所示。

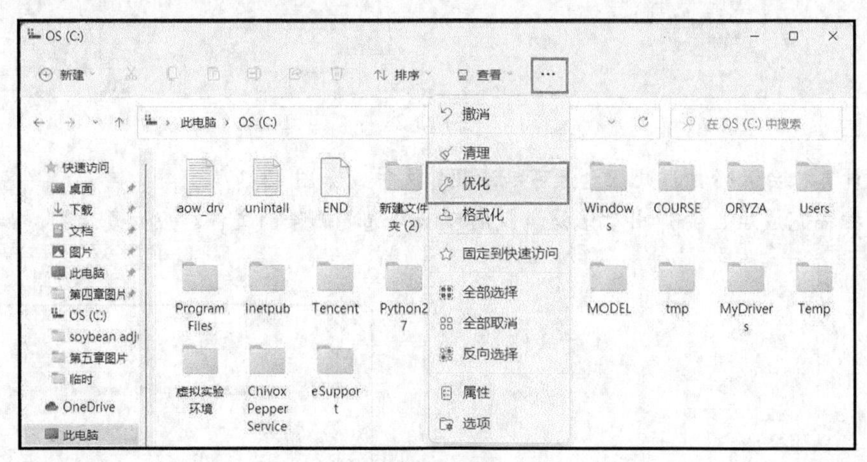

图 13-6

2. 运行优化驱动器程序，弹出的窗口如图 13-7 所示。

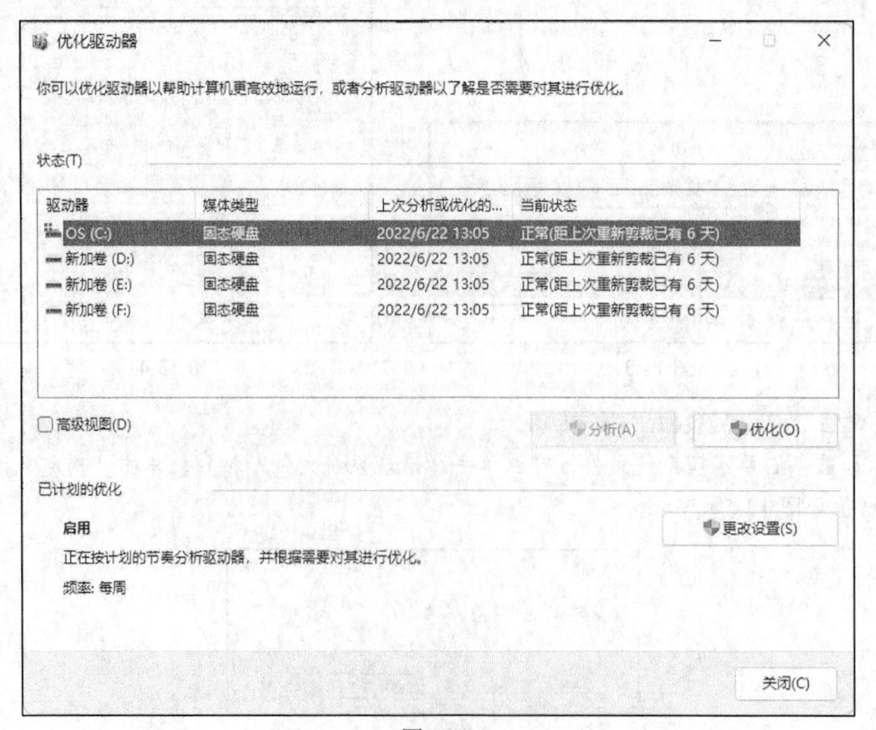

图 13-7

3. 选择需要优化的磁盘，单击“优化”按钮，即可进行磁盘优化，效果如图 13-8 所示。

4. 单击“更改设置”按钮，弹出的对话框如图 13-9 所示。在该对话框中可以自定义自动优化的时间计划。

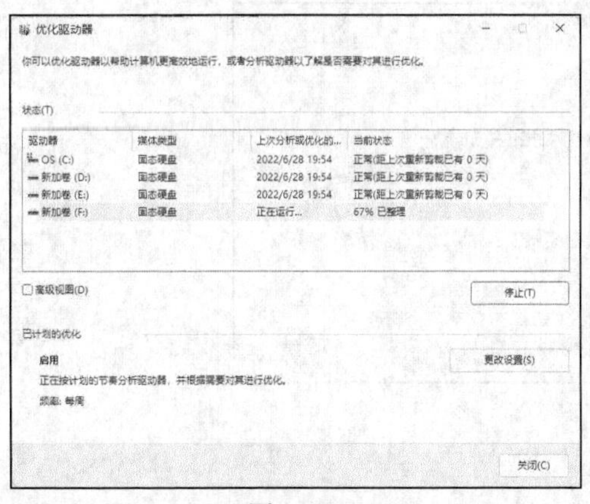

图 13-8

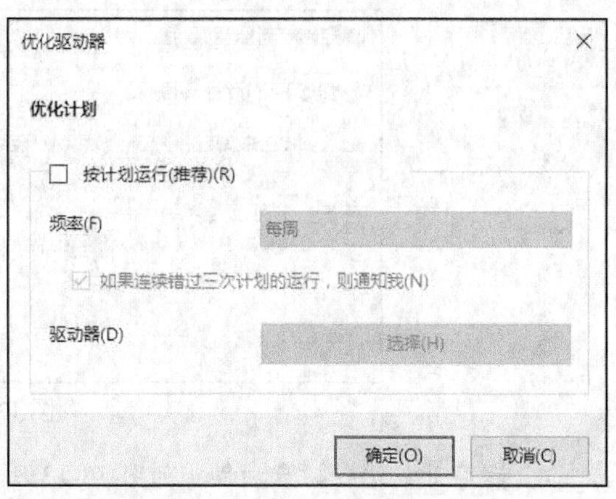

图 13-9

13.1.3 磁盘检查

随着硬盘盘片转速的不断提高和存储密度的不断增大，硬盘也越来越脆弱。磁盘性能是影响系统使用效率的一个重要因素。Windows 11 自带了磁盘检查工具，可以让我们维护磁盘，下面就具体介绍如何进行磁盘检查。

1. 双击桌面上的“此电脑”图标，打开资源管理器，右击要检查的磁盘，在弹出的快捷菜单中选择“属性”命令，弹出的对话框如图 13-10 所示。

2. 选择“工具”选项卡，如图 13-11 所示。

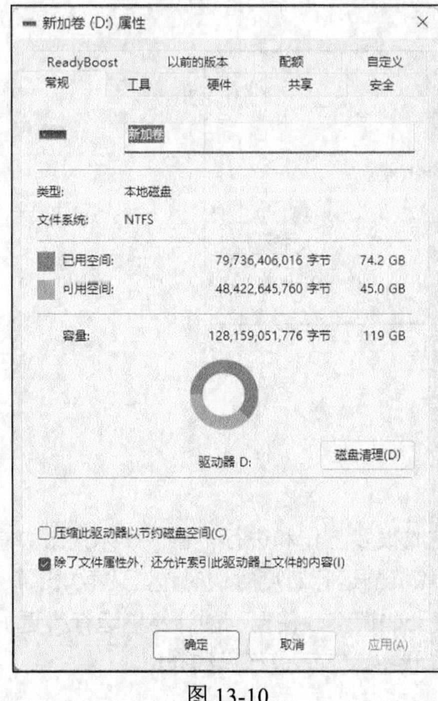

图 13-10

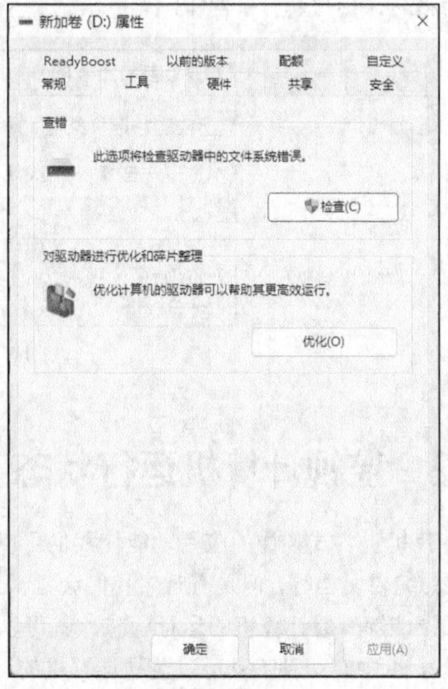

图 13-11

3. 单击“检查”按钮，运行磁盘检查程序。如果之前磁盘没有出现错误，系统会提示不需要扫描此驱动器，如图 13-12 所示，此时我们可以选择扫描，单击下方的“扫描驱动器”即可。

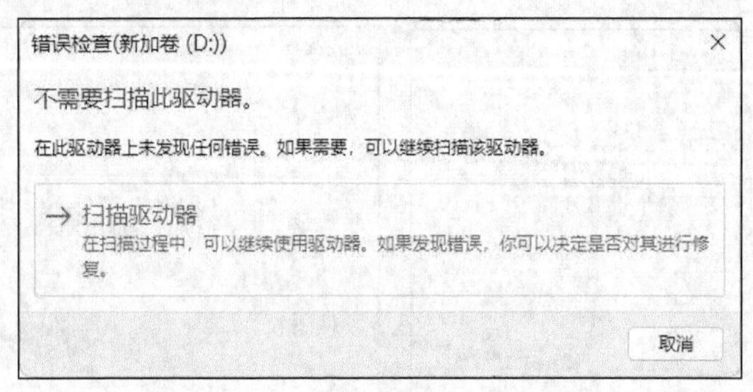

图 13-12

4. 程序开始进行磁盘扫描，如图 13-13 所示。

错误检查(新加卷 (D:))
正在扫描...
大约剩余 25 秒
取消

图 13-13

5. 扫描完成后，会弹出扫描结果对话框，我们可以单击下方的“显示详细信息”来查看磁盘扫描的详细信息，如图 13-14 所示。

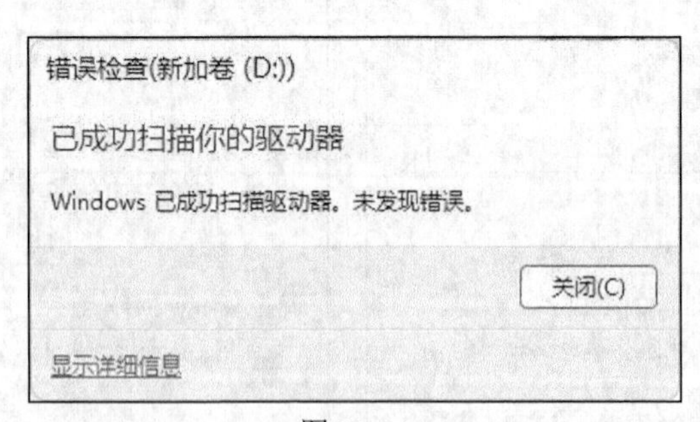

图 13-14

13.2 监视计算机运行状态

计算机上各式各样的应用功能使我们可以完成很多工作和进行丰富的娱乐，比如看电影、打游戏、编辑文档等。但是有时候我们会觉得计算机的运行速度时快时慢，又不知道怎么办才好，如果能够查看计算机的运行状态，就可以做一些调整，使自己的计算机运行得更加流畅。Windows 11 中有两种工具可以监视计算机的运行状态，下面进行详细介绍。

13.2.1 使用任务管理器监视

任务管理器相信大家都不陌生，它可以帮助用户查看资源使用情况，结束一些卡死的应用等，在日常计算机使用与维护中经常需要用到。Windows 11 的任务管理器功能在 Windows 10 的基础上进行了加强，下面介绍如何使用任务管理器。

在“开始”菜单中搜索“任务管理器”，并将其打开，弹出的窗口如图 13-15 所示。

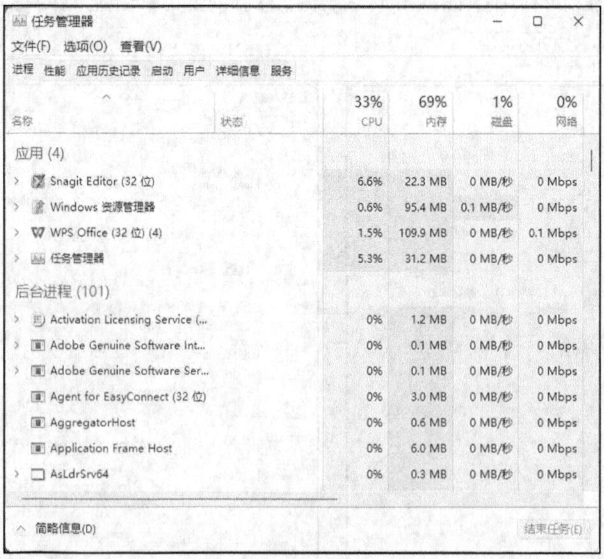

图 13-15

在打开的“任务管理器”窗口中，可以看到有 7 个选项卡，分别是“进程”“性能”“应用历史记录”“启动”“用户”“详细信息”“服务”。

- “进程”选项卡：主要显示当前计算机上运行的程序的进程信息。进程被分成了两类，分别是打开的应用和后台运行的进程，每个进程都显示了相应的 CPU、内存、磁盘、网络的使用情况，如图 13-16 所示。

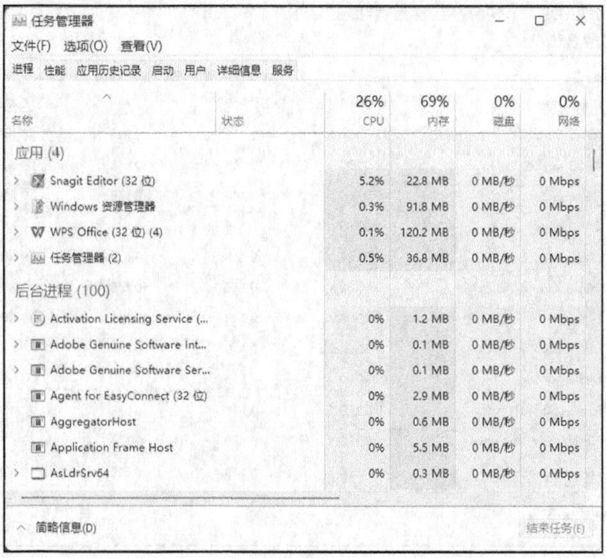

图 13-16

我们可以根据名称进行排序来查看具体的信息，也可以根据 CPU、内存、磁盘、网络的使用情况进行排序来查看每个进程的信息。

如果只是想查看当前打开的应用信息，可以单击窗口左下角的“简略信息”，显示简单的信息，简略信息界面如图 13-17 所示。在这个界面我们可以单击左下角的“详细信息”显示完整的“任务管理器”窗口。

- “性能”选项卡：以折线图的形式显示 CPU、内存、硬盘和以太网等的利用率，默认显示的是 CPU 的利用率曲线和详细信息，我们可以单击左侧的标签来切换显示其他信息，如图 13-18 所示。

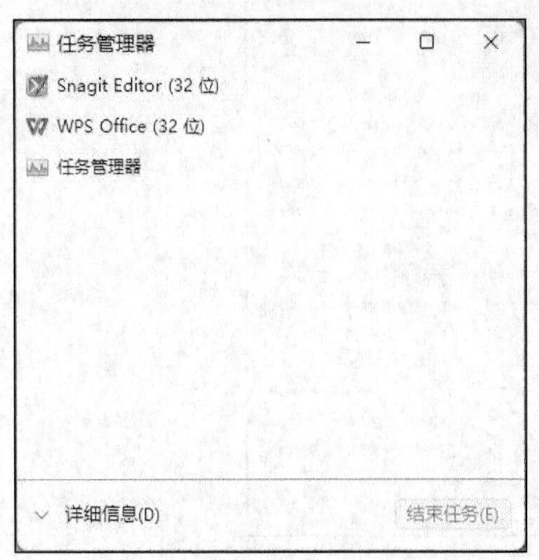

图 13-17

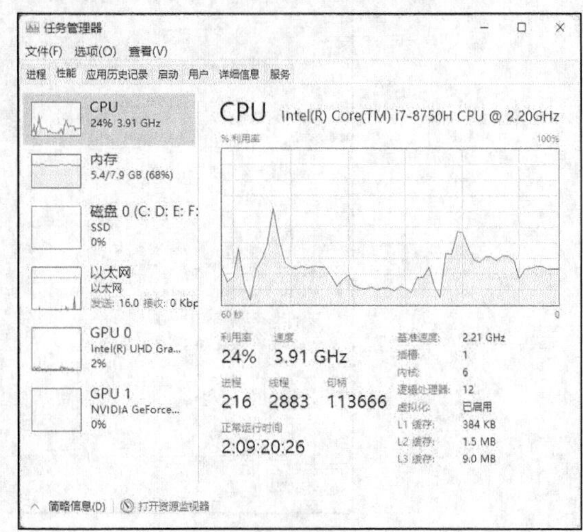

图 13-18

- “应用历史记录”选项卡：显示计算机上的应用累计使用的计算机资源情况。目前历史记录功能还不是很完善，只能记录部分应用的历史记录，如图 13-19 所示。

任务管理器

文件(F) 选项(O) 查看(V)

进程 性能 应用历史记录 启动 用户 详细信息 服务

自 2022/5/29 以来，当前用户帐户的资源使用情况。

删除使用情况历史记录

名称	CPU 时间	网络	按流量计费的网...	磁贴更新
Access	0:00:00	0 MB	0 MB	0 MB
ASUS GIFTBOX	0:00:00	0 MB	0 MB	0 MB
ASUS Keyboard Hotke...	0:00:00	0 MB	0 MB	0 MB
Cortana	0:00:00	0 MB	0 MB	0 MB
DTS Headphone:X v1	0:00:00	0 MB	0 MB	0 MB
eManual	0:00:00	0 MB	0 MB	0 MB
Intel® Graphics Contr...	0:00:00	0 MB	0 MB	0 MB
LinkedIn	0:00:00	0 MB	0 MB	0 MB
McAfee® Personal Se...	0:00:00	0 MB	0 MB	0 MB
Microsoft Store	0:00:00	0 MB	0 MB	0 MB
Microsoft 照片	0:00:00	0 MB	0 MB	0 MB
Notification Manager f...	0:00:00	0 MB	0 MB	0 MB
NVIDIA Control Panel	0:00:00	0 MB	0 MB	0 MB

简略信息(D)

图 13-19

- “启动”选项卡：显示在系统开机后各启动项的启动时间，以及对启动的影响，如果不想某个程序在开机后自动启动，就可以选择该程序，然后单击右下角的“禁用”按钮，如图 13-20 所示。

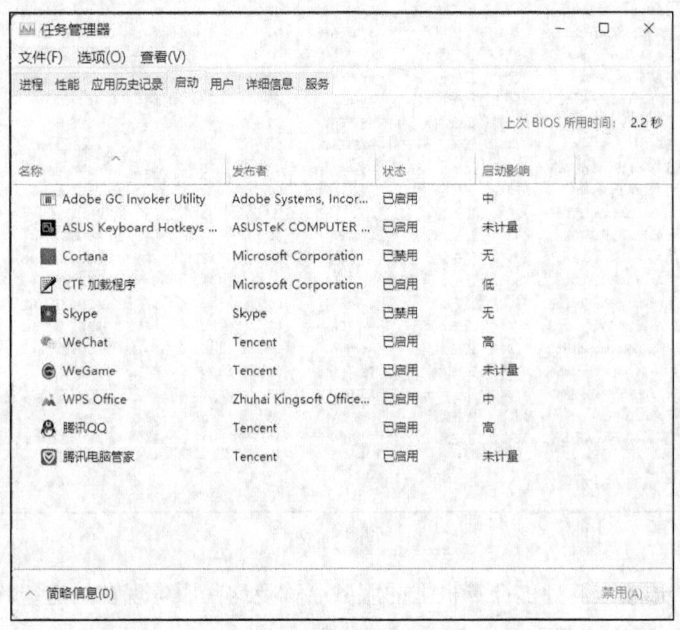

图 13-20

- “用户”选项卡：按用户显示资源的占用情况，如图 13-21 所示。

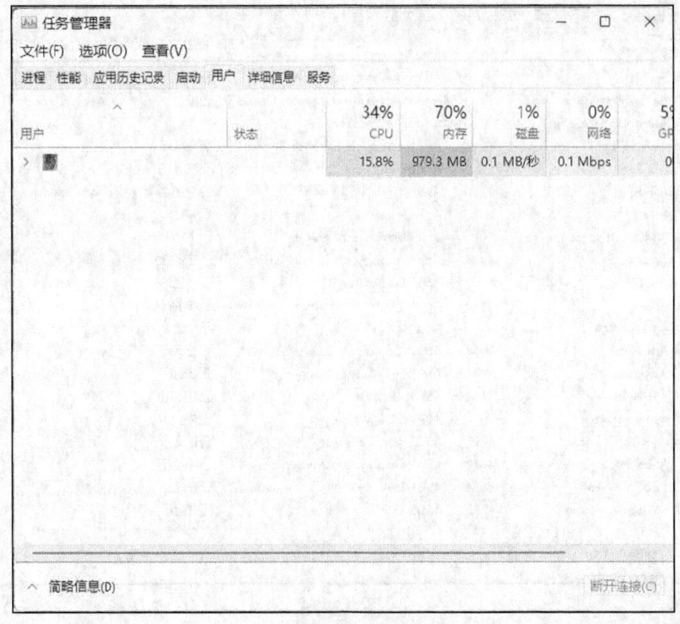

图 13-21

- “详细信息”选项卡：显示当前运行的进程的详细信息，包含进程名称、PID（Process Identification，进程识别号）、状态、用户名、CPU、内存、体系结构、描述等，如图 13-22 所示。

任务管理器

文件(F) 选项(O) 查看(V)

进程 性能 应用历史记录 启动 用户 详细信息 服务

名称	PID	状态	用户名	CPU	内存(活动...	体系结构	描述
AdobeNotification...	1196	已挂起	ASUS	00	0 K	x86	Adobe Notif...
AggregatorHost.exe	7212	正在运行	SYSTEM	00	580 K	x64	Aggregator...
AGMService.exe	4916	正在运行	SYSTEM	00	20 K	x86	Adobe Genu...
AGSService.exe	4940	正在运行	SYSTEM	00	96 K	x86	Adobe Genu...
ApplicationFrameH...	13608	正在运行	ASUS	00	5,280 K	x64	Application ...
AsHidSrv64.exe	4444	正在运行	SYSTEM	00	216 K	x64	ASUS HID A...
AsLdrSrv64.exe	3740	正在运行	SYSTEM	00	284 K	x64	AsLdrSrv64
AsMonStartupTask...	13632	正在运行	ASUS	00	136 K	x64	AsMonStart...
AsusAppService.exe	4792	正在运行	SYSTEM	00	316 K	x64	ASUS App S...
ASUSDisplayCtrl.exe	12712	正在运行	ASUS	00	152 K	x64	ASUSDisplay...
ASUSDisplayCtrlSe...	4420	正在运行	SYSTEM	00	16 K	x64	ASUSDisplay...
ASUSHelloBG.exe	10312	正在运行	ASUS	00	136 K	x86	ASUSHelloBG
AsusLinkNear.exe	4804	正在运行	SYSTEM	00	1,296 K	x64	ASUS Link - ...
AsusLinkRemote.exe	4752	正在运行	SYSTEM	00	64 K	x64	ASUS Link R...
AsusOptimization....	4744	正在运行	SYSTEM	00	20 K	x64	ASUS Optim...
ASUSPowerSchem...	12344	正在运行	ASUS	00	168 K	x64	ASUSPower...
AsusSoftwareMan...	4760	正在运行	SYSTEM	00	2,360 K	x64	ASUS Softw...
AsusSoftwareMan...	17380	正在运行	ASUS	00	2,504 K	x64	ASUS Softw...
AsusSwitch.exe	4860	正在运行	SYSTEM	00	16 K	x64	ASUS Switch
AsusSystemAnalysi...	4844	正在运行	SYSTEM	00	212 K	x64	ASUS Syste...

简略信息(D) 结束任务(E)

图 13-22

- “服务”选项卡：列出计算机上的服务名称及这些服务现在的运行状态，如图 13-23 所示。

图 13-23

13.2.2 使用资源监视器监视

除了任务管理器外，资源监视器也是我们监视计算机运行状态的重要工具，下面详细介绍如何使用资源监视器。

单击“开始”图标右侧的搜索框，在搜索框内输入“资源监视器”，在搜索结果中选择“资源监视器”，打开资源监视器应用，如图 13-24 所示。

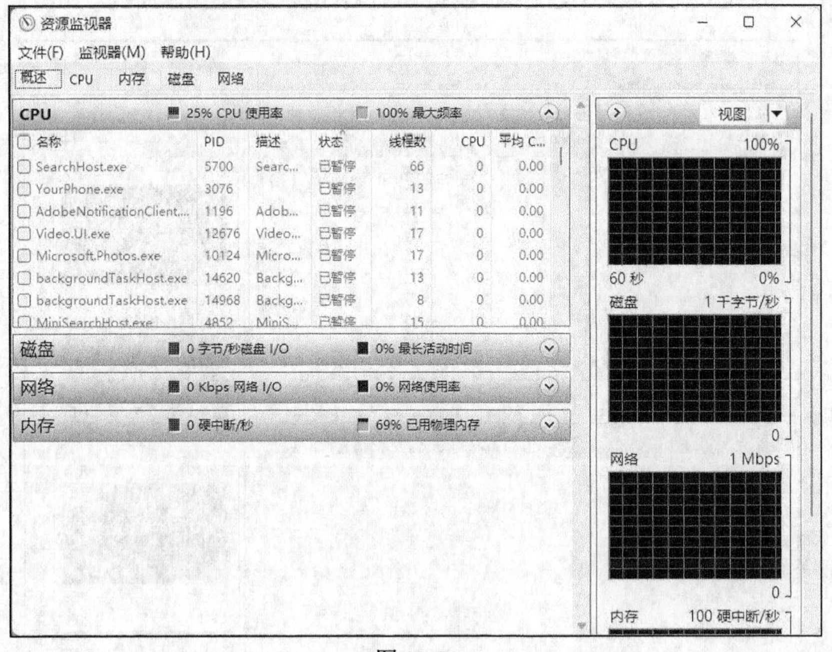

图 13-24

“资源管理器”窗口中共有 5 个选项卡，分别是“概述”“CPU”“内存”“磁盘”“网络”，下面详细介绍。

- “概述”选项卡：显示的是整个计算机资源使用的概述，左侧以列表形式显示 CPU、磁盘、网络、内存的使用信息，右侧以图形的方式显示这些信息，单击左侧的相关栏可以展开并查看详细信息，如图 13-25 所示。

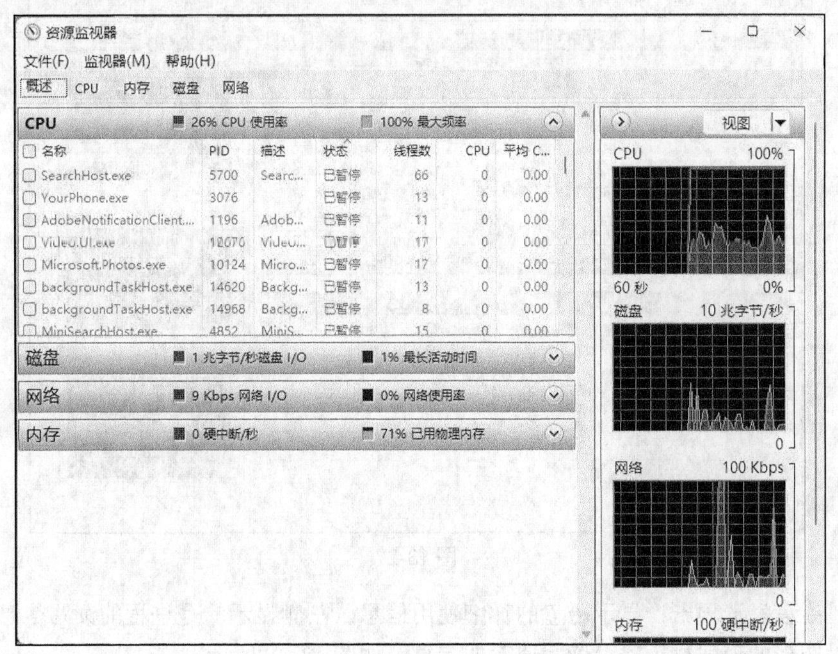

图 13-25

- “CPU”选项卡：显示 CPU 的使用率，左侧分别是进程、服务、关联的句柄、关联的模块的相关信息。勾选进程对应的复选框可以查看关联的句柄和关联的模块的信息，右侧显示的是 CPU 的总体使用率曲线和 CPU 各个核心的使用率曲线，如图 13-26 所示。

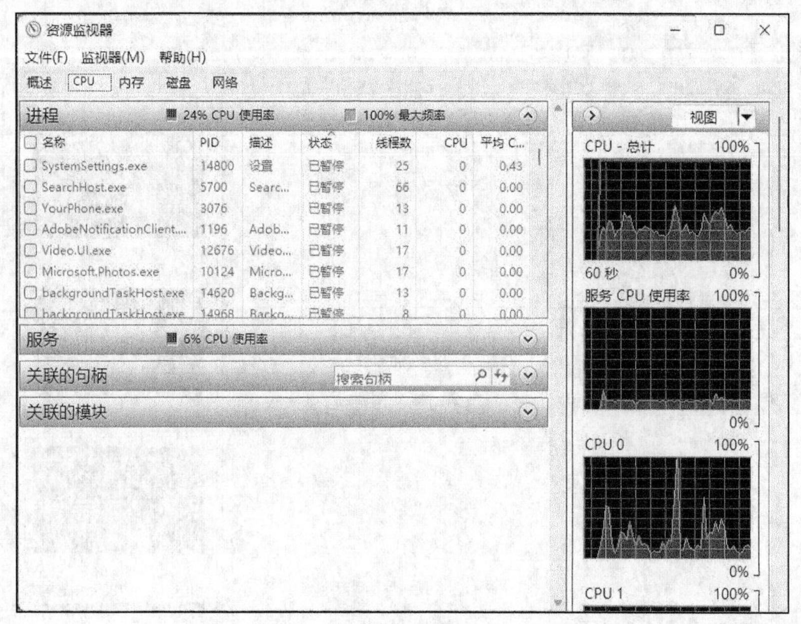

图 13-26

- “内存”选项卡：左侧显示的是内存使用的详细信息，列出了每个进程的使用情况，下方则是计算机全部物理内存的分配情况，右侧是内存使用情况的图示，如图 13-27 所示。

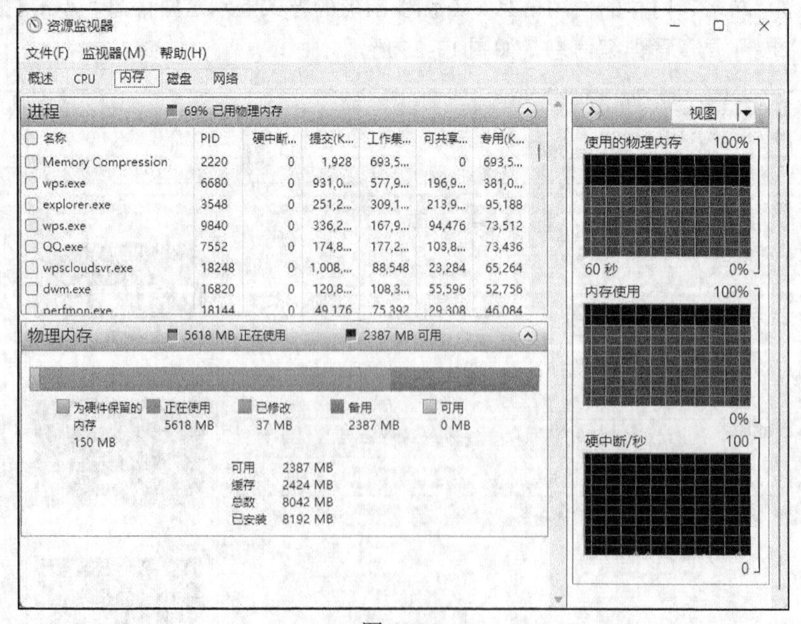

图 13-27

- “磁盘”选项卡：显示磁盘的详细使用信息，左侧显示的是进程的读写信息，右侧是以图形的形式显示磁盘读写速率的信息，如图 13-28 所示。

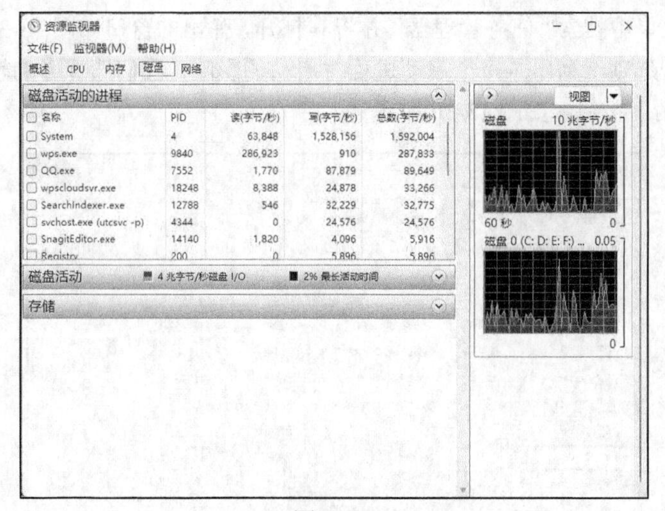

图 13-28

- “网络”选项卡：显示的是各个进程的网络活动信息，左侧显示的是各进程网络活动、TCP 连接和侦听端口的信息，右侧以图形的方式显示网络带宽的使用情况，如图 13-29 所示。

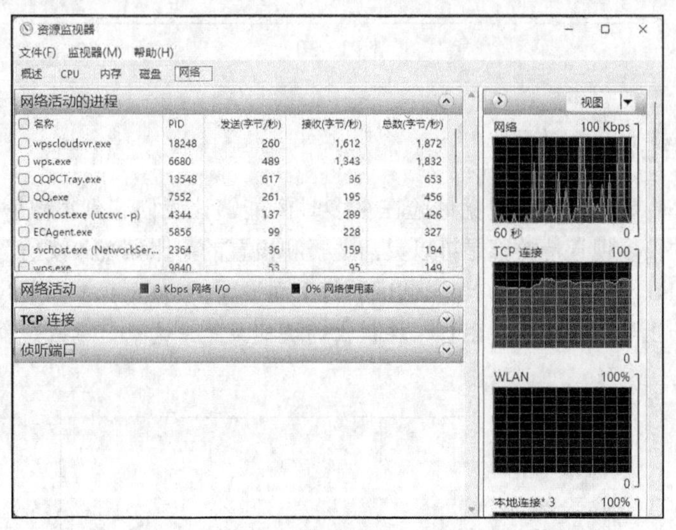

图 13-29

13.3 Windows 11 自带的优化设置

计算机使用一段时间后，我们会觉得其运行得越来越慢，这时候我们就需要对计算机做一些优化设置。Windows 11 提供了优化设置的相关工具，下面进行介绍。

13.3.1 优化开机速度

如果计算机的开机速度比平时慢很多，我们可以打开任务管理器来禁用部分影响开机速度的应用，具体操作步骤如下。

在“开始”菜单中搜索“任务管理器”并将其打开，弹出的窗口如图 13-30 所示。选择“启动”选项卡。这个选项卡列出了每个启动进程对启动的影响，我们选择影响较高的应用，然后单击下方的“禁用”按钮，如图 13-30 所示。

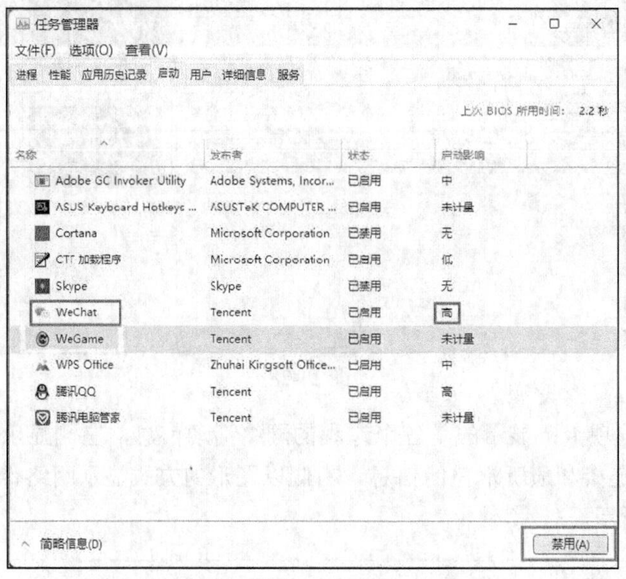

图 13-30

13.3.2　优化视觉效果

使用计算机时有一个好的视觉体验在很多时候能够让我们感到很舒服、很舒心。其实 Windows 11 中的很多视觉特效都是可以灵活选择和设置的，比如淡入淡出、透明玻璃、窗口阴影、鼠标阴影等。下面我们就一起来试试如何手动设置 Windows 11 视觉效果的各项细节。

1. 右击桌面上的“此电脑”图标，在弹出的快捷菜单中选择“属性”命令，弹出的窗口如图 13-31 所示。

图 13-31

2. 单击“高级系统设置”，弹出的对话框如图 13-32 所示。

3. 在“高级”选项卡中的“性能”区域，单击“设置”按钮，弹出的对话框如图 13-33 所示。

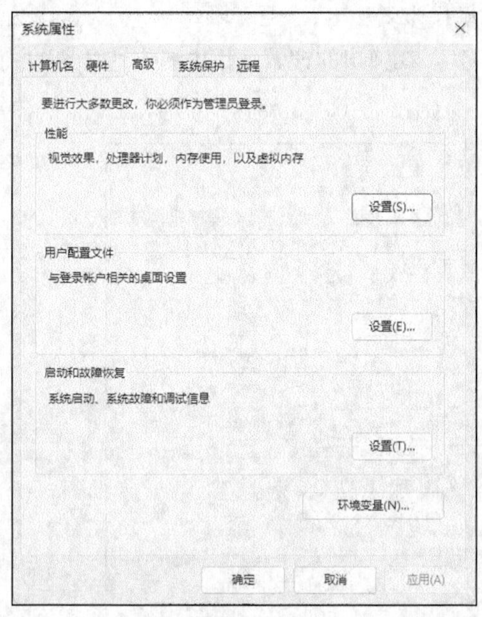

图 13-32

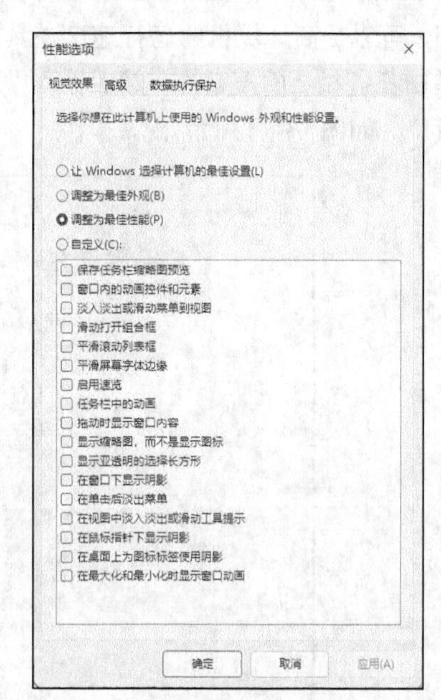

图 13-33

“视觉效果”选项卡里面有很多选项，系统默认的设置是“让 Windows 选择计算机的最佳设置”，如图 13-34 所示，我们可以根据自己的需要来进行设置。如果计算机性能比较强大，我们可以选择“调整为最佳外观”，这样可以获得最好的视觉效果。如果计算机比较老或者性能不是很好，我们可以选择“调整为最佳性能”，这样可以让计算机的全部处理能力用在性能上。我们还可以选择“自定义”，选择后，我们可以根据自己的喜好来设置具体的视觉效果。

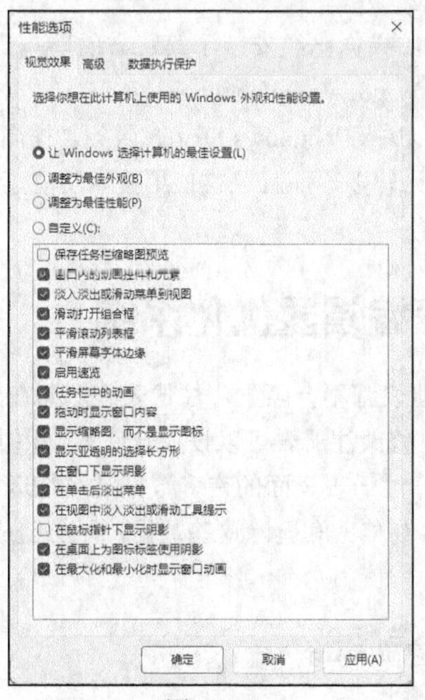

图 13-34

13.3.3　优化系统服务

Windows 11 的功能非常强大，我们很少能够使用它全部的功能。如果我们把不使用的功能关闭，可以提高计算机的运行速度，具体操作步骤如下。

单击任务栏上的搜索框，然后输入“服务”，在弹出的搜索结果中单击“服务”，打开“服务”窗口，如图 13-35 所示。

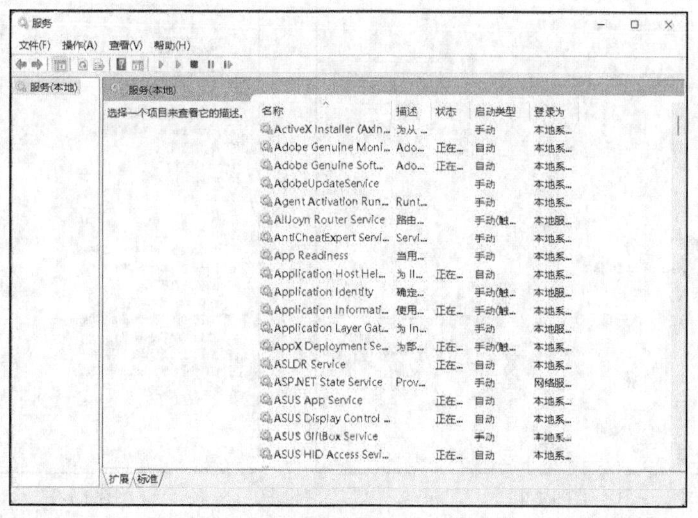

图 13-35

在“服务”窗口内，我们可以选中相应的服务，然后单击工具栏上的■按钮来停止此服务。

下面列举 3 个不常用的服务，如果你确认不使用可以将其关闭。

- 家庭组：如果是公司的计算机或者不需要家庭组服务，可以关闭 HomeGroup Listener 和 HomeGroup Provider 服务。
- Windows Defender：如果你已经安装了第三方的防病毒软件，则可以关闭 Windows Defender 的相关服务 Windows Defender Service。
- Windows Search：可以关闭 Windows Search 服务来提高计算机的运行速度，如果你的计算机上的文件资料比较多，而且经常使用搜索功能查找文件，不建议关闭此服务。

13.4　使用注册表编辑器优化系统

相信计算机爱好者对注册表都不会陌生，注册表编辑器在计算机中使用得非常广泛，软件的安装涉及注册表的生成，修改注册表可以设置软件参数和优化系统设置。

不过需要提醒大家的是，注册表里面的许多数据是系统运行的关键数据，在没有弄明白这些数据的用途之前，不要轻易修改和删除这些数据，以免造成系统崩溃。

13.4.1　启动注册表编辑器

启动注册表编辑器并不复杂，按 Win+R 快捷键，弹出“运行”对话框，然后在“运行”

对话框内输入“regedit”，并按 Enter 键，即可启动注册表编辑器，弹出的窗口如图 13-36 所示。

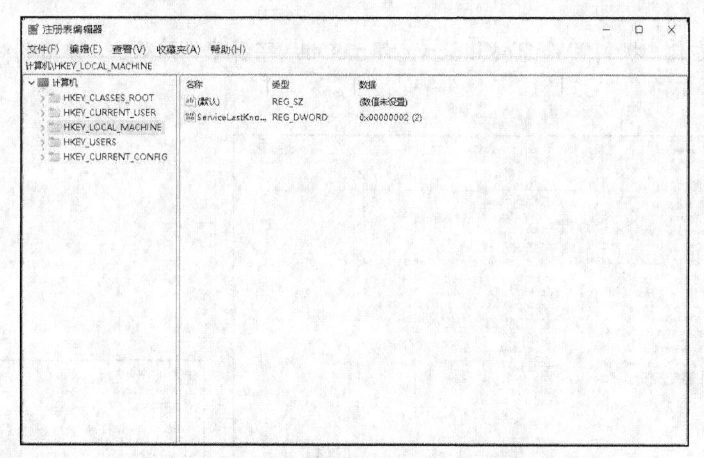

图 13-36

注册表编辑器界面左侧有 5 个分支，下面简单介绍一下。

- HKEY_CLASSES_ROOT：包含所有已装载的应用程序、OLE 或 DDE 信息，以及所有文件类型信息。
- HKEY_CURRENT_USER：记录有关登录计算机网络的特定用户的设置和配置信息。
- HKEY_LOCAL_MACHINE：存储 Windows 开始运行的全部信息。即插即用设备信息、设备驱动器信息等都通过应用程序存储在这儿。
- HKEY_USERS：描述所有与当前计算机联网的用户简表。
- HKEY_CURRENT_CONFIG：记录包括字体、打印机和当前系统的有关信息。

13.4.2 加快关机速度

Windows 11 相比之前的 Windows 在关机速度上有了显著的提升。不过，对某些用户而言，这样的关机速度还是不能满足实际的使用需要，那么有什么办法能够再为 Windows 11 关机提速呢？我们可以通过修改注册表的方式实现，具体操作步骤如下。

1. 按 Win+R 快捷键，弹出“运行”对话框，在“运行”对话框内输入“regedit”，并按 Enter 键，弹出的窗口如图 13-37 所示。

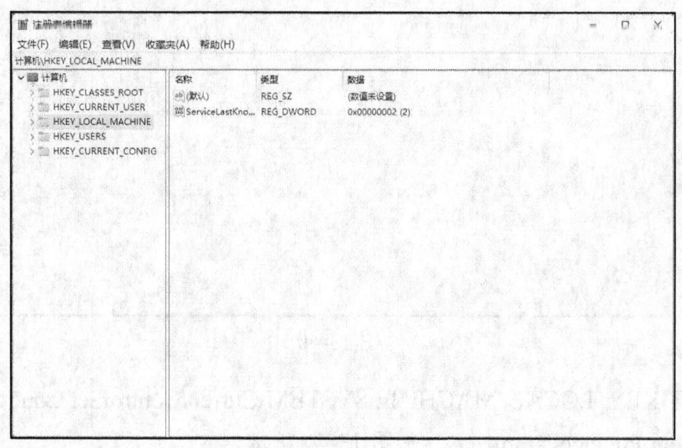

图 13-37

2. 依次展开 HKEY_LOCAL_MACHINE\SYSTEM\CurrentControlSet\Control，如图 13-38 所示。

3. 在窗口右侧，找到 “WaitToKillServiceTimeOut” 字符串，并双击，弹出的对话框如图 13-39 所示。

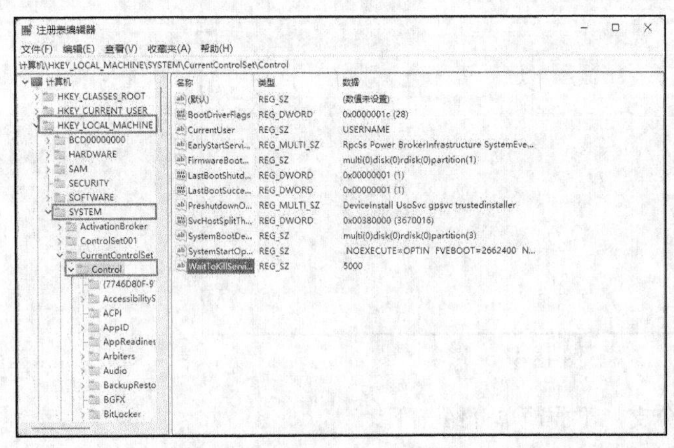

图 13-38　　　　图 13-39

4. 将“数值数据”改为 1000，单击“确定”按钮，完成设置。

13.4.3　加快系统预读

计算机的开机速度往往是人们最为关心的话题之一，都希望自己的计算机开机快，有的计算机开机只需十几秒甚至几秒，它们是如何做到的呢？修改注册表中的一个字段，加快系统的预读，就能提高开机速度，具体操作步骤如下。

1. 按 Win+R 快捷键，弹出“运行”对话框，在“运行”对话框内输入“regedit”，并按 Enter 键，弹出的窗口如图 13-40 所示。

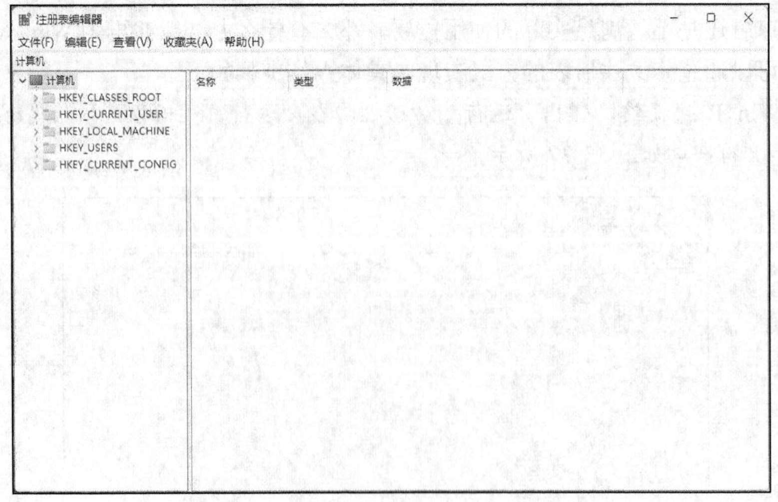

图 13-40

2. 依次展开 HKEY_LOCAL_MACHINE\SYSTEM\CurrentControlSet\Control\Session Manager\Memory Management\PrefetchParameters，如图 13-41 所示。

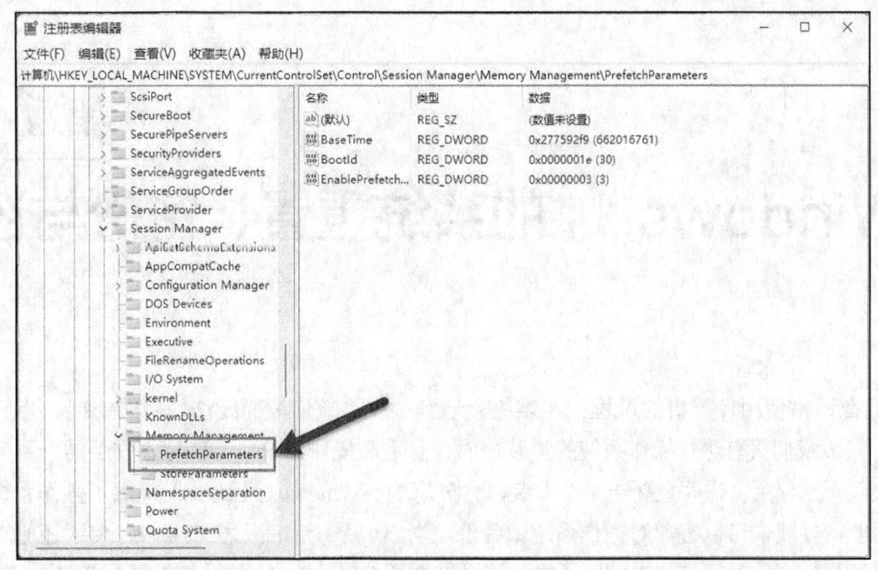

图 13-41

3. 在窗口右侧找到“EnablePrefetcher”字符串并双击，打开的对话框如图 13-42 所示。

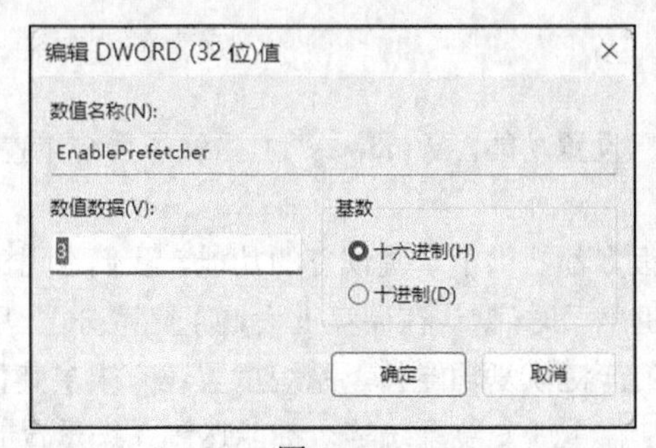

图 13-42

4. 增大对话框中的“数值数据”，可以增强系统的预读能力。

第 14 章

Windows 11 的系统重置、备份与还原

我们在日常使用计算机的过程中，难免会遇到操作系统崩溃而无法使用的情况。当问题无法解决的时候，我们只有进行操作系统的重装，而一旦重装操作系统，我们原本安装的一系列软件可能会丢失而无法使用，需要重新一个个安装，十分麻烦。Windows 11 为我们提供了操作系统的备份与还原功能，使我们可以提前对操作系统做备份。当出现系统崩溃无法恢复时，使用还原功能，将操作系统还原到指定时间点状态即可。本章将详细介绍 Windows 11 的系统重置、备份与还原功能。

14.1 系统重置

类似手机具备恢复出厂设置功能，Windows 11 提供了系统重置功能，用于将计算机操作系统恢复到出厂状态。

目前的品牌计算机，很多都提供了一键恢复的功能，我们在用磁盘管理软件查看磁盘时，可以看到品牌厂商在计算机出厂时，默认在硬盘上设置了隐藏分区，用来存储系统重置的文件。当然，除了品牌厂商提供的一键恢复功能外，系统重置还有很多其他方式，如 Ghost 还原、Windows 系统镜像备份、U 盘重新安装系统等，都能达到系统重置的目的。

下面详细介绍 Windows 11 自带的系统重置功能，具体操作步骤如下。

一、操作系统可以正常启动

1. 单击任务栏左侧的“开始”图标，在弹出的菜单中单击“设置”按钮，弹出的窗口如图 14-1 所示。

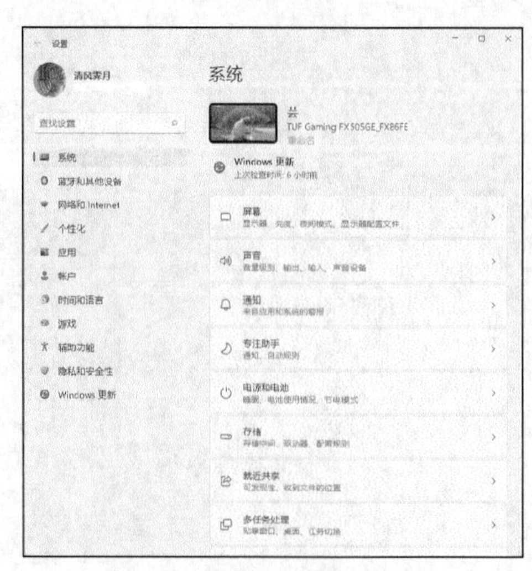

图 14-1

2. 选择“恢复”选项，如图 14-2 所示，相关设置如图 14-3 所示。

图 14-2

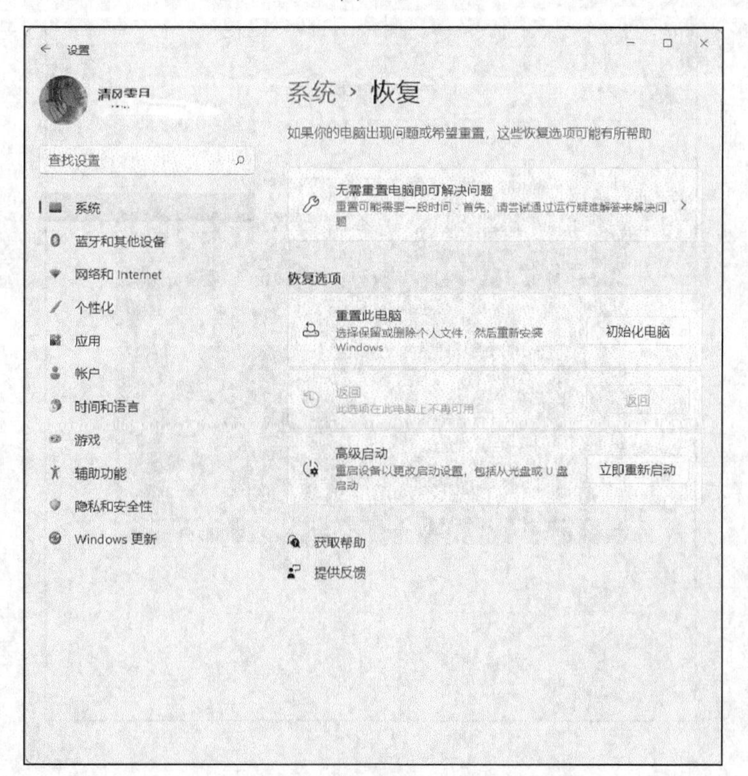

图 14-3

3. 单击“初始化电脑”按钮，弹出的对话框如图 14-4 所示。

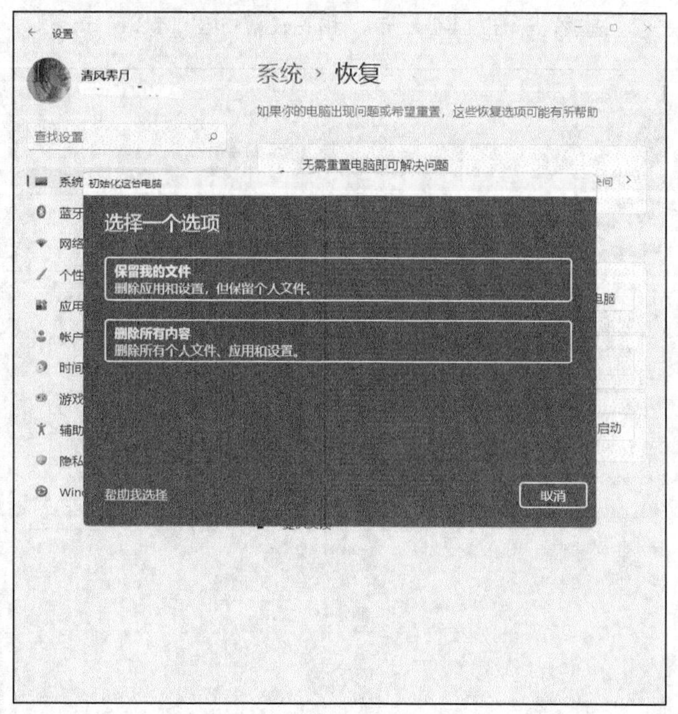

图 14-4

4. 可以选择保留个人设置，也可以选择删除所有内容，这里单击“保留我的文件”，弹出的对话框如图 14-5 所示。

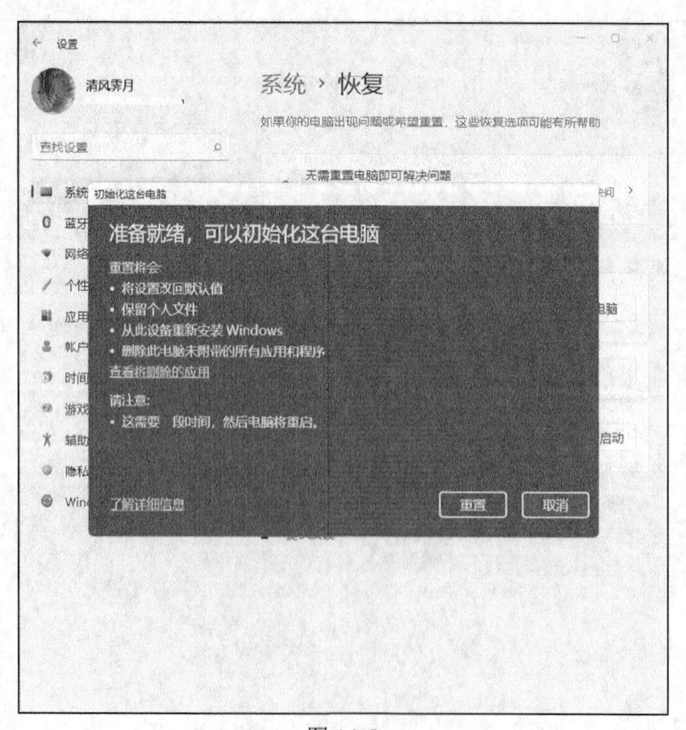

图 14-5

5. 单击“重置”按钮，此时，操作系统会自动重启并开始重新安装，等待重新安装完成即可。

二、操作系统无法正常启动

1. 当操作系统无法正常启动时，前文所述的方法就无法进行系统重置了。此时启动操作系统，Windows 11 会首先进入“自动修复”界面，如图 14-6 所示。

2. 单击“高级选项”按钮，弹出的界面如图 14-7 所示。

图 14-6

图 14-7

3. 单击“疑难解答”，弹出的界面如图 14-8 所示。

图 14-8

4. 单击“重置此电脑”，后续的操作步骤同“操作系统可以正常启动”的步骤，这里不赘述。

14.2 Windows 11 的备份与还原

我们日常使用的备份与还原，主要有两方面：文件的备份与还原，映像文件的备份。下面一一介绍。

14.2.1 文件的备份与还原

我们日常针对文件备份的方式有很多，少量的、分散的文件可以通过 U 盘、云盘、移动硬盘等进行备份，但是如果需要备份的内容较多，同时可能需要实时备份，这些方式显然就不合适了。这时可以利用 Windows 11 提供的文件备份与还原功能来满足我们的需求，具体操作步骤如下。

一、文件的备份

1. 右击任务栏左侧的“开始”图标▦，通过搜索栏搜索“控制面板”，如图 14-9 所示。

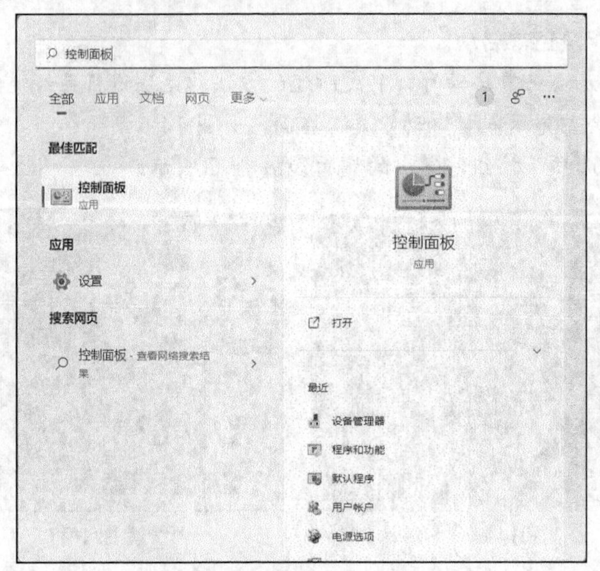

图 14-9

2. 选择“控制面板”，弹出的窗口如图 14-10 所示。

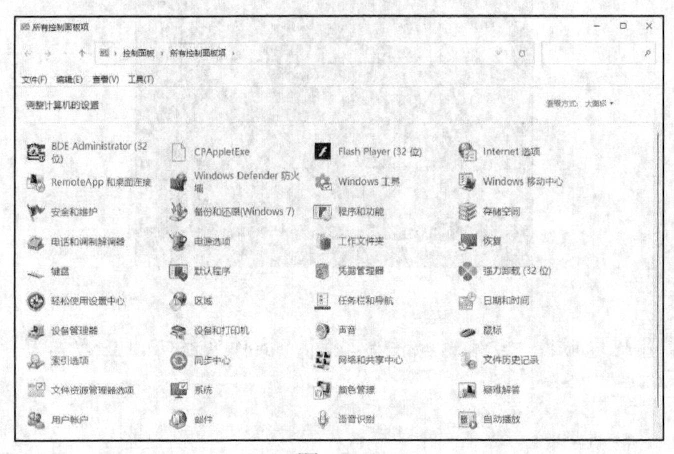

图 14-10

3. 单击“备份和还原（Windows 7）”，弹出的窗口如图 14-11 所示。

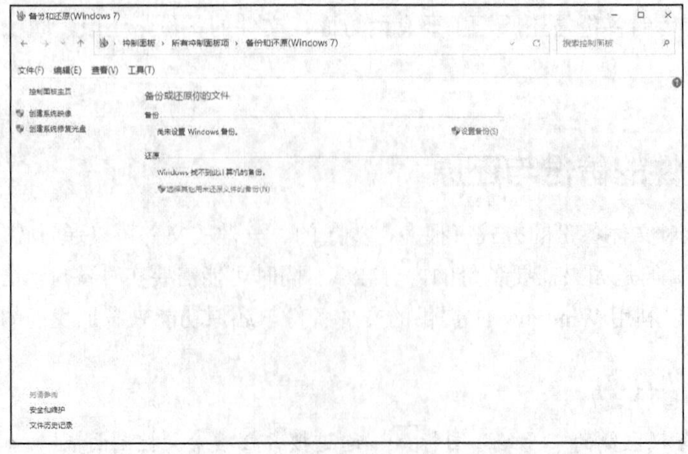

图 14-11

4. 单击“设置备份”，弹出的对话框如图 14-12 所示。
5. 选择备份目标，单击“下一页”按钮，弹出的对话框如图 14-13 所示。

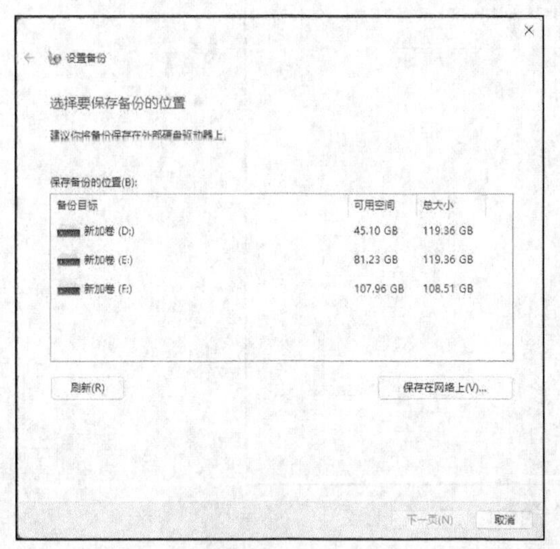

图 14-12

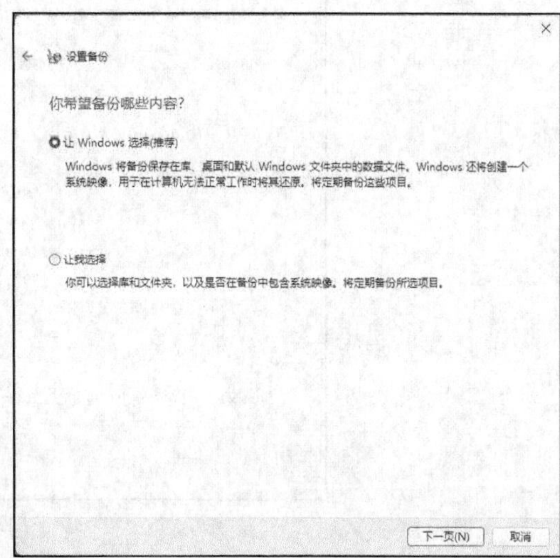

图 14-13

6. 可以备份 Windows 默认指定内容，也可以自定义选择需要备份的库和文件夹，单击“下一页”按钮。
7. 确认备份内容及计划，如图 14-14 所示。

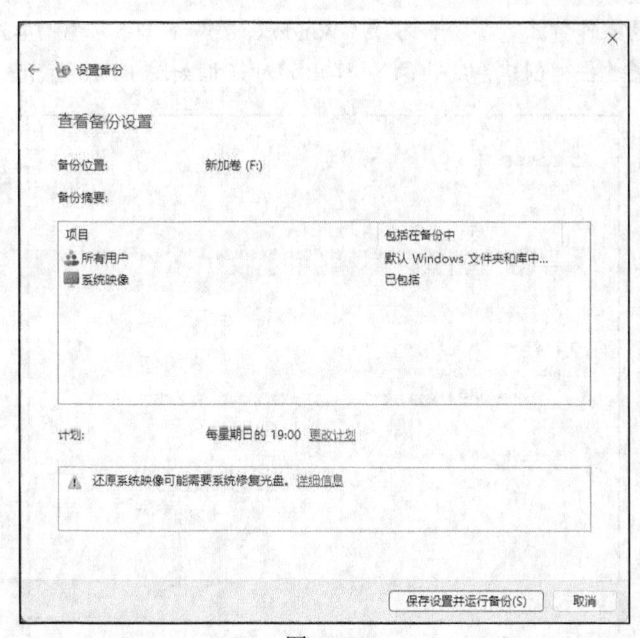

图 14-14

8. 单击“保存设置并运行备份”按钮，开始备份。

二、文件的还原

1. 参考前面的操作打开“备份和还原（Windows 7）”窗口，如图 14-11 所示。
2. 单击“选择其他用来还原文件的备份”，弹出的对话框如图 14-15 所示。

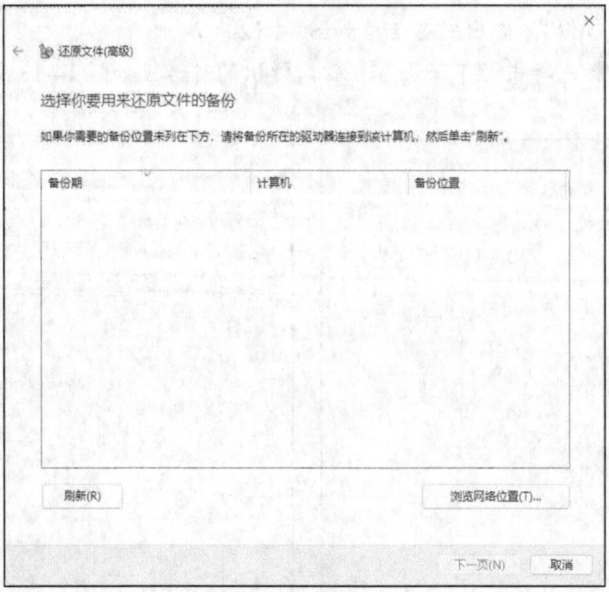

图 14-15

3. 在这里我们可以根据备份期来按时间段内备份的数据进行还原，单击“下一页”按钮按照提示操作即可，这里不赘述。

14.2.2 映像文件的备份

1. 参考前面的操作打开“备份和还原（Windows 7）”窗口，如图 14-11 所示。
2. 在窗口左侧单击“创建系统映像”，弹出的对话框如图 14-16 所示。

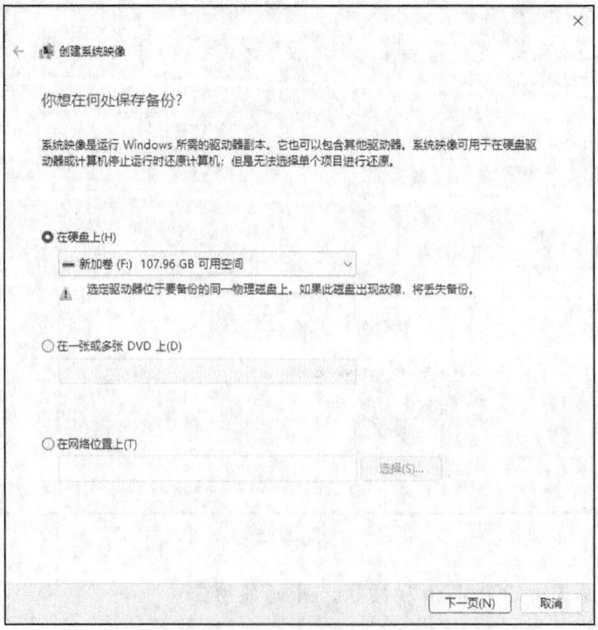

图 14-16

3. 单击“下一页”按钮，确认备份的相关信息，弹出的对话框如图 14-17 所示。

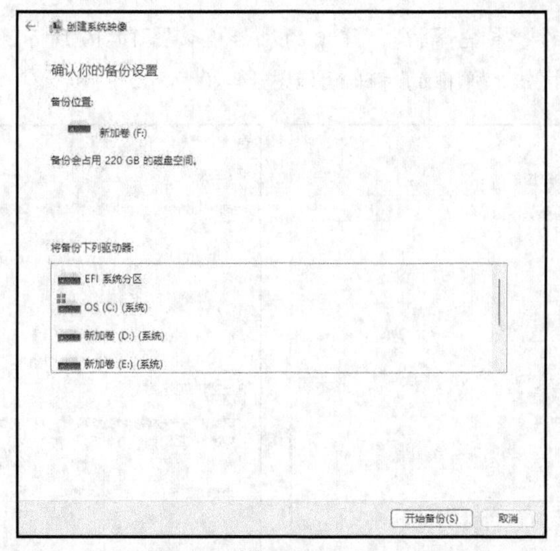

图 14-17

4. 单击“开始备份”按钮，开始映像文件的备份。

14.3 Windows 11 的保护与还原

Windows 11 默认提供了系统分区的保护功能。所谓保护，指的是操作系统默认会定期自动保存系统文件、配置等相关信息，并自动创建还原点，当系统因为某种原因而崩溃时，可以用来进行还原。下面我们介绍一下相关内容。

14.3.1 Windows 11 的保护

1. 在桌面上右击“此电脑”图标，在弹出的快捷菜单中选择“属性”命令，弹出的窗口如图 14-18 所示。

图 14-18

2. 单击窗口中间的“系统保护”，弹出的对话框如图 14-19 所示。

3. 单击“配置”按钮，弹出的对话框如图 14-20 所示。

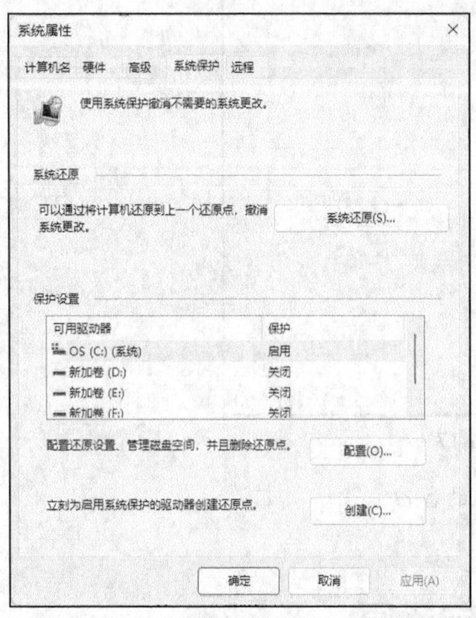

图 14-19

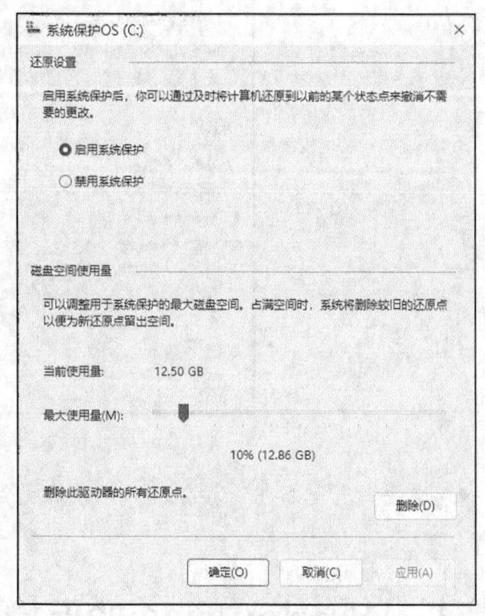

图 14-20

4. 选中“启用系统保护”单选项，单击“确定”按钮，即可完成系统保护的启动。

14.3.2 Windows 11 的还原

1. 在桌面上右击“此电脑”图标，在弹出的快捷菜单中选择“属性”命令，弹出的窗口如图 14-18 所示。

2. 单击窗口中间的“系统保护”，弹出的对话框如图 14-19 所示。

3. 单击“系统还原”按钮，弹出的对话框如图 14-21 所示。

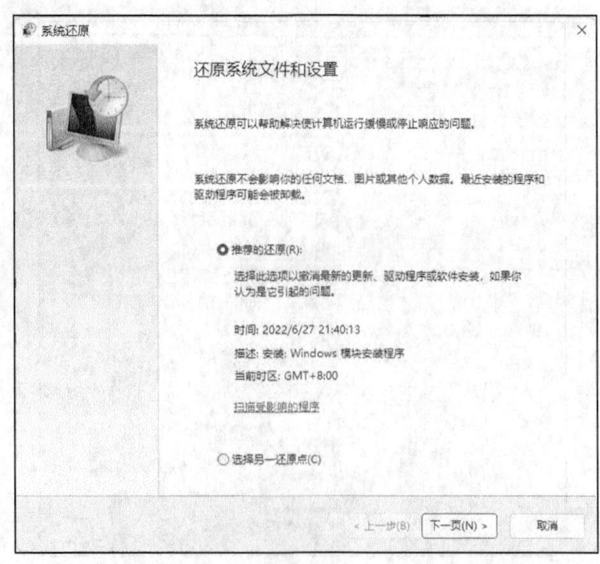

图 14-21

4. 这里可以选择系统推荐的还原，也可以自己选择另一还原点。如果选中“选择另一还原点”单选项，单击“下一页”按钮，弹出的对话框如图 14-22 所示，选择要恢复的还原点。

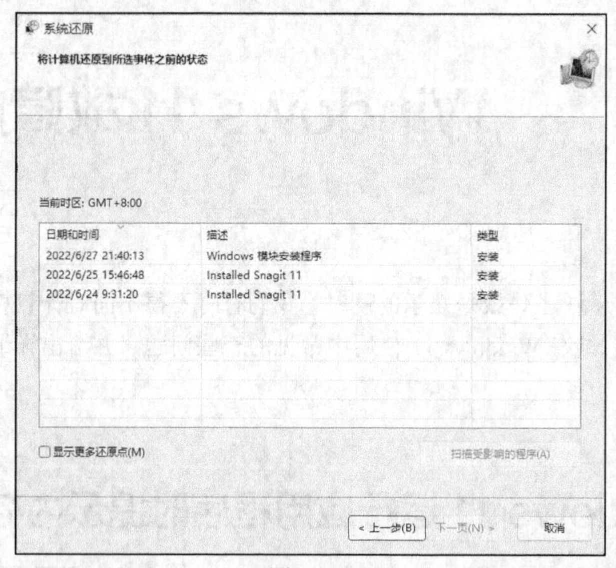

图 14-22

5. 单击“下一页”按钮，进入图 14-23 所示的界面，确认还原点与还原磁盘。

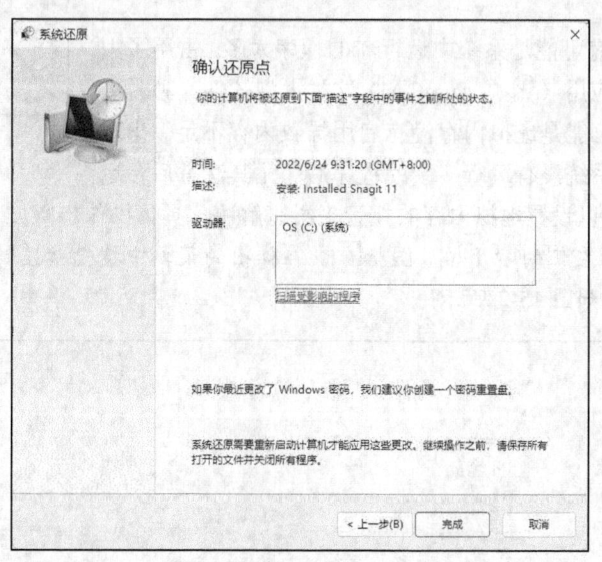

图 14-23

6. 单击“完成”按钮，系统进入还原过程。还原完成后计算机会自动重启，重启后操作系统被还原至指定还原点的状态。

第 15 章 Windows 11 故障解决方案

在使用 Windows 11 工作或是娱乐的同时，我们有时不得不面对计算机出现的各种各样怪异的问题。本章将总结在 Windows 11 使用中常见的一些问题，并给出详细的解决方案，供用户参考。

15.1 Windows 11 运行应用程序时提示内存不足

现在计算机配备的内存越来越大，但是在 Windows 11 的使用过程中，有时候仍会出现系统提示内存不足的情况，如图 15-1 所示。

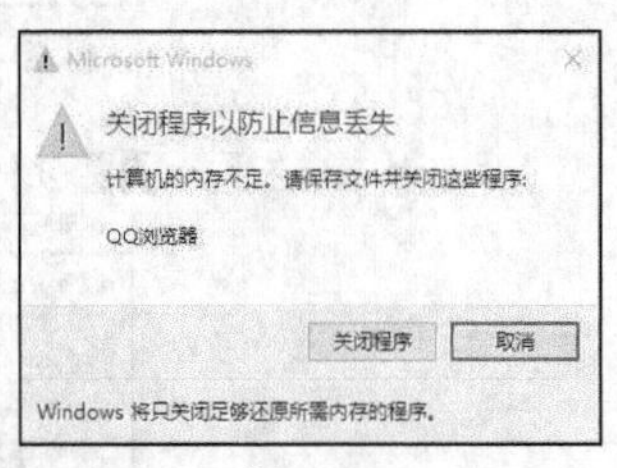

图 15-1

出现这种情况有可能是系统中运行着的程序太多，占用了大量内存，或者某一应用（比如 AutoCAD 这类大型软件）独占了过多的内存，也有可能是虚拟内存没有启用导致内存不足。出现这种情况，在确认系统没有运行多余的程序后（尤其注意后台运行的程序），我们可以设置虚拟内存的托管来尝试解决，具体操作步骤如下。

1. 单击任务栏左侧的“开始”图标，在弹出的菜单中搜索“控制面板”，选择“控制面板”，弹出的窗口如图 15-2 所示。

图 15-2

2. 单击“系统和安全”，弹出的窗口如图 15-3 所示。

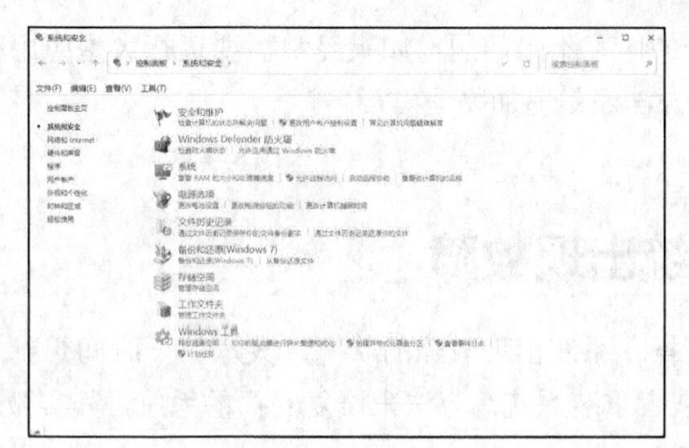

图 15-3

3. 在窗口右侧单击“系统”，再选择“系统信息”，弹出的窗口如图 15-4 所示。

图 15-4

4. 单击“高级系统设置”，弹出的对话框如图 15-5 所示。

5. 在“高级”选项卡中，单击“性能”区域中的“设置”按钮，弹出的对话框如图 15-6 所示。

6. 选择“高级”选项卡，单击“更改”按钮，弹出的对话框如图 15-7 所示。

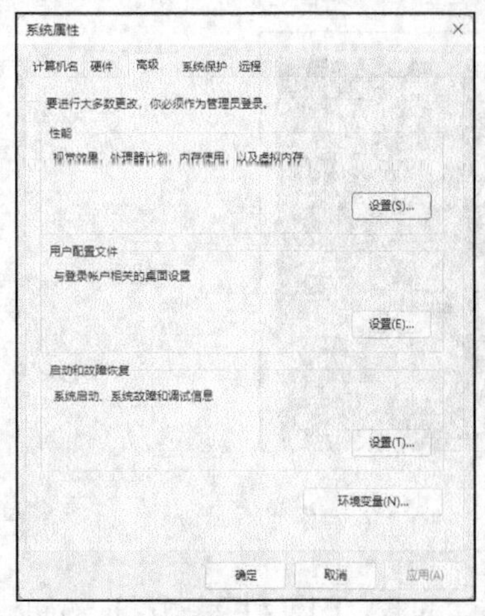

图 15-5

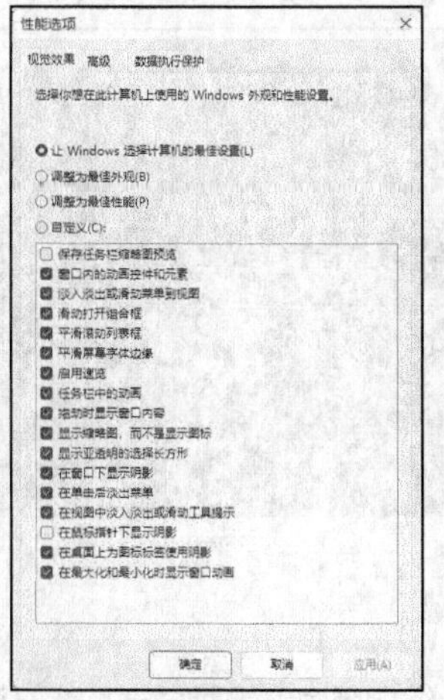

图 15-6

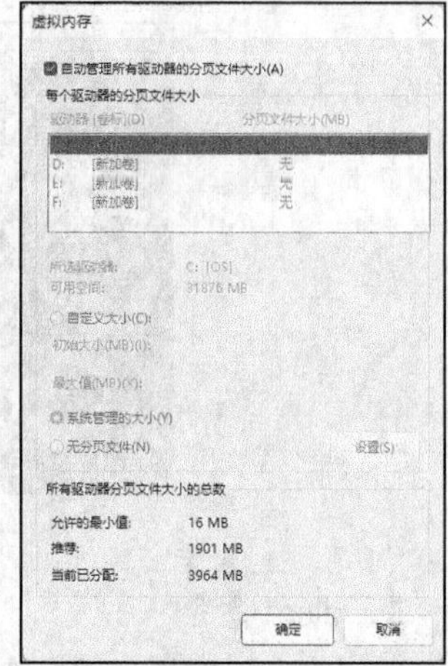

图 15-7

7. 勾选“自动管理所有驱动器的分页文件大小”复选框，单击“确定”按钮即可。

这样可以解决部分的内存不足问题，如果经常需要运行大型应用程序或者同时打开很多应用程序，最好的解决办法还是追加物理内存。

15.2 操作系统出现故障

有时候我们会遇到操作系统出现故障的状况，大家第一时间想到的很可能是进入安全模式、使用 Windows PE 或者重装系统等方法来修复受损的系统，其实微软提供的两个命令行工具可以解决大部分的问题。

一、sfc 命令

sfc 命令可以扫描所有受保护的系统文件的完整性，并使用正确的 Microsoft 版本替换不完整的系统文件，具体操作步骤如下。

1. 单击任务栏左侧的“开始”图标，在弹出的菜单中选择“所有应用”，展开“Windows 工具”栏，然后右击“命令提示符”，在弹出的快捷菜单中选择“以管理员身份运行”命令，如图 15-8 所示。

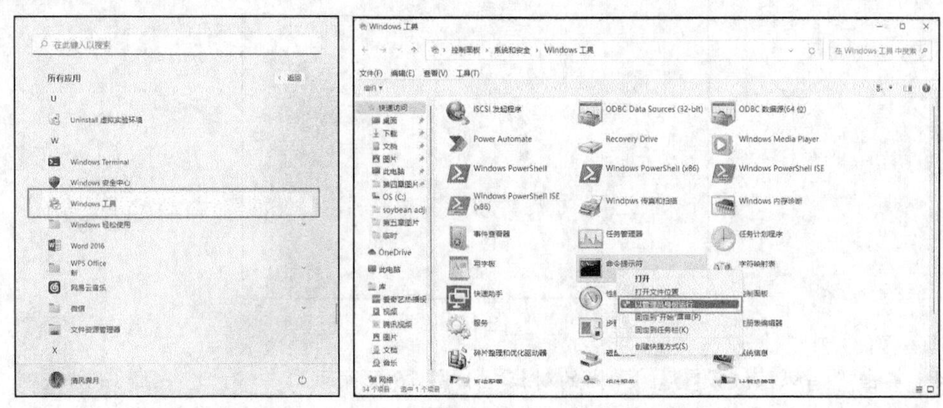

图 15-8

2. 在命令提示符窗口内输入“sfc /scannow”，按 Enter 键执行，之后操作系统会对系统组件进行扫描，如果组件有问题操作系统会自动修复有问题的组件，如图 15-9 所示。

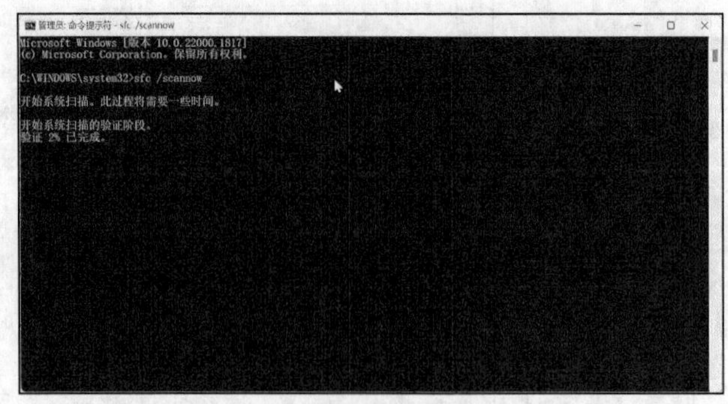

图 15-9

二、dism 命令

dism 命令一般用来部署映像服务和管理，它可以安装、卸载、配置和更新脱机 Windows 映像和脱机 Windows 预安装环境（Windows PE）映像中的功能和程序包。DISM.exe 是一个非常强大的工具，我们在这里用到的只是其中一个功能。

首先以管理员身份打开命令提示符窗口，然后在命令提示符窗口内执行下面的命令。

- DISM /Online /Cleanup-Image /ScanHealth，这条命令将扫描全部系统文件并和官方系统文件进行对比，扫描计算机中的不一致情况。
- DISM /Online /Cleanup-Image /CheckHealth，这条命令必须在前一条命令执行完以后，发现系统文件有损坏时使用。当使用 /CheckHealth 参数时，DISM.exe 工具将报告映像是状态良好、可以修复，还是不可修复。如果映像不可修复，必须放弃该映像，并重新开始检查，严重时需重装操作系统。
- DISM /Online /Cleanup-image /RestoreHealth，这条命令是把那些不同的系统文件还原成官方系统原文件，其他的第三方软件和用户设置完全保留。这种方式比重装系统更优，而且在扫描与修复的时候系统未损坏部分正常运行，计算机可以照常工作，如图 15-10 所示。

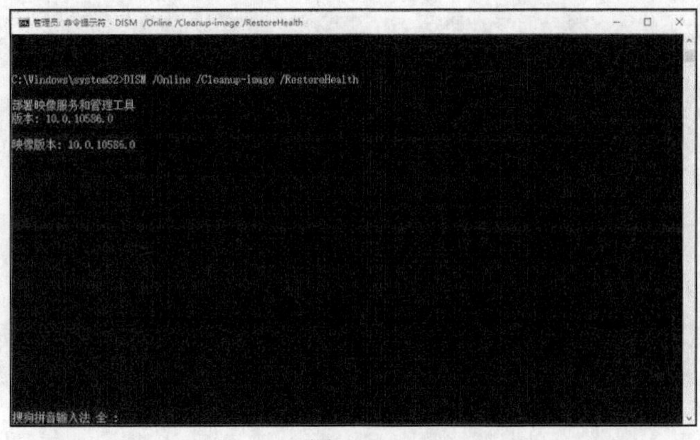

图 15-10

15.3　Windows 11 中安装软件时出现乱码

有时候我们在 Windows 11 中安装软件时，会遇到乱码的问题，可软件本身并没有问题，系统语言也是中文的，一般情况下这是语言设置的问题。语言设置并不是指软件本身的设置，而是由系统的非 Unicode（编码）设置出错导致，下面介绍如何处理，具体操作步骤如下。

1. 单击任务栏左侧的“开始”图标，在弹出的菜单中搜索“控制面板”并选择“控制面板”，弹出的窗口如图 15-11 所示。

图 15-11

2. 单击“区域”，弹出的对话框如图 15-12 所示。

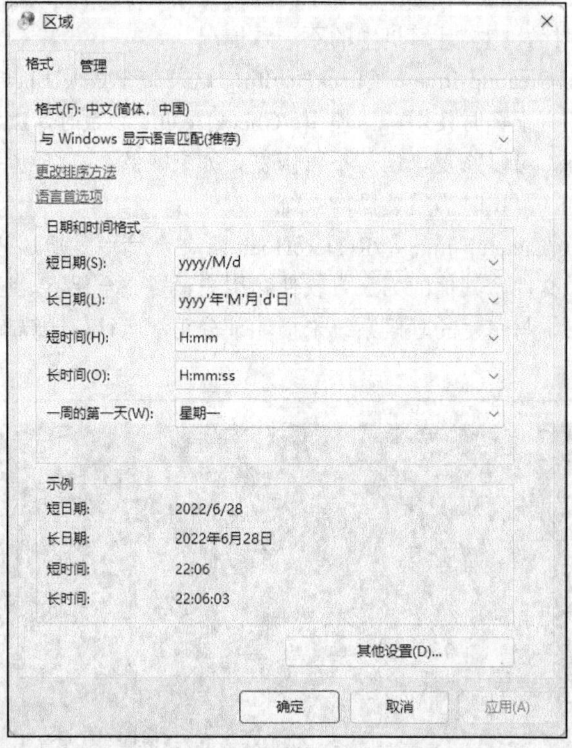

图 15-12

3. 选择“管理”选项卡，如图 15-13 所示。

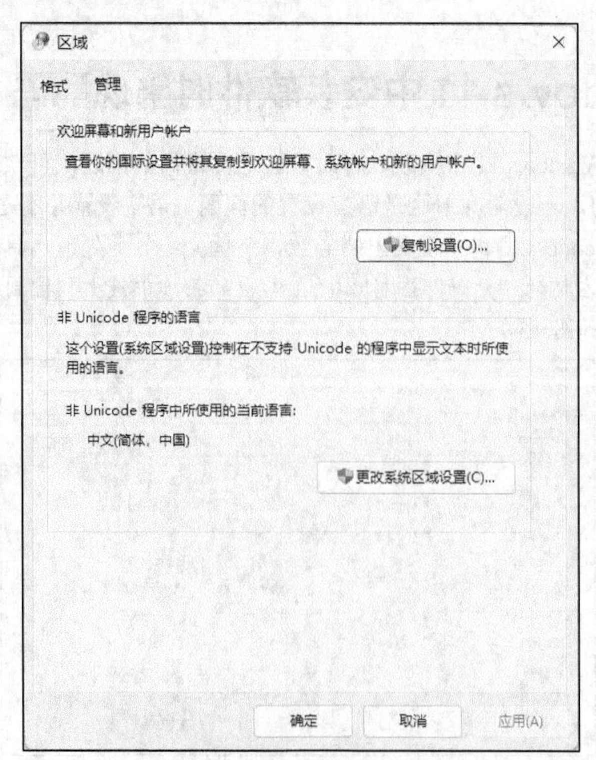

图 15-13

4. 单击“非 Unicode 程序中所使用的当前语言”中的“更改系统区域设置”按钮，弹出的对话框如图 15-14 所示。

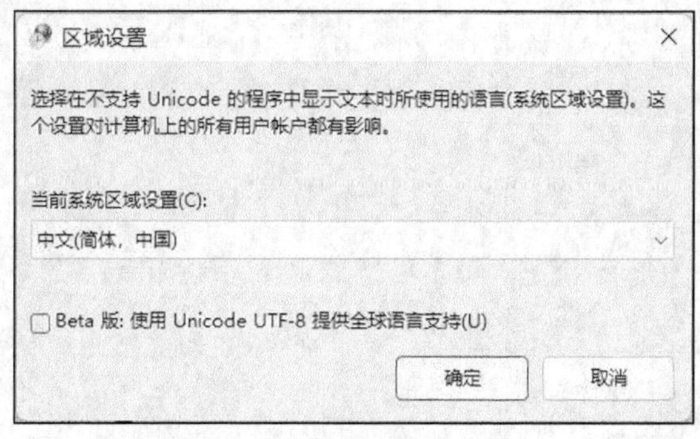

图 15-14

5. 将“当前系统区域设置”选择为“中文（简体，中国）”，单击“确定”按钮。
6. 将软件卸载并重新安装即可正常显示中文。

15.4 “开始”屏幕磁贴丢失

有时候我们会遇到“开始”屏幕上的磁贴丢失的情况，多数情况下，磁贴消失是因为将这个磁贴设置为“从‘开始’屏幕取消固定”了，我们再次将其调用显示出来即可，具体操作步骤如下。

单击任务栏左侧的“开始”图标，选择“所有应用”选项，右击丢失磁贴的应用程序，在弹出的快捷菜单中选择“固定到‘开始’屏幕”命令，如图 15-15 所示。再次打开“开始”屏幕，就可以看到丢失的磁贴了。

图 15-15